Technische Mechanik 1: Statik

Christian Mittelstedt

Technische Mechanik 1: Statik

Christian Mittelstedt
Fachbereich Maschinenbau
Technical University of Darmstadt
Darmstadt, Deutschland

ISBN 978-3-662-71564-2　　　　ISBN 978-3-662-71565-9 (eBook)
https://doi.org/10.1007/978-3-662-71565-9

Die Deutsche Nationalbibliothek verzeichnet diese Publikation in der Deutschen Nationalbibliografie; detaillierte bibliografische Daten sind im Internet über http://dnb.d-nb.de abrufbar.

© Der/die Herausgeber bzw. der/die Autor(en), exklusiv lizenziert an Springer-Verlag GmbH, DE, ein Teil von Springer Nature 2025

Das Werk einschließlich aller seiner Teile ist urheberrechtlich geschützt. Jede Verwertung, die nicht ausdrücklich vom Urheberrechtsgesetz zugelassen ist, bedarf der vorherigen Zustimmung des Verlags. Das gilt insbesondere für Vervielfältigungen, Bearbeitungen, Übersetzungen, Mikroverfilmungen und die Einspeicherung und Verarbeitung in elektronischen Systemen.
Die Wiedergabe von allgemein beschreibenden Bezeichnungen, Marken, Unternehmensnamen etc. in diesem Werk bedeutet nicht, dass diese frei durch jede Person benutzt werden dürfen. Die Berechtigung zur Benutzung unterliegt, auch ohne gesonderten Hinweis hierzu, den Regeln des Markenrechts. Die Rechte des/der jeweiligen Zeicheninhaber*in sind zu beachten.
Der Verlag, die Autor*innen und die Herausgeber*innen gehen davon aus, dass die Angaben und Informationen in diesem Werk zum Zeitpunkt der Veröffentlichung vollständig und korrekt sind. Weder der Verlag noch die Autor*innen oder die Herausgeber*innen übernehmen, ausdrücklich oder implizit, Gewähr für den Inhalt des Werkes, etwaige Fehler oder Äußerungen. Der Verlag bleibt im Hinblick auf geografische Zuordnungen und Gebietsbezeichnungen in veröffentlichten Karten und Institutionsadressen neutral.

Springer Vieweg ist ein Imprint der eingetragenen Gesellschaft Springer-Verlag GmbH, DE und ist ein Teil von Springer Nature.
Die Anschrift der Gesellschaft ist: Heidelberger Platz 3, 14197 Berlin, Germany

Wenn Sie dieses Produkt entsorgen, geben Sie das Papier bitte zum Recycling.

Vorwort

Dieses Buch ist der erste Band einer Buchreihe zur Technischen Mechanik und behandelt die Grundlagen der Statik. Die weiteren Bände sind der Elastostatik bzw. Festigkeitslehre sowie der Dynamik gewidmet und sind ebenfalls im Springer-Verlag erschienen.

Ich wünsche Ihnen viel Freude beim Erarbeiten der Inhalte des vorliegenden Buchs. Über Rückmeldungen jeder Art freue ich mich natürlich jederzeit.

Darmstadt
im Frühjahr 2025

Christian Mittelstedt

Interessenkonflikt Der/die Autor*in hat keine für den Inhalt dieses Manuskripts relevanten Interessenkonflikte.

Inhaltsverzeichnis

1	**Grundbegriffe**		1
	1.1	Die Kraft	1
	1.2	Einteilung von Kräften	4
	1.3	Der starre Körper	6
	1.4	Freiheitsgrade und Reaktionskräfte	6
	1.5	Schnittprinzip und Wechselwirkungsprinzip	9
	1.6	Grundzüge der Vektorrechnung	10
		1.6.1 Grundlegendes	11
		1.6.2 Rechenoperationen für Vektoren	11
2	**Kräftesysteme und Gleichgewicht**		15
	2.1	Ebene zentrale Kräftesysteme	15
		2.1.1 Kräfteparallelogramm	15
		2.1.2 Resultierende eines ebenen zentralen Kräftesystems	18
		2.1.3 Kräftezerlegung in der Ebene	20
		2.1.4 Gleichgewicht	24
	2.2	Räumliche zentrale Kräftesysteme	29
		2.2.1 Resultierende eines räumlichen zentralen Kräftesystems	29
		2.2.2 Gleichgewicht	31
	2.3	Ebene allgemeine Kräftesysteme	34
		2.3.1 Resultierende zweier paralleler Kräfte	34
		2.3.2 Kräftepaar und Moment	35
		2.3.3 Momentensysteme	38
		2.3.4 Parallelverschiebung und Moment einer Kraft	40
		2.3.5 Reduktion auf eine Gesamtresultierende	42
		2.3.6 Gleichgewicht	46
	2.4	Räumliche allgemeine Kräftesysteme	51
		2.4.1 Momentenvektor	51
		2.4.2 Gleichgewichtsbedingungen	54

3 Schwerpunkt 57
- 3.1 Schwerpunkt einer parallelen Kräftegruppe 57
- 3.2 Schwerpunkte von Streckenlasten und Flächenlasten 60
- 3.3 Körperschwerpunkt 63
- 3.4 Flächenschwerpunkt 68
- 3.5 Linienschwerpunkt 75
- 3.6 Zusammengesetzte Körper 77
- 3.7 Zusammengesetzte Flächen 80
- 3.8 Zusammengesetzte Linien 87

4 Auflagerreaktionen 89
- 4.1 Grundlegendes 89
- 4.2 Ermittlung von Lagerreaktionen 94
- 4.3 Mehrteilige Strukturen 103
- 4.4 Räumliche Strukturen 110

5 Fachwerke 113
- 5.1 Grundlegendes 113
- 5.2 Knotenschnittverfahren 118
  - 5.2.1 Vorgehensweise 118
  - 5.2.2 Allgemeine Regeln 130
- 5.3 Rittersches Schnittverfahren 135
- 5.4 Der Cremona-Plan 140

6 Schnittgrößen 145
- 6.1 Grundlegendes 145
- 6.2 Schnittgrößen an geraden Balken 148
  - 6.2.1 Balken unter Einzelkräften 148
  - 6.2.2 Balken unter Einzelkräften und -momenten 162
  - 6.2.3 Balken unter Streckenlasten 167
  - 6.2.4 Zusammenhang zwischen Belastung und Schnittgrößen 169
- 6.3 Superposition von Lastfällen 176
- 6.4 Mehrfeldprobleme 179
- 6.5 Schnittgrößen für Stäbe 189
- 6.6 Praktische Ermittlung von Schnittgrößen 190
- 6.7 Abgewinkelte Balken/Rahmen 196
- 6.8 Bogenträger 206
- 6.9 Räumliche Balken 217

7	**Arbeit**	221
	7.1 Der Arbeitsbegriff	221
	7.2 Das Prinzip der virtuellen Verrückungen	224
	7.3 Ermittlung von Kraftgrößen an statisch bestimmten Systemen	227
	7.4 Polpläne und zwangsläufige kinematische Ketten	234
	7.5 Gleichgewicht beweglicher Systeme	245
	7.6 Potential	249
	7.7 Stabilität	252
	7.8 Einflusslinien für Kraftgrößen an statisch bestimmten Systemen	265
8	**Reibung**	271
	8.1 Grundlegendes	271
	8.2 Coulombsche Reibung	273
	8.3 Seilreibung	279
Stichwortverzeichnis		281

Grundbegriffe

In diesem einführenden Kapitel führen wir einige grundlegende Begrifflichkeiten ein, die für das weitere Verständnis dieses Buchs notwendig sind. Dies sind die Begriffe der Kraft, des Starrkörpers, der Reaktionskräfte und der Freiheitsgrade von Körpern. Außerdem gehen wir kurz auf das Schnittprinzip und das Wechselwirkungsprinzip ein, zwei Prinzipien, die von herausragender Bedeutung für die angewandte Mechanik sind und die wir in vielfacher Weise in diesem Buch anwenden werden. Das Kapitel schließt mit einer Darstellung einiger grundlegender Zusammenhänge der Vektorrechnung, wie sie für die Inhalte dieses Buchs relevant sind.

1.1 Die Kraft

Der Begriff der Kraft ist jeder Person geläufig. Kräfte treten in unserem alltäglichen Leben an vielerlei Stellen auf und sind für jede Person erlebbar, obwohl man Kräfte nicht sehen kann und sie nicht direkt beobachtbar sind, wohl aber ihre Auswirkungen. Ein wichtiges Beispiel ist die Gewichtskraft, die für jede Person erfahrbar ist – die Gewichtskraft wird überwunden, wenn man einen Gegenstand im Schwerefeld der Erde durch die eigene Muskelkraft anhebt oder unter Einfluss der Schwerkraft fallenlässt. Wir überwinden die Gewichtskraft des eigenen Körpers beim Aufstehen von einer sitzenden Position in eine stehende Position, oder wenn wir uns gehend fortbewegen. Pressen wir unsere Hände gegen eine starre Mauer, dann spüren wir den Gegendruck, den die Mauer auf unsere Hände ausübt (sog. Wechselwirkungsprinzip, s. Abschn. 1.5), und die Muskelspannung in unserem Körper ist ein Maß dafür, wie stark wir Druck auf die Mauer ausüben (Abb. 1.1). Kräfte treten auch auf, wenn wir uns mit einer gewissen Geschwindigkeit bewegen, z. B. in einem Fahrzeug, und beschleunigen oder abbremsen. Natürlich treten auch andere Arten von Kräften auf, z. B. elektrische Kräfte oder Magnetkräfte, auf die wir aber in diesem Buch nicht eingehen werden. Kräfte können außerdem zeitabhängig sein, wobei wir uns im Folgenden aber ausschließlich auf Kräfte fokussieren wollen, die keinerlei Zeitabhän-

Abb. 1.1 Durch Muskelkraft auf eine Mauer aufgebrachte Druckkraft *F*

gigkeit zeigen. Wir werden in diesem Buch auf die Statik eingehen, also auf Körper und Strukturen, die in Ruhe sind und sich eben nicht bewegen. Die Untersuchungen von Körpern in Bewegung betrifft die Dynamik, die wir ausführlich in Band 3 thematisieren.

Um für die Zwecke dieses Buchs eine allgemeingültige Definition einzuführen treffen wir die folgende Festlegung. Eine Kraft sei eine Einwirkung auf einen Körper, die den Zustand dieses Körpers ändert, wobei hiermit ein ruhender Zustand gemeint sein kann oder der Zustand einer gleichförmigen Bewegung, wobei Kräfte hier sowohl beschleunigend als auch verzögernd wirken können. Wir werden uns in diesem Buch aber auf ruhende Körper beschränken, also auf die Statik. Beiden Fällen, also der Statik und der Dynamik, ist aber gemein, dass man auf das Auftreten von Kräften und auf ihre Höhe schließen kann, indem man die Änderung des Bewegungszustands eines Körpers betrachtet.

Kräfte werden in einer geeigneten Einheit angegeben. Hierfür hat sich die Einheit Newton[1] [N] etabliert. Das Newton ist die SI-Einheit für die Kraft, und sie wird in den Einheiten Kilogramm [kg], Meter [m] und Sekunde [s] wie folgt angegeben:

$$1\,\text{N} = \frac{\text{kg} \cdot \text{m}}{\text{s}^2}. \tag{1.1}$$

Eine Kraft von 1 N ist demnach diejenige Kraft, die bei einer Masse von 1 kg eine Beschleunigung von $1\frac{\text{m}}{\text{s}^2}$ bewirkt.

Kräfte hängen aber nicht nur von ihrer Höhe, also von ihrem Betrag ab, sondern außerdem auch von ihrer Richtung und demjenigen Punkt, in dem sie wirken (der sog. Kraftangriffspunkt). Dies kann man leicht anhand der Situation der Abb. 1.2 verdeutlichen, in der ein Quader auf einer glatten Unterlage einer Kraft ausgesetzt wird. Die Kraft wird, da sie eben von ihrem Betrag und ihrer Richtung abhängt, als ein Pfeil mit einer Wirkungslinie dargestellt. Ein übliches Formelzeichen für eine Kraft ist *F*, abgeleitet vom englischen Begriff ‚Force' (Kraft). Liegt die Kraft zentrisch an so wie in Abb. 1.2, links oben, gezeigt, dann wird sich der Quader in Richtung der *x*-Achse bewegen. Wird die Kraft *F* hingegen exzentrisch angebracht so wie in Abb. 1.2, rechts oben, dargestellt, dann wird der Quader nicht nur eine Bewegung in *x*-Richtung zeigen, sondern sich gleichzeitig um die *z*-Achse drehen. Hieran erkennt man bereits sehr anschaulich, dass der Kraftangriffspunkt bei der Analyse der Auswirkungen von Kräften eine ganz wesentliche Rolle spielt. Für den Fall, dass die Kraft *F* wirkt wie in Abb. 1.2, links unten, gezeigt wird sich der Quader entgegen der *y*-Richtung bewegen. Offenbar hat also die Richtung der Kraft eine ganz wesentliche

---

[1] Sir Isaac Newton, 1643–1727, englischer Universalgelehrter.

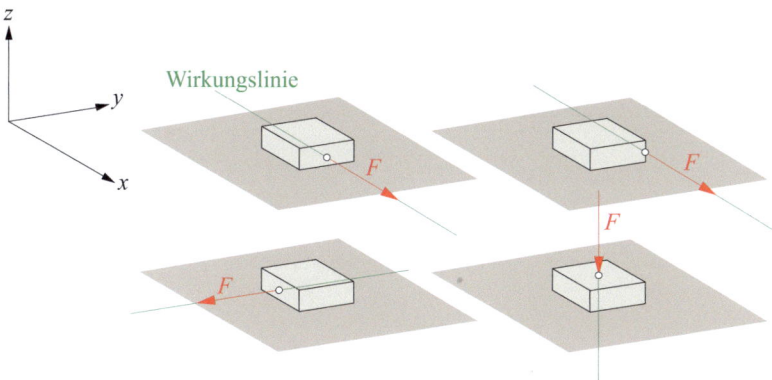

Abb. 1.2 Quader auf glatter Unterlage unter der Kraft F

Bedeutung für ihre Auswirkung. Liegt hingegen der Fall vor, dass die Kraft entgegen der z-Achse zeigt (Abb. 1.2, rechts unten), dann wird sich überhaupt keine Bewegung einstellen, sondern der Quader wird vielmehr gegen die Unterlage gepresst.

Aufgrund der obigen Schlussfolgerungen liegt der Schluss nahe, dass es sich bei einer Kraft F um einen Vektor handelt, der von seinem Betrag (also der Höhe der Kraft) und seiner Richtung (also der Richtung entlang der Wirkungslinie, s. Abb. 1.2) abhängt. Da außerdem der Kraftangriffspunkt von zentraler Bedeutung ist, spricht man auch von einem punktgebundenen Vektor. Einige Grundzüge der Vektorrechnung sind in Abschn. 1.6 zusammengefasst. Als Formelzeichen sehen wir im Folgenden für Vektoren ein Symbol mit einem Unterstrich vor, also $\underline{F}$, der Betrag der Kraft ist $|\underline{F}| = F$. In vielen Fällen wird in einer graphischen Darstellung einer Kraft nur der Betrag F angegeben, der Vektorcharakter ergibt sich aus der Darstellung als Richtungspfeil. Wir werden im weiteren Verlauf dieses Buchs beide Darstellungsformen verwenden.

Eine Kraft $\underline{F}$ kann in kartesischen Koordinaten x, y, z im räumlichen Fall (Abb. 1.3) durch die drei Vektoren $\underline{F}_x, \underline{F}_y, \underline{F}_z$ (die sog. Komponenten des Vektors $\underline{F}$) mit den Beträgen F_x, F_y, F_z (die sog. Koordinatem des Vektors $\underline{F}$) ausgedrückt werden, die parallel zu den Einheitsvektoren $\underline{e}_x, \underline{e}_y, \underline{e}_z$ verlaufen und demnach Vielfache dieser sind. Es gilt:

$$\underline{F} = \underline{F}_x + \underline{F}_y + \underline{F}_z = F_x \underline{e}_x + F_y \underline{e}_y + F_z \underline{e}_z. \tag{1.2}$$

Der Betrag F des Kraftvektors $\underline{F}$ folgt zu:

$$|\underline{F}| = F = \sqrt{F_x^2 + F_y^2 + F_z^2}. \tag{1.3}$$

Abb. 1.3 Kraftvektor $\underline{F}$

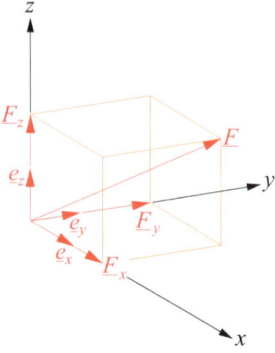

1.2 Einteilung von Kräften

Die bislang betrachtete Form der Kraft ist eine Kraft, die in einem Punkt angreift. Man spricht daher auch von einer sog. Punktkraft, in manchen Zusammenhängen auch von einer sog. Einzelkraft. Kräfte können aber in mehreren verschiedenen Formen auftreten, wie man sich anschaulich klarmachen kann. Punktkräfte sind eine ingenieurmäßige Idealisierung und existieren in dieser Form in der Realität tatsächlich nicht. Dennoch sind Punktkräfte in vielen Fällen ein geeignetes ingenieurmäßiges Modell, um die Realität anzunähern und kommen in vielen technischen Anwendungsfeldern häufig vor.

Eine Klasse von Kräften sind die sog. Volumenkräfte, die sich in einem Körper über das gesamte Volumen oder nur einen Teil hiervon verteilen (Abb. 1.4). Ein Beispiel für eine Volumenkraft ist das Gewicht eines Körpers. In Abb. 1.4 weist die Volumenkraft $\underline{f}$ in Richtung der Erdbeschleunigung g und ist daher repräsentativ für das Gewicht des Körpers. Volumenkräfte werden in der Einheit einer Kraft pro Volumeneinheit angegeben, also z. B. in $[\frac{N}{m^3}]$. Weitere Beispiele für Volumenkräfte sind magnetische Kräfte und elektrische Kräfte.

Des Weiteren treten in der Realität die sog. Flächenkräfte auf. In Abb. 1.5 ist eine Platte, also eine sehr dünne flächenhafte Struktur, dargestellt, die durch eine Flächenlast p belas-

Abb. 1.4 Körper unter Volumenkraft $\underline{f}$

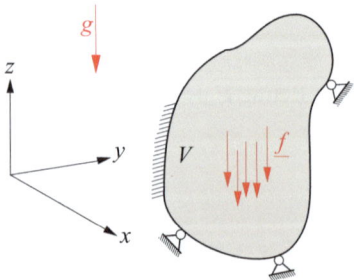

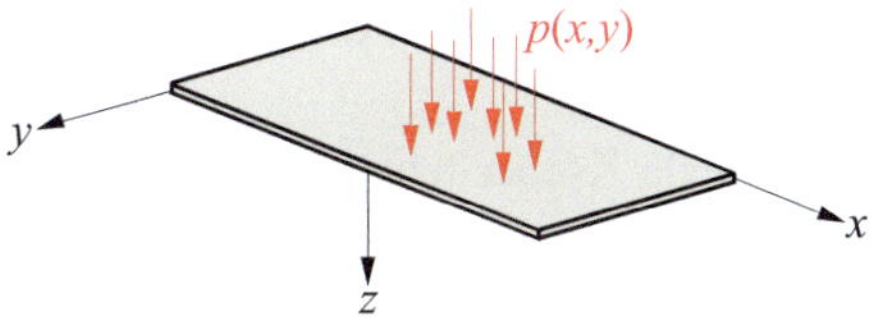

1.2 Einteilung von Kräften

Abb. 1.5 Platte unter Flächenkraft p

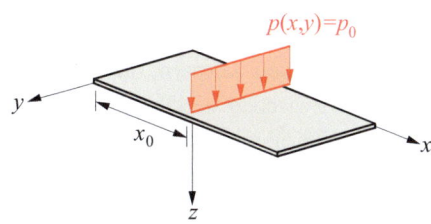

Abb. 1.6 Platte unter Streckenlast p_0

tet wird, wobei p eine Funktion der beiden Koordinaten x und y sein kann: $p = p(x, y)$. Auf eine Kennzeichnung als Vektor verzichten wir an dieser Stelle. Flächenkräfte werden in einer entsprechenden Einheit angegeben, also als Kraft pro Flächeneinheit, z. B. in $[\frac{N}{m^2}]$. Beispiele für Flächenlasten sind Verkehrslasten auf Bauwerken, Schneelasten auf einer Dachkonstruktion oder Flächenpressungen zwischen zwei Körpern.

Denkt man sich eine Flächenlast p als auf eine Linie konzentriert, so resultiert daraus die Idealisierung der sog. Linienlast oder Streckenlast, die man in der Einheit einer Kraft pro Längeneinheit, also z. B. in $[\frac{N}{m}]$ angeben kann. Ein Beispiel ist die Platte der Abb. 1.6, die durch eine Streckenlast p_0 belastet wird.

Kräfte werden auch unterschieden nach den sog. eingeprägten Kräften und den sog. Reaktionskräften. Eingeprägte Kräfte sind solche Kräfte, die eine physikalische Ursache haben. Beispiele sind Gewichtskräfte oder Einwirkungen auf Strukturen oder auf Bauwerke wie Gewichtskräfte, Windkräfte, Schneekräfte und dergleichen. Reaktionskräfte hingegen entstehen dadurch, dass ein Körper in seinen Bewegungsmöglichkeiten eingeschränkt wird. In der Statik spricht man dann von den sog. Lagerreaktionen, auf die wir in Kap. 4 noch detailliert eingehen werden.

Eine weitere Unterscheidung wird getroffen nach äußeren und inneren Kräften. Äußere Kräfte sind Belastungen, die auf eine gegeben Struktur einwirken sowie Reaktionskräfte. Innere Kräfte hingegen sind solche Kräfte, die im Inneren des betrachteten Körpers wirken und die man durch Freischneiden sichtbar machen kann. Hierauf gehen wir in den Kapiteln 5 und 6 noch ausführlich ein.

Treten mehrere Kräfte gleichzeitig auf, dann spricht man vom sog. Kräftesystem. Diese werden unterschieden in ebene und räumliche Kräftesysteme sowie in zentrale und nichtzentrale Kräftsysteme und werden in Kap. 2 ausführlich betrachtet. Ein zentrales Kräftesystem ist ein System von Kräften, die einen gemeinsamen Schnittpunkt ihrer Wirkungslinien aufweisen, wohingegen ein nichtzentrales Kräftesystem ein Kräftesystem ist, bei dem die Wirkungslinien der beteiligten Kräfte keinen gemeinsamen Schnittpunkt aufweisen.

1.3 Der starre Körper

Jeder reale Körper bzw. jede reale Struktur erfährt unter Belastung Verformungen. Ein Gummiband, das wir durch Aufbringen einer Kraft auseinanderziehen, wird sich längen. Eine Brücke, die von Fahrzeugen überquert wird, wird sich durchbiegen. Wir werden in diesem Band die Verformungen von Körpern vernachlässigen, diese werden in Band 2 ausführlich thematisiert. Wir wollen in diesem Band stets von sog. Starrkörpern ausgehen, also von solchen Körpern, die sich unter Belastung nicht verformen und bei denen die Abstände zwischen verschiedenen Körperpunkten auch unter Belastung gleich bleiben. Dies ist eine ingenieurmäßige Idealisierung, die aber in vielen Fällen eine gute Näherung der realen Gegebenheiten ist: Eine Brücke wird beispielsweise stets neben anderen Gesichtspunkten so ausgelegt, dass ihre Durchbiegungen sehr klein bleiben. Das bereits genannten Gummiband hingegen ist ein Fall, in dem man i. Allg. nicht mehr von sehr kleinen Verformungen ausgehen kann. Wir wollen in allen folgenden Ausführungen aber davon ausgehen, dass wir Verformungen eines betrachteten Körpers vernachlässigen können, und ein solcher Körper wird als Starrkörper bezeichnet.

Bei einem Starrkörper kann eine Einzelkraft entlang ihrer Wirkungslinie verschoben werden, ohne dass sich dadurch die Auswirkung der Kraft auf den Körper ändern wird. Die Auswirkung der Kraft ist daher bei einem Starrkörper nicht von der Lage des Kraftangriffspunkts auf die Wirkungslinie abhängig. Man spricht im Falle einer Kraft auf einen Starrkörper von einem linienflüchtigen Vektor. Man kann sich diese Schlussfolgerung am Beispiel der Abb. 1.2 klarmachen, wenn man den Quader als starr annimmt. Betrachtet man z. B. die Situation der Abb. 1.2, links oben, so wird sich eine Bewegung des Quaders in x-Richtung ergeben. Würde man nun die Kraft entlang ihrer Wirkungslinie verschieben und beispielsweise auf der gegenüberliegenden Quaderoberfläche wirken lassen, so würde sich aufgrund der Starrheit des Quaders der gleiche Zustand einstellen. Man kann sich leicht klarmachen, dass dies bei einem verformbaren Quader nicht der Fall wäre, denn dieser würde sich je nach Kraftangriffspunkt zwar immer noch in x-Richtung bewegen, aber durchaus unterschiedlich verformen. Wie wir aber schon festgestellt haben, sind Parallelverschiebungen von Kräften auf Starrkörpern nicht ohne Weiteres zulässig, wie man sich durch Vergleich der Situationen in Abb. 1.2, links und rechts oben, klarmachen kann: Die zentrisch wirkende Kraft (Abb. 1.2, links oben) wird für eine Bewegung in x-Richtung sorgen, die exzentrisch wirkende Kraft (Abb. 1.2, rechts oben) hingegen wird zusätzlich noch eine Verdrehung um die z-Achse bewirken.

1.4 Freiheitsgrade und Reaktionskräfte

Ein Starrkörper hat in der Ebene drei Freiheitsgrade. Der Quader der Abb. 1.2 kann sich auf seiner Unterlage sowohl in die x-Richtung als auch in die y-Richtung verschieben. Man nennt eine solche Starrkörperverschiebung Translation. Ein Starrkörper in der Ebene kann sich außerdem um diejenige Achse verdrehen, die normal zur Ebene orientiert ist.

1.4 Freiheitsgrade und Reaktionskräfte

Dies ist hier die z-Achse, und eine solche Verdrehung wird als Rotation bezeichnet. Ein starrer Körper in der Ebene hat demnach drei Freiheitsgrade, nämlich zwei Translationen und eine Rotation. Jede beliebige Bewegung in der Ebene lässt sich dann durch eine Überlagerung dieser beiden Translationen und der Rotation darstellen. Ganz analog dazu hat ein Starrkörper im Raum sechs Freiheitsgrade, nämlich drei Translationsfreiheitsgrade in die drei Raumrichtungen x, y, z sowie drei Rotationsfreiheitsgrade um die x-, y- und z-Achsen. Wird einer oder mehrere Freiheitsgrade behindert, z. B. durch eine konstruktive Vorrichtung, dann sind die entsprechenden Freiheitsgrade eingeschränkt, und als Folge treten die sog. Reaktionskräfte auf. Man kann sich das am Beispiel einer Gegenstands der Masse m klarmachen, der im Schwerefeld der Erde die Gewichtskraft $G = mg$ aufweisen wird. Wird dieser Gegenstand vom Boden aufgehoben und auf einer gewissen Höhe sich selbst überlassen, dann setzt sich dieser Gegenstand in Bewegung und fällt in Richtung des Erdmittelpunkts. Will man den Gegenstand hieran hindern, dann wird man diesen Freiheitsgrad der Abwärtsbewegung behindern, z. B. durch Festhalten mit der eigenen Muskelkraft oder durch eine konstruktive Vorrichtung. Wenn man also diesen Gegenstand in der Hand hält, dann übt die Gewichtskraft G Druck auf unsere Hand aus. Gleichzeitig übt unsere Hand dann einen genau gleich großen entgegengesetzt gerichteten Druck auf den Gegenstand aus, und diese Druckkraft ist eine Reaktionskraft. Dies ist in der Abb. 1.7 skizziert, in der eine Person einen Gegenstand der Masse m im Schwerefeld der Erde (Erdbeschleunigung g) mit einer Hand über Kopf balanciert. Die Gewichtskraft $G = mg$ wird dann eine Druckkraft V (der Buchstabe V deutet dabei die vertikale Wirkrichtung der Kraft an) auf die balancierence Hand der Person ausüben, die allerdings auch als Gegenkraft auf den Gegenstand selber wirkt. Diese Druckkraft kann man durch Führen eines Schnitts gedanklich sichtbar machen, und es entsteht ein sog. Freikörperbild. Man kann sich anschaulich klar machen, dass V nach unten auf die Hand wirkt, wohingegen V als Gegenkraft am betrachteten Gegenstand nach oben wirkt. Dies wird als das sog. Wechselwirkungsprinzip bezeichnet, das wir im nächsten Abschnitt noch besprechen werden. Es ist außerdem ohne jedwede Berechnung sofort klar, dass V der Gewichtskraft $G = mg$ des Gegenstands entspricht.

Abb. 1.7 Reaktionskraft

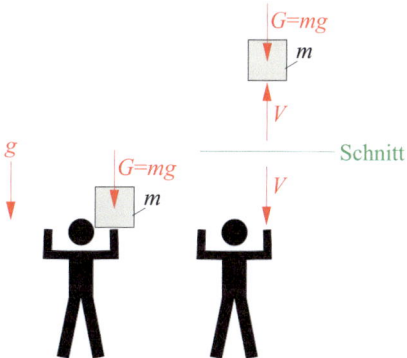

Abb. 1.8 Balken auf zwei Stützen unter Belastung

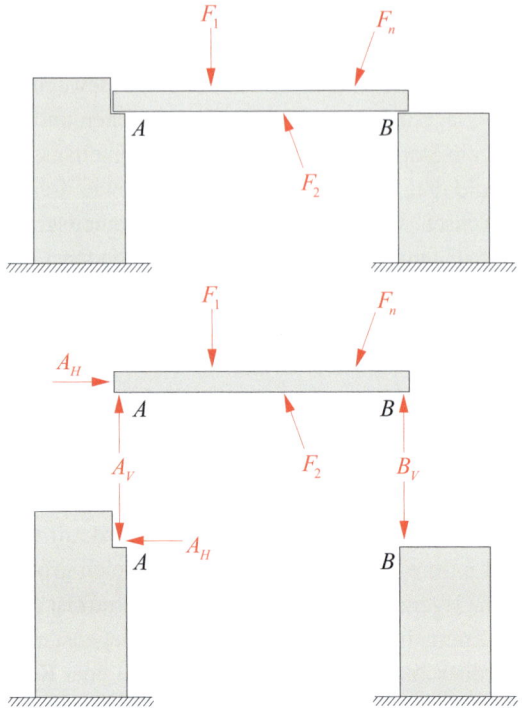

Ein weiteres Beispiel ist in Abb. 1.8 gezeigt. Gegeben sei ein Balken, der in den Punkten A und B auf zwei Stützen gelagert sei. Es ist anschaulich klar, dass sich dieser Balken in seiner Ebene weder verschieben noch verdrehen kann. Alle drei Freiheitsgrade sind hier behindert. Als Folge müssen in den beiden Punkten A und B, die man als Lager oder als Auflager bezeichnet, Reaktionskräfte auftreten. Diese Reaktions- oder Auflagerkräfte kann man sichtbar machen, indem man den Balken gedanklich an den Lagerpunkten löst (Abb. 1.8, unten) und die so freigewordenen Auflagerkräfte anträgt. Man spricht auch vom sog. Freischneiden des Balkens, und die so entstehende Skizze wird als sog. Freikörperbild bezeichnet. Während im Lagerpunkt B nur der vertikale Freiheitsgrad eingeschränkt ist, ist im Lagerpunkt A neben der vertikalen auch die horizontale Translation gesperrt. Als Folge treten im Lager A zwei Auflagerkräfte auf, die man üblicherweise genauso wie den Auflagerpunkt bezeichnet und mit den Indizes H und V (für ‚horizontal' und ‚vertikal') versieht. Analog dazu tritt im Lagerpunkt B nur die vertikale Auflagerkraft B_V auf. Diese Art der Konstruktion wäre in der Praxis durch geeignete Verankerungen gegen Abheben zu sichern, wenn z. B. die Kraft F_2 sehr groß wird. Welche Arten von Auflagern es gibt und wie man diese Lagerreaktionen berechnet wird im Kap. 4 besprochen.

1.5 Schnittprinzip und Wechselwirkungsprinzip

Wir haben bereits gesehen, dass man Kräfte gedanklich sichtbar machen kann, indem man einen Körper freischneidet und ein Freikörperbild erstellt. Dies ist ein ganz grundlegendes Prinzip der Statik, das wir noch häufig verwenden werden. Es wird als Schnittprinzip bezeichnet und hat weitreichende Bedeutung für die Statik starrer Körper, denn erst so werden Reaktionskräfte einer Analyse überhaupt zugänglich. Aber nicht nur Reaktionskräfte lassen sich durch Freischneiden gedanklich sichtbar machen, sondern auch innere Kräfte. Ein Beispiel zeigt die Abb. 1.9, in der ein Balken unter Belastung dargestellt ist. Für ein solches Bauteil ist es von großer Wichtigkeit, die inneren Kräfte zu ermitteln, die man durch Führen eines Schnitts und Anfertigen eines Freikörperbilds sichtbar machen kann. Ohne an dieser Stelle näher hierauf einzugehen sei angemerkt, dass in einem Balken in seiner Ebene nicht nur innere Kräfte in Form der sog. Normalkraft N und der sog. Querkraft Q auftreten, sondern auch ein sog. Biegemoment M. Auf die Berechnung dieser Größen wird in Kapitel 5 und 6 noch sehr ausführlich eingegangen. Zu beachten ist hierbei, dass durch das Führen des dargestellten Schnitts zwei Segments des Balkens entstehen, die beide für sich im Gleichgewicht stehen müssen. Dies wird erst durch die inneren Kräfte ermöglicht. Zu beachten ist noch, dass das Prinzip der Linienflüchtigkeit im Gegensatz zu äußeren Kräften bei der Betrachtung von inneren Kräften nicht gültig ist. Die Position der inneren Kräfte wird durch das Führen des Schnitts festgelegt, diese dürfen nicht entlang ihrer Wirkungslinien verschoben werden.

Die Betrachtung der inneren Kräfte einer Struktur ist von herausragender Wichtigkeit für Ingenieur*innen in der Praxis, denn sie lassen Schlüsse darauf zu, wie sehr eine Struktur durch eine anliegende Belastung beansprucht wird, ob diese Lasten ertragen werden können oder ob es zum Versagen kommt. Hierzu folgen insbesondere in Band 2 noch ausführliche Betrachtungen.

In dem Freikörperbild der Abb. 1.9, unten, sind die so freigesetzten inneren Kräfte und Momente paarweise entgegengesetzt anzutragen. Das diesem Gedanken zugrundeliegende Prinzip ist das sog. Wechselwirkungsprinzip. Dem liegt die Erfahrung zugrunde, dass

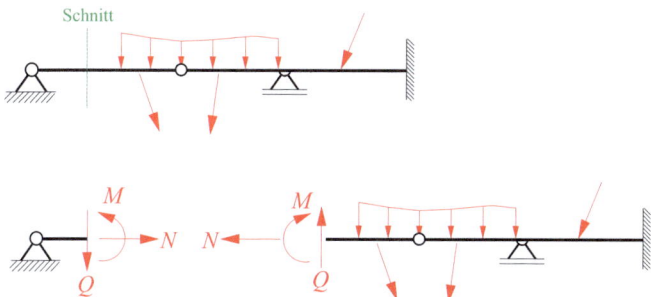

Abb. 1.9 Balken unter Belastung (*oben*), Freikörperbild (*unten*)

eine Kraft, die auf einen Körper wirkt, immer eine Gegenkraft auslöst, die den gleichen Betrag aufweist, aber in entgegengesetzte Richtung weist. Ein Beispiel ist der schon oben angesprochene Vorgang, dass wir mit einer Handfläche mit unserer Muskelkraft gegen eine starre Mauer drücken (Abb. 1.1). Die Muskelkraft wird also übersetzt in eine Kraft F, die auf die Mauer wirkt. Zugleich wirkt als Gegenkraft eine Kraft F auf unsere Hand, die wir als Druck in unserer Handfläche wahrnehmen und die genau dem Druck auf der Mauer entgegengesetzt ist. Dieses Prinzip ist auch bekannt als Newtons drittes Grundgesetz, es lässt sich wie folgt verbalisieren: Diejenigen Kräfte, die zwei Körper aufeinander ausüben, sind stets von gleicher Größe und einander entgegengesetzt. Bekannt ist dieses Prinzip auch als ‚Actio est Reactio'. Zu einer gegebenen Kraft gehört demnach also immer eine Gegenkraft, die genau entgegengesetzt wirkt und den gleichen Betrag aufweist. Wir haben vom Wechselwirkungsprinzip auch im Freikörperbild der Abb. 1.9 Gebrauch gemacht, indem wir an den beiden Balkensegmenten die freigesetzten Kräfte N und Q und das Biegemoment M in gleicher Höhe, aber mit entgegengesetzten Richtungen angetragen haben. Ganz genauso wirken die Auflagerkräfte A_H, A_V und B_V der Abb. 1.8 sowohl als Auflagerkräfte auf den Balken als auch als entgegengesetzte Kräfte auf die Stützen. Das Wechselwirkungsprinzip ist ein sog. Axiom. Ein Axiom ist ein Naturgesetz, das nicht bewiesen werden kann, das aber durch mannigfaltige Beobachtungen der Natur oder durch Experimente bestätigt wurde.

Dadurch, dass man einen Körper an seinen Lagerpunkten freischneidet oder durch einen Schnitt in zwei Segmente unterteilt, wird eine Verschieblichkeit ermöglicht, die der ruhende Körper in Wirklichkeit nicht aufweist. Wir unterstellen hierbei stets, dass der Körper bzw. die Körpersegmente in der gegebenen Konfiguration ‚erstarrt' sind. Dieses Prinzip wird auch als das sog. Erstarrungsprinzip bezeichnet, und erst so wird eine Berechnung von Kräfte mit den Mitteln der Statik ermöglicht.

Wir werden im weiteren Verlauf dieses Buchs sehen, dass wir zur Bestimmung von Auflagerreaktionen und inneren Kräften mit Aussagen zum Gleichgewicht arbeiten werden. Ein ruhender Körper ist immer dann im Gleichgewicht, wenn er auch bei Einwirken einer Gruppe von Kräften weiterhin in Ruhe verbleibt. Eine solche Gruppe von Kräften wird als Gleichgewichtsgruppe bezeichnet. Demnach müssen zum Beispiel für den ruhenden Balken der Abb. 1.9 auch bei Freischneiden in zwei Segmente beide Balkensegmente in Ruhe bleiben. Durch diese Forderung wird es ermöglicht, diese inneren Kräfte und Momente, die wir durch die Schnittführung freigesetzt haben, zu berechnen.

1.6 Grundzüge der Vektorrechnung

In diesem Abschnitt stellen wir einige Grundlagen der Vektorrechnung bereit, wie sie i. Allg. im ersten Semester an ingenieurwissenschaftlichen Fakultäten gelehrt werden und wie sie für die Inhalte des Buchs relevant sind. Wir beschränken uns dabei ausdrücklich auf diejenigen Sachverhalte, die wir im weiteren Verlauf benötigen werden. Leser*innen, die hierin bereits geübt sind, können diesen Abschnitt getrost überspringen.

1.6.1 Grundlegendes

Physikalische Größen, die nur durch ihren Betrag beschrieben werden, werden in der Physik als Skalare bezeichnet. Skalare Größen sind zum Beispiel die Zeit oder die Masse eines Körpers, die durch Angabe eines Zahlenwertes vollständig beschrieben werden. Hingegen gibt es auch Größen, die nicht nur durch ihren Betrag, sondern auch durch ihre Richtung ausgezeichnet sind. Solche Größen bezeichnet man als Vektoren, und wir werden im Rahmen dieses Buchs an einigen Stellen auf Vektoren stoßen. Beispiele für Vektoren sind Kräfte, die durch ihre Größe, also ihren Betrag, aber auch durch ihre Richtung ausgezeichnet werden. Vektoren werden in diesem Buch mit einem Unterstrich gekennzeichnet. Ein Beispiel ist der Vektor $\underline{F}$ einer Kraft. In der Literatur findet man auch häufig die Schreibweise, dass ein Symbol fett gesetzt wird: $\underline{F} = \mathbf{F}$. Vektoren werden graphisch als Pfeile dargestellt, so wie in Abb. 1.3 bereits am Beispiel des Kraftvektors $\underline{F}$ gezeigt. Der Betrag $F = |\underline{F}|$ des Vektors entspricht seiner Länge. Ein Vektor mit der Länge 1 wird als Einheitsvektor bezeichnet.

Wie bereits in Abb. 1.3 für den Kraftvektor $\underline{F}$ gezeigt lässt sich dieser als ein Vielfaches von den sog. Basisvektoren $\underline{e}_x, \underline{e}_y, \underline{e}_z$ darstellen und weist entsprechend die drei räumlichen Komponenten $\underline{F}_x, \underline{F}_y, \underline{F}_z$ mit den Beträgen bzw. den Koordinaten F_x, F_y, F_z auf, wobei man für F_x, F_y, F_z auch häufig die Bezeichnung als Komponenten des Vektors $\underline{F}$ vorfindet:

$$\underline{F} = \underline{F}_x + \underline{F}_y + \underline{F}_z = F_x \underline{e}_x + F_y \underline{e}_y + F_z \underline{e}_z. \qquad (1.4)$$

Die Basisvektoren bilden in der Reihenfolge $\underline{e}_x, \underline{e}_y, \underline{e}_z$ ein sog. Rechtssystem, und es gilt die sog. Rechte-Hand-Regel, nach der man Daumen, Zeigefinger und Mittelfinger der rechten Hand in Einklang mit $\underline{e}_x, \underline{e}_y, \underline{e}_z$ bringen kann. Es ist üblich, die folgende Schreibweise für Vektoren zu verwenden, in der in runden Klammern die Beträge F_x, F_y, F_z (also die Koordinaten des Vektors) angeordnet werden (sog. Spaltenvektor):

$$\underline{F} = \begin{pmatrix} F_x \\ F_y \\ F_z \end{pmatrix}. \qquad (1.5)$$

Der Betrag F des Vektors $\underline{F}$ ergibt sich aus dem räumlichen Satz des Pythagoras[2] (s. Abb. 1.3) und lautet:

$$|\underline{F}| = F = \sqrt{F_x^2 + F_y^2 + F_z^2}. \qquad (1.6)$$

1.6.2 Rechenoperationen für Vektoren

Nachfolgend werden einige wichtiger Rechenoperationen für Vektoren vorgestellt, so wie sie im weiteren Verlauf dieses Buchs relevant sind. Wir beschränken uns hierbei auf das

---

[2] Pythagoras von Samos, ca. 570 v. Chr.–nach 510 v. Chr., griechischer Universalgelehrter.

absolut notwendige Maß, für weiterführende Informationen wird die Leserschaft auf die vielfältig verfügbare Fachliteratur verwiesen.

Multiplikation mit einem Skalar

Gegeben sei ein Vektor $\underline{a}$ wie folgt:

$$\underline{a} = \begin{pmatrix} a_x \\ a_y \\ a_z \end{pmatrix}. \tag{1.7}$$

Multipliziert man diesen Vektor mit einem Skalar λ, dann entsteht ein neuer Vektor $\underline{b} = b_x\underline{e}_x + b_y\underline{e}_y + b_z\underline{e}_z = \lambda\underline{a} = \lambda a_x\underline{e}_x + \lambda a_y\underline{e}_y + \lambda a_z\underline{e}_z$, der den Betrag $|\underline{b}| = |\lambda||\underline{a}|$ aufweist (Abb. 1.10):

$$\underline{b} = \begin{pmatrix} b_x \\ b_y \\ b_z \end{pmatrix} = \begin{pmatrix} \lambda a_x \\ \lambda a_y \\ \lambda a_z \end{pmatrix} = \lambda \begin{pmatrix} a_x \\ a_y \\ a_z \end{pmatrix}. \tag{1.8}$$

Ist $\lambda < 0$, dann kehrt sich die Richtung des Vektors um. Ist $\lambda = 0$, dann resultiert der sog. Nullvektor $\underline{0}$, also ein Spaltenvektor mit Nulleinträgen.

Vektoraddition und Vektorsubtraktion

Gegeben seien zwei Vektoren $\underline{a}$ und $\underline{b}$. Addiert man diese beiden Vektoren zusammen, dann entsteht dadurch ein neuer Vektor $\underline{c}$ wie folgt:

$$\underline{c} = \begin{pmatrix} c_x \\ c_y \\ c_z \end{pmatrix} = \begin{pmatrix} b_x \\ b_y \\ b_z \end{pmatrix} + \begin{pmatrix} a_x \\ a_y \\ a_z \end{pmatrix} = \begin{pmatrix} a_x + b_x \\ a_y + b_y \\ a_z + b_z \end{pmatrix}. \tag{1.9}$$

Die Vektoraddition entspricht dem Vorgang, dass man dem Vektor $\underline{a}$ an seinem Endpunkt den Vektor $\underline{b}$ anfügt. Der neu entstandene Vektor $\underline{c}$ zeigt dann vom Anfangspunkt von $\underline{a}$ zum Endpunkt von $\underline{b}$ (sog. Vektorparallelogramm, Abb. 1.11). Anzumerken ist, dass beide Darstellungen des Vektorparallelogramms gleichwertig sind, es gilt das Kommutativgesetz:

$$\underline{a} + \underline{b} = \underline{b} + \underline{a}. \tag{1.10}$$

Die Vektoren $\underline{a}$ und $\underline{b}$ werden als Komponenten des Vektors $\underline{c}$ bezeichnet.

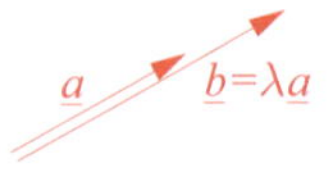

Abb. 1.10 Multiplikation eines Vektors mit einem Skalar

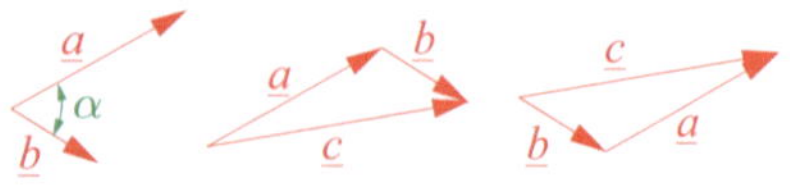

Abb. 1.11 Vektoraddition

1.6 Grundzüge der Vektorrechnung

Die Vektorsubtraktion $\underline{c} = \underline{a} - \underline{b}$ kann als Addition eines Vektors $\underline{b}$ aufgefasst werden als:

$$\underline{c} = \underline{a} - \underline{b} = \underline{a} + (-\underline{b}), \tag{1.11}$$

d. h. es folgt:

$$\begin{pmatrix} c_x \\ c_y \\ c_z \end{pmatrix} = \begin{pmatrix} a_x \\ a_y \\ a_z \end{pmatrix} - \begin{pmatrix} b_x \\ b_y \\ b_z \end{pmatrix} = \begin{pmatrix} a_x - b_x \\ a_y - b_y \\ a_z - b_z \end{pmatrix}. \tag{1.12}$$

Skalarprodukt

Gegeben seien zwei Vektoren $\underline{a}$ und $\underline{b}$, die den Winkel α einschließen (Abb. 1.11). Das sog. Skalarprodukt (auch inneres Produkt genannt) ist ein Maß für den eingeschlossenen Winkel α und ist definiert als:

$$\underline{a} \cdot \underline{b} = |\underline{a}||\underline{b}|\cos\alpha = ab\cos\alpha. \tag{1.13}$$

Hierin ist der Ausdruck $|\underline{b}|\cos\alpha$ die Projektion des Vektors $\underline{b}$ auf den Vektor $\underline{a}$ (Abb. 1.12). Aus dem Skalarprodukt ergibt sich der Betrag eines Vektors $\underline{a}$ wie folgt:

$$|\underline{a}| = \sqrt{\underline{a} \cdot \underline{a}}. \tag{1.14}$$

Für das Skalarprodukt gilt außerdem das Kommutativgesetz, d. h.:

$$\underline{a} \cdot \underline{b} = \underline{b} \cdot \underline{a}. \tag{1.15}$$

Wir betrachten an dieser Stelle noch einmal die orthonormalen Basisvektoren $\underline{e}_x$, $\underline{e}_y$, $\underline{e}_z$, die die Beträge $|\underline{e}_x| = |\underline{e}_y| = |\underline{e}_z| = 1$ aufweisen. Für sie gilt:

$$\begin{aligned} \underline{e}_x \cdot \underline{e}_x &= 1, & \underline{e}_x \cdot \underline{e}_y &= 0, & \underline{e}_x \cdot \underline{e}_z &= 0, \\ \underline{e}_y \cdot \underline{e}_x &= 0, & \underline{e}_y \cdot \underline{e}_y &= 1, & \underline{e}_y \cdot \underline{e}_z &= 0, \\ \underline{e}_z \cdot \underline{e}_x &= 0, & \underline{e}_z \cdot \underline{e}_y &= 0, & \underline{e}_z \cdot \underline{e}_z &= 1. \end{aligned} \tag{1.16}$$

Das Skalarprodukt $\underline{a} \cdot \underline{b}$ zweier Vektoren $\underline{a}$ und $\underline{b}$ kann hiermit geschrieben werden als:

$$\begin{aligned} \underline{a} \cdot \underline{b} &= \begin{pmatrix} a_x \\ a_y \\ a_z \end{pmatrix} \cdot \begin{pmatrix} b_x \\ b_y \\ b_z \end{pmatrix} \\ &= (a_x\underline{e}_x + a_y\underline{e}_y + a_z\underline{e}_z) \cdot (b_x\underline{e}_x + b_y\underline{e}_y + b_z\underline{e}_z) \\ &= a_xb_x + a_yb_y + a_zb_z. \end{aligned} \tag{1.17}$$

Abb. 1.12 Projektion des Vektors $\underline{b}$ auf den Vektor $\underline{a}$

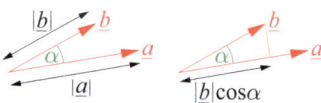

Die Länge eines Vektors $\underline{a}$ kann damit angegeben werden wie folgt:

$$|\underline{a}| = \sqrt{a_x^2 + a_y^2 + a_z^2}. \tag{1.18}$$

Vektorprodukt

Das Vektorprodukt (häufig auch als Kreuzprodukt bezeichnet) führt durch die Rechenoperation $\underline{a} \times \underline{b}$ auf einen Vektor $\underline{c}$:

$$\underline{a} \times \underline{b} = \underline{c}. \tag{1.19}$$

Dieser Vektor $\underline{c}$ steht senkrecht auf $\underline{a}$ und $\underline{b}$, und die drei Vektoren $\underline{a}$, $\underline{b}$ und $\underline{c}$ bilden ein Rechtssystem. Hierbei gibt der Betrag $|\underline{c}|$ des Vektors $\underline{c}$ diejenige Fläche an, die durch die beiden Vektoren $\underline{a}$ und $\underline{b}$ aufgespannt wird. Es gilt:

$$|\underline{c}| = |\underline{a} \times \underline{b}| = |\underline{a}||\underline{b}| \sin \alpha. \tag{1.20}$$

Das Kommutativgesetz gilt hier nicht, sondern es folgt $\underline{a} \times \underline{b} = -\underline{b} \times \underline{a}$. Sind die beiden Vektoren $\underline{a}$ und $\underline{b}$ parallel zueinander, dann ergibt das Vektorprodukt den Nullvektor.

Für die Vektorprodukte der orthonormalen Basisvektoren $\underline{e}_x$, $\underline{e}_y$, $\underline{e}_z$ folgt:

$$\begin{aligned}
\underline{e}_x \times \underline{e}_x &= \underline{0}, & \underline{e}_x \times \underline{e}_y &= \underline{e}_z, & \underline{e}_x \times \underline{e}_z &= -\underline{e}_y, \\
\underline{e}_y \times \underline{e}_x &= -\underline{e}_z, & \underline{e}_y \times \underline{e}_y &= \underline{0}, & \underline{e}_y \times \underline{e}_z &= \underline{e}_x, \\
\underline{e}_z \times \underline{e}_x &= \underline{e}_y, & \underline{e}_z \times \underline{e}_y &= -\underline{e}_x, & \underline{e}_z \times \underline{e}_z &= \underline{0}.
\end{aligned} \tag{1.21}$$

Dann folgt für das Vektorprodukt $\underline{a} \times \underline{b}$:

$$\begin{aligned}
\underline{c} &= \underline{a} \times \underline{b} \\
&= (a_x \underline{e}_x + a_y \underline{e}_y + a_z \underline{e}_z) \times (b_x \underline{e}_x + b_y \underline{e}_y + b_z \underline{e}_z) \\
&= (a_y b_z - a_z b_y) \underline{e}_x + (a_z b_x - a_x b_z) \underline{e}_y + (a_x b_y - a_y b_x) \underline{e}_z \\
&= \begin{pmatrix} a_y b_z - a_z b_y \\ a_z b_x - a_x b_z \\ a_x b_y - a_y b_x \end{pmatrix}.
\end{aligned} \tag{1.22}$$

Das Vektorprodukt kann auch wie folgt als Determinante angegeben werden:

$$\begin{aligned}
\underline{c} &= \underline{a} \times \underline{b} \\
&= \begin{vmatrix} \underline{e}_x & \underline{e}_y & \underline{e}_z \\ a_x & a_y & a_z \\ b_x & b_y & b_z \end{vmatrix} \\
&= (a_y b_z - a_z b_y) \underline{e}_x + (a_z b_x - a_x b_z) \underline{e}_y + (a_x b_y - a_y b_x) \underline{e}_z \\
&= \begin{pmatrix} a_y b_z - a_z b_y \\ a_z b_x - a_x b_z \\ a_x b_y - a_y b_x \end{pmatrix}.
\end{aligned} \tag{1.23}$$

Kräftesysteme und Gleichgewicht

2

Dieses Kapitel ist der Behandlung von Kräftesystemen in der Ebene und im Raum gewidmet und behandelt zunächst ebene zentrale Kräftesysteme, also solche Kräftesystem, bei denen sich die Wirkungslinien der Kräfte alle in einem Punkt schneiden. Wir behandeln, wie man Kräfte zusammenfassen und auch zerlegen kann und führen außerdem den ganz grundlegenden Begriff des Gleichgewichts ein. Hiernach werden die Betrachtungen auf räumliche zentrale Kräftesysteme erweitert, bevor wir uns der Behandlung allgemeiner nichtzentraler ebener Kräftesysteme widmen. Es werden die Begriffe des Kräftepaars und des Moments eingeführt, und wir betrachten zudem Momentensysteme. Außerdem wenden wir uns der Frage zu, wie sich Kräfte parallel verschieben lassen, führen das Moment einer Kraft ein und erweitern den Begriff des Gleichgewichts. Das Kapitel schließt mit der Behandlung allgemeiner räumlicher Kräftesysteme.

2.1 Ebene zentrale Kräftesysteme

Ein zentrales Kräftesystem ist ein System aus Kräften, deren Wirkungslinien sich alle in einem Punkt schneiden. Wir betrachten in diesem Abschnitt solche zentralen Kräftesysteme zunächst in der Ebene, räumliche Kräftesysteme werden später besprochen.

2.1.1 Kräfteparallelogramm

Wir betrachten zwei Kräfte F_1 und F_2, die an einem Starrkörper angreifen (Abb. 2.1) und den Winkel α einschließen. Wir wollen uns die Frage stellen, wie sich diese beiden Kräfte F_1 und F_2 in eine einzelne Kraft, die sog. Resultierende R überführen lassen. Wir wissen bereits, dass wir Kräfte an einem Starrkörper als linienflüchtig behandeln können, so dass wir die beiden Kräfte so verschieben, bis sie beide in dem Schnittpunkt S der

Abb. 2.1 Starrkörper unter zwei Kräften F_1 und F_2 (*oben links*), Kräfteparallelogramm (*oben rechts*), Kräftepläne (*unten*)

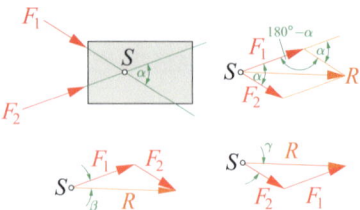

beiden Wirkungslinien wirken. Die beiden Kräfte F_1 und F_2 bilden somit ein zentrales Kräftesystem.

Wir nutzen nun die Tatsache, dass die statische Wirkung der beiden Kräfte F_1 und F_2 äquivalent zur Wirkung einer einzelnen Kraft, der Resultierenden R, ist, die ebenfalls in S wirkt. Der Betrag und die Richtung von R ergeben sich aus der Diagonalen des Parallelogramms, das durch F_1 und F_2 aufgespannt wird. Diese Aussage ist auch bekannt als das Axiom vom Kräfteparallelogramm.

In vektorieller Darstellung wird schnell klar, dass es sich bei der Ermittlung der Resultierenden $\underline{R}$ um die Addition der beiden Kraftvektoren $\underline{F}_1$ und $\underline{F}_2$ handelt, d. h. es gilt:

$$\underline{R} = \underline{F}_1 + \underline{F}_2. \tag{2.1}$$

Es stehen zur Ermittlung der Resultierenden R grundsätzlich zwei Wege zur Verfügung, nämlich einerseits die graphische Ermittlung und andererseits die rechnerische Ermittlung. Für die graphische Ermittlung trägt man die beiden Kräfte F_1 und F_2 in einem zweckmäßig zu wählenden Maßstab auf und bildet das in Abb. 2.1 gezeigte Parallelogramm, das auch als Lageplan bezeichnet wird. Alternativ kann man auf einen sog. Kräfteplan zurückgreifen (Abb. 2.1, unten), in dem die beiden Kräfte F_1 und F_2 in einem Kräftepolygon aneinandergesetzt werden. Im so entstandenen Kräftepolygon der Abb. 2.1, links unten, ist dann der Vektor, der von S zum Ende der Kraft F_2 weist, die Resultierende R. Es ist unerheblich, ob man den Kräfteplan der Abb. 2.1, unten rechts oder links, verwendet, beide Darstellungen sind richtig und äquivalent, denn für die Ermittlung der Resultierenden nach Gl. (2.1) ist die Reihenfolge der Addition der Kraftvektoren unerheblich, d. h. es gilt das Kommutativgesetz $\underline{F}_1 + \underline{F}_2 = \underline{F}_2 + \underline{F}_1$.

Die rechnerische Ermittlung der Resultierenden kann mit Hilfe elementarer trigonometrischer Betrachtungen erfolgen. Hierzu betrachten wir noch einmal den Lageplan der Abb. 2.1, rechts oben. Aus dem Kosinussatz folgt dann:

$$R = \sqrt{F_1^2 + F_2^2 - 2F_1F_2\cos(180° - \alpha)}. \tag{2.2}$$

Mit $\cos(180° - \alpha) = -\cos\alpha$ ergibt sich daraus:

$$R = \sqrt{F_1^2 + F_2^2 + 2F_1F_2\cos\alpha}. \tag{2.3}$$

2.1 Ebene zentrale Kräftesysteme

Wir können die Richtung der Resultierenden R aus den Winkeln β oder γ in den Kräfteplänen der Abb. 2.1, unten, ermitteln, indem wir den Sinussatz heranziehen. Es folgt am Kräfteplan der Abb. 2.1, links unten, mit $\sin(180° - \alpha) = \sin\alpha$:

$$\frac{F_2}{\sin\beta} = \frac{R}{\sin(180° - \alpha)}, \tag{2.4}$$

was sich auflösen lässt als:

$$\sin\beta = \frac{F_2 \sin\alpha}{R}, \tag{2.5}$$

mit R gemäß Gl. (2.3). Genauso folgt für den Winkel γ:

$$\sin\gamma = \frac{F_1 \sin\alpha}{R}. \tag{2.6}$$

Beispiel 2.1

Gegeben seien die Kräfte $F_1 = 2F_0$ und $F_2 = F_0$, die unter dem Winkel $\alpha = 60°$ zueinander orientiert sind und im Punkt S angreifen (Abb. 2.2). Man ermittle den Betrag der Resultierenden R sowie ihre Richtung.

Zur Lösung:

Wir ermitteln die Resultierende R und ihre Richtung zunächst graphisch. Wir bilden aus den beiden Kräften F_1 und F_2 das Kräfteparallelogramm (Abb. 2.2, rechts oben) und können hieran den Betrag der Resultierenden R ablesen als $R = 2{,}65 F_0$. Die Richtung der Resultierenden lässt sich durch die beiden Winkel β und γ beschreiben, die wir an Abb. 2.2, unten, ablesen als $\beta = 19°$ und $\gamma = 41°$. Als Probe muss $\alpha = \beta + \gamma$ gelten, was hier erfüllt ist.

Wir ermitteln den Betrag der Resultierenden außerdem rechnerisch und erhalten mit Gl. (2.3):

$$R = \sqrt{F_1^2 + F_2^2 + 2F_1 F_2 \cos\alpha}$$
$$= \sqrt{F_0^2 + (2F_0)^2 + 2 \cdot F_0 \cdot 2F_0 \cos 60°} = \sqrt{7} F_0 = 2{,}65 F_0. \tag{2.7}$$

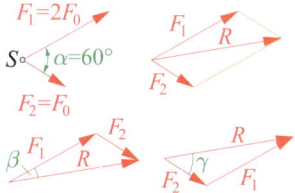

Abb. 2.2 Kräfte F_1 und F_2 mit gemeinsamem Schnittpunkt S (*oben links*), Kräfteparallelogramm (*oben rechts*), Kräftepläne (*unten*)

Die Winkel β und γ lassen sich aus Gl. (2.5) und (2.6) ermitteln, wobei hier darauf hingewiesen sei, dass es für die Bestimmung der Richtung der Resultierenden ausreicht, nur einen dieser beiden Winkel zu bestimmen. Es folgt:

$$\sin\beta = \frac{F_2 \sin\alpha}{R} = \frac{F_0 \sin 60°}{2{,}65 F_0} = 0{,}33 \quad \rightarrow \quad \beta = 19{,}1°,$$
$$\sin\gamma = \frac{F_1 \sin\alpha}{R} = \frac{2 F_0 \sin 60°}{2{,}65 F_0} = 0{,}65 \quad \rightarrow \quad \gamma = 40{,}8°. \tag{2.8}$$

Diese Ergebnisse stimmen mit hinreichender Genauigkeit mit den zuvor graphisch ermittelten Ergebnissen überein. Abweichungen ergeben sich aus der zugrundeliegenden Zeichengenauigkeit. ◂

2.1.2 Resultierende eines ebenen zentralen Kräftesystems

Wir betrachten nun den Fall, dass wir es mit einem ebenen zentralen Kräftesystem zu tun haben, das sich aus n Kräften $F_1, F_2, \ldots, F_n$ zusammensetzt (Abb. 2.3). Gesucht wird der Betrag der Resultierenden R sowie ihre Richtung.

Wir diskutieren zunächst die graphische Ermittlung und erstellen hierzu einen mit einem geeigneten Maßstab versehenen Kräfteplan und ermitteln die Resultierende Kraft R, indem wir schrittweise Teilresultierende ermitteln und uns somit Schritt für Schritt voranarbeiten. Wir betrachten zunächst die beiden Kräfte F_1 und F_2 und ermitteln hieraus die Resultierende, die wir als R_1 bezeichnen wollen (Abb. 2.3, rechts oben). Ihren Betrag und ihre Richtung ermitteln wir durch Abmessen. Im nächsten Schritt betrachten wir das Kräftedreieck aus R_1 und F_3 und ermitteln die Teilresultierende R_2, die ebenfalls in Abb. 2.3, rechts, dargestellt ist. Wir bilden sukzessive hintereinander alle weiteren Teilre-

Abb. 2.3 Ebenes zentrales Kräftesystem, bestehend aus den Kräften $F_1, F_2, \ldots, F_n$

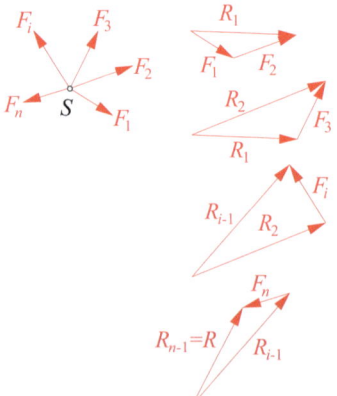

Abb. 2.4 Kräftepolygon mit Teilresultierenden und gesuchter resultierender Kraft R

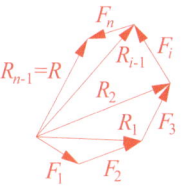

Abb. 2.5 Kräftepolygon mit alternativer Reihenfolge der Kräfte

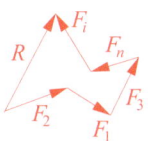

sultierenden, bis wir zu der Teilresultierenden R_{n-1} gelangen, die zugleich die gesuchte resultierende Kraft R darstellt. Ihren Betrag und ihre Richtung ermitteln wir durch Ablesen am Kräfteplan. Das Kräftepolygon mit den Teilresultierenden sowie der gesuchten Resultierenden Kraft R ist in Abb. 2.4 dargestellt. Die Resultierende R ist folglich diejenige Kraft, die vom Punkt S bis zum Endpunkt der Kraft F_n verläuft. Ihre Richtung ist dem Umlaufsinn der Kräfte im Kräftepolygon entgegengerichtet. Da es sich hierbei um ein zentrales Kräftesystem handelt, verläuft auch die Resultierende durch den Punkt S. Sie ist zu den n Kräften $F_1, F_2, \ldots, F_n$ statisch äquivalent. Da wir die n Kräfte $F_1, F_2, \ldots, F_n$ zu einer einzigen resultierenden Kraft R zusammengefasst, d. h. reduziert, haben, spricht man auch von der sog. Reduktion.

Man erkennt aus der obigen Vorgehensweise sowie der Darstellung in Abb. 2.4, dass sich die Resultierende $\underline{R}$ aus der Addition der einzelnen Kraftvektoren $\underline{F}_1, \underline{F}_2, \underline{F}_3, \ldots, \underline{F}_i, \ldots, \underline{F}_n$ ergibt:

$$\underline{R} = \underline{F}_1 + \underline{F}_2 + \underline{F}_3 + \ldots + \underline{F}_i + \ldots + \underline{F}_n. \tag{2.9}$$

Hierbei ist die Reihenfolge der Addition aufgrund des Kommutativgesetzes beliebig und hat keinen Einfluss auf das Ergebnis. Man erkennt dies an der Abb. 2.5, in der wir die Reihenfolge der Bildung der Teilresultierenden anders durchgeführt haben. Es ergibt sich hierbei selbstverständlich die gleiche resultierende Kraft R wie in Abb. 2.4.

Beispiel 2.2

Gegeben sei ein zentrales ebenes Kräftesystem, das aus den Kräften $F_1 = F_0$, $F_2 = 2F_0$, $F_3 = 3F_0$, $F_4 = 2F_0$ besteht, die unter den Winkeln $\alpha_1 = -50°$, $\alpha_2 = 45°$, $\alpha_3 = 160°$, $\alpha_4 = -135°$ zur Horizontalen orientiert sind und im gemeinsamen Punkt S angreifen (Abb. 2.6). Man ermittle den Betrag der Resultierenden R sowie ihre Richtung, beschrieben durch den Winkel α_R zur Horizontalen, auf graphischem Weg.

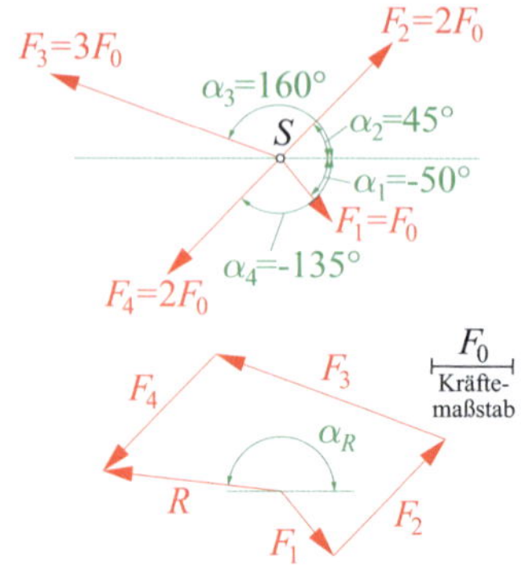

Abb. 2.6 Ebenes zentrales Kräftesystem, bestehend aus den Kräften F_1, F_2, F_3, F_4 (*oben*), Kräftepolygon und Ermittlung der Resultierenden (*unten*)

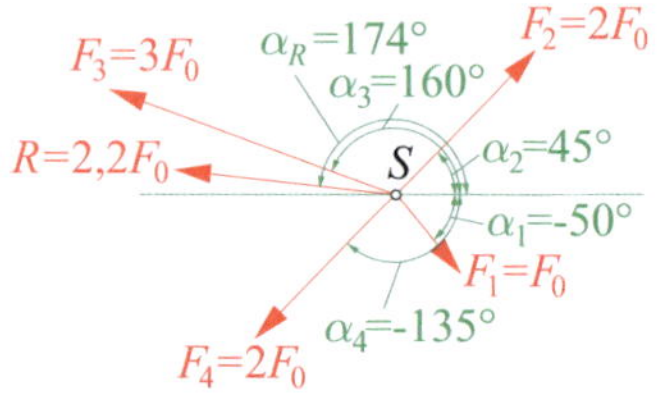

Abb. 2.7 Lageplan mit resultierender Kraft

Zur Lösung:

Wir zeichnen für das gegebene Problem den Kräfteplan im gezeigten Maßstab, indem wir in der Reihenfolge F_1, F_2, F_3, F_4 die Kräfte unter Berücksichtigung ihrer Richtungen $\alpha_1, \alpha_2, \alpha_3, \alpha_4$ das Kräftepolygon zeichnen so wie in Abb. 2.6, unten, dargestellt. Es sei hier erneut angemerkt, dass die Reihenfolge, in der die Kräfte im Kräftepolygon angeordnet werden, beliebig ist. Wir können hieran sowohl den Betrag als auch die Richtung der Resultierenden ablesen, wobei zu beachten ist, dass diese Ergebnisse nur im Rahmen der Zeichengenauigkeit Gültigkeit aufweisen. Man wird also bestrebt sein, bei der graphischen Ermittlung von Betrag und Richtung einer Resultierenden einer zentralen Kräftegruppe Sorgfalt walten zu lassen. Wir lesen ab:

$$R = 2{,}2F_0, \quad \alpha_R = 174°. \tag{2.10}$$

Die Resultierende ist in Abb. 2.7 im Lageplan dargestellt. ◄

2.1.3 Kräftezerlegung in der Ebene

Wir wollen uns nun der Frage widmen, wie sich eine gegebene Kraft $\underline{F}$ zerlegen lässt. Zweckmäßig verwendet man ein kartesisches Koordinatensystem, bestehend aus x- und y-Achse, und wir wollen eine Kraft $\underline{F}$, die in der xy-Ebene wirkt, in ihre Komponenten $\underline{F}_x$ und $\underline{F}_y$ in Richtung der x-Achse und der y-Achse zerlegen (Abb. 2.8), die durch die

2.1 Ebene zentrale Kräftesysteme

Abb. 2.8 Zerlegung einer Kraft $\underline{F}$

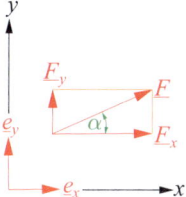

Einheitsvektoren $\underline{e}_x$ und $\underline{e}_y$ ausgezeichnet werden. Eine solche Zerlegung in zwei Komponenten in der Ebene ist immer eindeutig möglich, und die Komponenten $\underline{F}_x$ und $\underline{F}_y$ lauten mit den Beträgen F_x und F_y:

$$\underline{F}_x = F_x \underline{e}_x, \quad \underline{F}_y = F_y \underline{e}_y. \tag{2.11}$$

Damit kann der Kraftvektor $\underline{F}$ wie folgt durch Addition der Komponenten $\underline{F}_x$ und $\underline{F}_y$ ausgedrückt werden:

$$\underline{F} = \underline{F}_x + \underline{F}_y = F_x \underline{e}_x + F_y \underline{e}_y. \tag{2.12}$$

Sei F der Betrag des Kraftvektors $\underline{F}$. Dann gilt für die Beträge der Komponenten $\underline{F}_x$ und $\underline{F}_y$:

$$F_x = F \cos\alpha, \quad F_y = F \sin\alpha, \tag{2.13}$$

und der Betrag F des Vektors $\underline{F}$ ist dann:

$$|\underline{F}| = F = \sqrt{F_x^2 + F_y^2}. \tag{2.14}$$

Der Winkel α, der die Richtung der Kraft $\underline{F}$ angibt, kann wie folgt ermittelt werden:

$$\tan\alpha = \frac{F_y}{F_x} \quad \rightarrow \quad \alpha = \arctan\left(\frac{F_y}{F_x}\right). \tag{2.15}$$

Den Vektor $\underline{F}$ gemäß Gl. (2.12) können wir auch als Spaltenvektor schreiben wie folgt:

$$\underline{F} = F_x \underline{e}_x + F_y \underline{e}_y = \begin{pmatrix} F_x \\ F_y \end{pmatrix}. \tag{2.16}$$

Wir betrachten nun eine ebene zentrale Kräftegruppe, die aus den Kräften $\underline{F}_1, \underline{F}_2, \ldots, \underline{F}_n$ besteht und die Resultierende $\underline{R}$ aufweist. Wir können bei der Zerlegung der Resultierenden auf analogem Wege vorgehen und die Komponenten der beteiligten Kräfte aufaddieren. Dies ist in der Abb. 2.9 für das Beispiel einer Kräftegruppe, bestehend aus zwei Kräften $\underline{F}_1, \underline{F}_2$, dargestellt. Die Kräfte $\underline{F}_1, \underline{F}_2$ weisen dabei die Komponenten $\underline{F}_{1x} =$

Abb. 2.9 Zerlegung der Resultierenden $\underline{R}$ einer ebenen zentralen Kräftegruppe

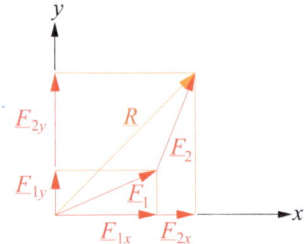

$F_{1x}\underline{e}_x$, $\underline{F}_{2x} = F_{2x}\underline{e}_x$ bezüglich der *x*-Richtung und $\underline{F}_{1y} = F_{1y}\underline{e}_y$, $\underline{F}_{2y} = F_{2y}\underline{e}_y$ bezüglich der *y*-Richtung auf. Die Resultierende

$$\underline{R} = R_x\underline{e}_x + R_y\underline{e}_y = \begin{pmatrix} R_x \\ R_y \end{pmatrix} \tag{2.17}$$

lässt sich dann aus der Vektoraddition von $\underline{F}_1$ und $\underline{F}_2$ ermitteln als:

$$\begin{aligned}\underline{R} &= \underline{F}_1 + \underline{F}_2 = \underline{F}_{1x} + \underline{F}_{2x} + \underline{F}_{1y} + \underline{F}_{2y} \\ &= F_{1x}\underline{e}_x + F_{2x}\underline{e}_x + F_{1y}\underline{e}_y + F_{2y}\underline{e}_y \\ &= (F_{1x} + F_{2x})\underline{e}_x + (F_{1y} + F_{2y})\underline{e}_y.\end{aligned} \tag{2.18}$$

Die Komponenten R_x und R_y der Resultierenden folgen demnach zu:

$$R_x = F_{1x} + F_{2x}, \quad R_y = F_{1y} + F_{2y}. \tag{2.19}$$

Liegt der Fall einer Resultierenden $\underline{R}$ von n Kräften vor, dann gilt:

$$\begin{aligned}\underline{R} &= R_x\underline{e}_x + R_y\underline{e}_y = \begin{pmatrix} R_x \\ R_y \end{pmatrix} \\ &= \sum_{i=1}^{n} \underline{F}_i = \sum_{i=1}^{n}(F_{ix})\underline{e}_x + \sum_{i=1}^{n}(F_{iy})\underline{e}_y.\end{aligned} \tag{2.20}$$

Die Komponenten R_x, R_y der Resultierenden lauten demnach:

$$R_x = \sum_{i=1}^{n} F_{ix}, \quad R_y = \sum_{i=1}^{n} F_{iy}, \tag{2.21}$$

und Betrag und Richtung lassen sich angeben als:

$$R = |\underline{R}| = \sqrt{R_x^2 + R_y^2}, \quad \tan\alpha_R = \frac{R_y}{R_x}. \tag{2.22}$$

Beispiel 2.3

Wir wiederholen Beispiel 2.2 und verwenden die oben eingeführte Komponentendarstellung der Resultierenden.

Zur Lösung:

Das gegebene ebene zentrale Kräftesystem ist mit einem Bezugssystem x, y in Abb. 2.10 dargestellt. Die Komponente R_x ist wie folgt ermittelbar:

$$\begin{aligned} R_x &= F_{1x} + F_{2x} + F_{3x} + F_{4x} \\ &= F_1 \cos\alpha_1 + F_2 \cos\alpha_2 + F_3 \cos\alpha_3 + F_4 \cos\alpha_4 \\ &= F_0 \cos(-50°) + 2F_0 \cos 45° + 3F_0 \cos 160° + 2F_0 \cos(-135°) \\ &= -2{,}18 F_0. \end{aligned} \quad (2.23)$$

Analog folgt für die Komponente R_y:

$$\begin{aligned} R_y &= F_{1y} + F_{2y} + F_{3y} + F_{4y} \\ &= F_1 \sin\alpha_1 + F_2 \sin\alpha_2 + F_3 \sin\alpha_3 + F_4 \sin\alpha_4 \\ &= F_0 \sin(-50°) + 2F_0 \sin 45° + 3F_0 \sin 160° + 2F_0 \sin(-135°) \\ &= 0{,}26 F_0. \end{aligned} \quad (2.24)$$

Damit kann der Betrag R der Resultierenden angegeben werden als:

$$R = \sqrt{R_x^2 + R_y^2} = 2{,}2 F_0. \quad (2.25)$$

Es zeigt sich, dass dieses Ergebnis mit Gl. (2.10) übereinstimmt. Für die Richtung α_R der Resultierenden folgt:

$$\tan\alpha_R = \frac{R_y}{R_x} = -\frac{0{,}26}{2{,}18} \quad \rightarrow \quad \alpha_R = -6{,}80°. \quad (2.26)$$

Dieses Ergebnis stimmt mit $180° - 6{,}80° = 173{,}20°$ mit dem in Beispiel 2.2 ermittelten Winkel von $\alpha_R = 174°$ überein. ◀

Abb. 2.10 Gegebenes ebenes zentrales Kräftesystem mit Koordinatensystem

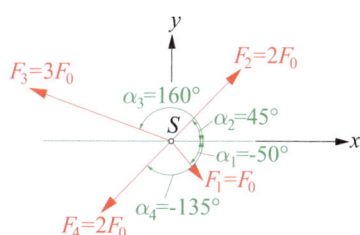

2.1.4 Gleichgewicht

Gegeben sei ein ruhender starrer Körper, der unter zwei sich auf der gleichen Wirkungslinie befindlichen, einander entgegengesetzten Kräften $\underline{F}_1$ und $\underline{F}_2$ stehe (Abb. 2.11). Es ist hierbei anschaulich klar, dass der starre Körper, auf den diese beiden Kräfte wirken, genau dann in Ruhe bleibt, wenn die Beträge F_1 und F_2 der Kräfte $\underline{F}_1$ und $\underline{F}_2$ identisch sind, wenn also gilt:

$$|\underline{F}_1| = F_1 = F_2 = |\underline{F}_2|, \tag{2.27}$$

so dass:

$$\underline{F}_2 = -\underline{F}_1. \tag{2.28}$$

Daraus ergibt sich die folgende Definition für Gleichgewicht: Zwei Kräfte sind genau dann miteinander im Gleichgewicht, wenn sie auf einer gemeinsamen Wirkungslinie liegen und entgegengesetzt gerichtet sind bei gleichem Betrag. Entsprechend verschwindet die Resultierende dieser beiden so definierten Kräfte:

$$\underline{R} = \underline{F}_1 + \underline{F}_2 = \underline{0}. \tag{2.29}$$

Für ein zentrales Kräftesystem bestehend aus n Kräften gilt dann ganz analog, dass ein solches Kräftesystem dann im Gleichgewicht ist, wenn die Resultierende aus allen beteiligten Kräften verschwindet, wenn also die Vektorsumme über alle Kraftvektoren den Nullvektor ergibt:

$$\underline{R} = \begin{pmatrix} R_x \\ R_y \end{pmatrix} = \underline{F}_1 + \underline{F}_2 + \ldots + \underline{F}_n = \sum_{i=1}^{n} \underline{F}_i = \begin{pmatrix} \sum_{i=1}^{n} F_{ix} \\ \sum_{i=1}^{n} F_{iy} \end{pmatrix} = \underline{0}. \tag{2.30}$$

Betrachtet man erneut ein Krafteck, das aus n Kräften besteht (Abb. 2.12), dann bedeutet das, dass für den Gleichgewichtszustand dieses Krafteck geschlossen sein muss, also die Resultierende genau zu Null wird. Ein zentrales Kräftesystem, das diese Bedingung erfüllt, wird als Gleichgewichtsgruppe bezeichnet. Entsprechend bedeutet die Forderung

Abb. 2.11 Starrer Körper unter zwei Kräften $\underline{F}_1$ und $\underline{F}_2$

Abb. 2.12 Gleichgewicht am geschlossenen Krafteck

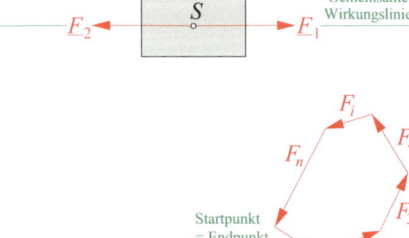

2.1 Ebene zentrale Kräftesysteme

nach Gleichgewicht, dass die Komponenten $R_x = \sum_{i=1}^{n} F_{ix}$ und $R_y = \sum_{i=1}^{n} F_{iy}$ zu Null werden. Es gelten also die folgenden sog. Gleichgewichtsbedingungen in der xy-Ebene:

$$\sum_{i=1}^{n} F_{ix} = 0, \quad \sum_{i=1}^{n} F_{iy} = 0. \qquad (2.31)$$

Als Schlussfolgerung kann festgehalten werden, dass ein ebenes zentrales Kräftesystem genau dann im Gleichgewicht ist, wenn die beiden Summen der Kräftekomponenten bzgl. der x-Richtung und der y-Richtung verschwinden. Oftmals werden die Summationsgrenzen weggelassen, so dass man auch schreibt:

$$\overset{\rightarrow}{\sum} F_{ix} = 0, \quad \overset{\uparrow}{\sum} F_{iy} = 0. \qquad (2.32)$$

Die Pfeile über den Summenzeichen geben dabei die positive Zählrichtung an.

Beispiel 2.4

Gegeben sei ein zentrales ebenes Kräftesystem, das aus den Kräften $F_1 = F_0$, $F_2 = 2F_0$, $F_3 = 3F_0$ besteht, die unter den Winkeln $\alpha_1 = -50°$, $\alpha_2 = 45°$, $\alpha_3 = 160°$ zur Horizontalen orientiert sind und im gemeinsamen Punkt S angreifen (Abb. 2.13). Wie groß muss eine zusätzliche Kraft F_4 sein und unter welchem Winkel zur Horizontalen muss sie orientiert sein, damit die Kräfte F_1, F_2, F_3, F_4 eine Gleichgewichtsgruppe bilden?

Zur Lösung:

Wir lösen die Aufgabe zunächst graphisch und erstellen ein Kräftepolygon, das durch die Kraft F_4 geschlossen wird (Abb. 2.13, unten). Hieran lassen sich der Betrag der Kraft F_4 sowie ihre Richtung ablesen als:

$$F_4 = 1{,}8 F_0, \quad \alpha_4 = -65°. \qquad (2.33)$$

Abb. 2.13 Ebenes zentrales Kräftesystem, bestehend aus den Kräften F_1, F_2, F_3 (*oben*), geschlossenes Krafteck (*unten*)

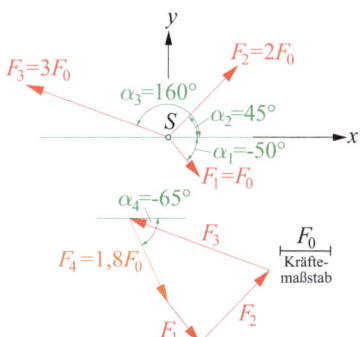

Rechnerisch kann auf die Kraft F_4 aus den Gleichgewichtsbedingungen (2.32) geschlossen werden. Wir erhalten für die Summe aller Kräfte in x-Richtung:

$$\sum F_{ix} = 0: \quad F_{1x} + F_{2x} + F_{3x} + F_{4x} = 0. \tag{2.34}$$

Dieser Ausdruck kann nach der Kraftkomponente F_{4x} umgeformt werden:

$$\begin{aligned} F_{4x} &= -F_{1x} - F_{2x} - F_{3x} \\ &= -F_1 \cos\alpha_1 - F_2 \cos\alpha_2 - F_3 \cos\alpha_3 \\ &= -F_0 \cos(-50°) - 2F_0 \cos 45° - 3F_0 \cos 160° \\ &= -0{,}64 F_0 - 1{,}41 F_0 + 2{,}81 F_0 = 0{,}77 F_0. \end{aligned} \tag{2.35}$$

Ganz analog folgt für die Gleichgewichtsbedingung bezüglich der y-Richtung:

$$\sum F_{iy} = 0: \quad F_{1y} + F_{2y} + F_{3y} + F_{4y} = 0. \tag{2.36}$$

Wir können diesen Ausdruck nach F_{4y} auflösen und erhalten:

$$\begin{aligned} F_{4y} &= -F_{1y} - F_{2y} - F_{3y} \\ &= -F_1 \sin\alpha_1 - F_2 \sin\alpha_2 - F_3 \sin\alpha_3 \\ &= -F_0 \sin(-50°) - 2F_0 \sin 45° - 3F_0 \sin 160° \\ &= 0{,}77 F_0 - 1{,}41 F_0 - 1{,}02 F_0 = -1{,}67 F_0. \end{aligned} \tag{2.37}$$

Der Betrag der Kraft F_4 folgt dann zu:

$$F_4 = \sqrt{F_{4x}^2 + F_{4y}^2} = \sqrt{(0{,}77 F_0)^2 + (-1{,}67 F_0)^2} = 1{,}84 F_0. \tag{2.38}$$

Ihre Orientierung zur Horizontalen folgt zu:

$$\tan\alpha_4 = \frac{F_{4y}}{F_{4x}} \quad \rightarrow \quad \alpha_4 = -65{,}25°. \tag{2.39}$$

Diese Ergebnisse stimmen mit den bereits auf graphischem Wege ermittelten Zahlenwerten überein. ◂

Abb. 2.14 Stabzweischlag (*links*), Freikörperbild (*rechts*)

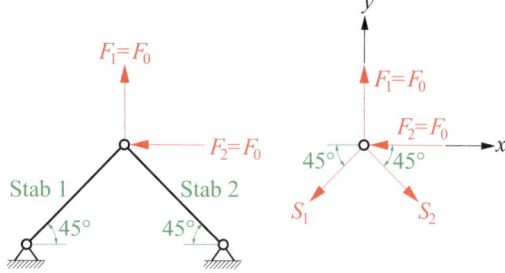

Beispiel 2.5

Betrachtet werde der Stabzweischlag der Abb. 2.14, der durch die beiden Kräfte $F_1 = F_0$ und $F_2 = F_0$ belastet werde. Gesucht werden die Stabkräfte.

Zur Lösung:

Es handelt sich bei der gegebenen Struktur, die aus zwei an beiden Enden gelenkig gelagerten Stäben besteht, um ein sog. Fachwerk. Solche Strukturen werden in Kap. 5 noch ausführlich besprochen. Es soll an dieser Stelle ausreichen anzumerken, dass in den Stäben eines solchen Fachwerks ausschließlich Kräfte auftreten, die jeweils in axialer Richtung der beiden Stäbe 1 und 2 weisen (die sog. Stabkräfte). Im Freikörperbild des Gelenkpunkts der Abb. 2.14, rechts, wird angenommen, dass beide Stabkräfte S_1 und S_2 vom belasteten Gelenkpunkt weg weisen, also Zug in dem jeweiligen Stab verursachen. Das Vorzeichen der Berechnungsergebnisse wird später zeigen, ob diese Annahme gerechtfertigt war.

Wir bilden am Freikörperbild der Abb. 2.14, rechts, die Kräftesummen bezüglich der x-Richtung und der y-Richtung, wobei wir die Summenzeichen mit Richtungspfeilen versehen, die die jeweils positive Zählrichtung anzeigen. Es ergibt sich:

$$\overset{\rightarrow}{\sum} F_{ix} = 0: \quad -S_1 \cos 45° - F_2 + S_2 \cos 45° = 0,$$
$$\overset{\uparrow}{\sum} F_{iy} = 0: \quad -S_1 \sin 45° + F_1 - S_2 \sin 45° = 0. \tag{2.40}$$

Mit $\cos 45° = \sin 45° = \frac{1}{\sqrt{2}}$ und $F_1 = F_0$, $F_2 = F_0$ ergibt sich:

$$-S_1 \frac{1}{\sqrt{2}} - F_0 + S_2 \frac{1}{\sqrt{2}} = 0,$$
$$-S_1 \frac{1}{\sqrt{2}} + F_0 - S_2 \frac{1}{\sqrt{2}} = 0. \tag{2.41}$$

Hierbei handelt es sich um ein lineares Gleichungssystem aus zwei Gleichungen für die beiden unbekannten Stabkräfte S_1 und S_2. Ein statisches Problem, bei dem genau so viele Gleichgewichtsbedingungen existieren wie unbekannte Größen wird als statisch bestimmt bezeichnet. Übersteigt die Anzahl der Unbekannten die Anzahl der Gleichgewichtsbedingungen, dann spricht man von einem statisch unbestimmten Problem. Letztere Problemklasse wird erst in Band 2 ausführlich thematisiert.

Wir können das Gleichungssystem (2.41) nach den Stabkräften S_1 und S_2 auflösen und erhalten:

$$S_1 = 0, \quad S_2 = \sqrt{2} F_0. \tag{2.42}$$

Es ergibt sich das bemerkenswerte Ergebnis, dass Stab 1 vollkommen unbelastet bleibt, während Stab 2 eine Stabkraft $S_2 = \sqrt{2} F_0$ zu tragen hat. Da sich diese Stabkraft mit einem positiven Vorzeichen ergeben hat handelt es sich um eine Zugkraft: Der Stab wird auseinander gezogen. ◄

Beispiel 2.6

Gegeben sei ein ebenes zentrales Kräftesystem, das aus einer vertikal wirkenden Kraft F_1 sowie zwei unter den Winkeln α_2 und α_3 wirkenden Kräften F_2 und F_3 besteht (Abb. 2.15). Wie groß müssen die beiden Winkel α_2 und α_3 sein, damit bei gegebenen Werten für F_1, F_2 und F_3 Gleichgewicht herrscht?

Zur Lösung:

Wir führen ein Bezugssystem x, y ein wie in Abb. 2.15 gezeigt und bilden die Kräftesummen bzgl. der x-Richtung und der y-Richtung:

$$\overset{\rightarrow}{\sum} F_{ix} = 0: \qquad F_2 \cos\alpha_2 - F_3 \cos\alpha_3 = 0,$$

$$\overset{\uparrow}{\sum} F_{iy} = 0: \quad -F_1 + F_2 \sin\alpha_2 + F_3 \sin\alpha_3 = 0. \tag{2.43}$$

Hierbei handelt es sich um ein Gleichungssystem, aus dem sich die beiden unbekannten Winkel α_2 und α_3 bei gegebenen Kräften F_1, F_2 und F_3 ermitteln lassen. Die beiden

Abb. 2.15 Gegebenes ebenes zentrales Kräftesystem

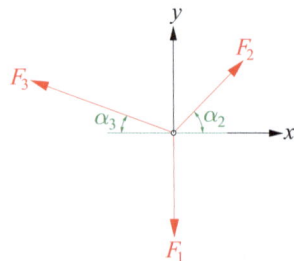

obigen Gleichungen formen wir um wie folgt:

$$F_3 \cos\alpha_3 = F_2 \cos\alpha_2,$$
$$-F_1 + F_3 \sin\alpha_3 = -F_2 \sin\alpha_2. \tag{2.44}$$

Quadriert man diese Gleichungen und addiert sie, dann ergibt sich letztlich das folgende Ergebnis für den Winkel α_3:

$$\sin\alpha_3 = \frac{F_1^2 - F_2^2 + F_3^2}{2F_1 F_3} \quad \rightarrow \quad \alpha_3 = \arcsin\left(\frac{F_1^2 - F_2^2 + F_3^2}{2F_1 F_3}\right). \tag{2.45}$$

Außerdem folgt:

$$\sin\alpha_2 = \frac{F_1^2 + F_2^2 - F_3^2}{2F_1 F_2} \quad \rightarrow \quad \alpha_2 = \arcsin\left(\frac{F_1^2 + F_2^2 - F_3^2}{2F_1 F_2}\right). \tag{2.46}$$

◀

2.2 Räumliche zentrale Kräftesysteme

2.2.1 Resultierende eines räumlichen zentralen Kräftesystems

Liegt eine Kräftegruppe vor, bei der nicht alle Kräfte in der gleichen Ebene liegen, dann spricht man von einem räumlichen Kräftesystem. Weisen dabei alle Kräfte einen gemeinsamen Schnittpunkt S ihrer Wirkungslinien auf, dann handelt es sich analog zu den bisherigen Betrachtungen um ein räumliches zentrales Kräftesystem.

Wir betrachten nachfolgend die Darstellung eines Vektors $\underline{F}$ in kartesischen Koordinaten x, y, z, die durch die Einheitsvektoren $\underline{e}_x, \underline{e}_y, \underline{e}_z$ ausgezeichnet werden:

$$\underline{e}_x = \begin{pmatrix} 1 \\ 0 \\ 0 \end{pmatrix}, \quad \underline{e}_y = \begin{pmatrix} 0 \\ 1 \\ 0 \end{pmatrix}, \quad \underline{e}_z = \begin{pmatrix} 0 \\ 0 \\ 1 \end{pmatrix}. \tag{2.47}$$

Ein Vektor $\underline{F}$ im Raum kann dann durch seine drei räumlichen Koordinaten F_x, F_y, F_z dargestellt werden als (Abb. 2.16):

$$\begin{aligned}
\underline{F} &= F_x \underline{e}_x + F_y \underline{e}_y + F_z \underline{e}_z \\
&= \underline{F}_x + \underline{F}_y + \underline{F}_z \\
&= \begin{pmatrix} F_x \\ 0 \\ 0 \end{pmatrix} + \begin{pmatrix} 0 \\ F_y \\ 0 \end{pmatrix} + \begin{pmatrix} 0 \\ 0 \\ F_z \end{pmatrix} \\
&= \begin{pmatrix} F_x \\ F_y \\ F_z \end{pmatrix}.
\end{aligned} \tag{2.48}$$

Abb. 2.16 Räumliche Kraft

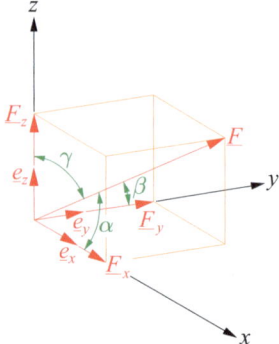

Der Vektor $\underline{F}$ schließt mit den Koordinatenachsen x, y, z die Richtungswinkel α, β und γ ein wie in Abb. 2.16 dargestellt, mit deren Hilfe die Richtung von $\underline{F}$ im Raum definiert ist. Sein Betrag F lautet:

$$F = |\underline{F}| = \sqrt{F_x^2 + F_y^2 + F_z^2}. \tag{2.49}$$

Hiermit lassen sich die Koeffizienten F_x, F_y, F_z schreiben als:

$$F_x = F \cos\alpha, \quad F_y = F \cos\beta, \quad F_z = F \cos\gamma. \tag{2.50}$$

Die Winkel α, β, γ sind dabei nicht unabhängig voneinander, wie man sich durch Quadrieren von Gl. (2.49) und Einsetzen von Gl. (2.50) klarmachen kann. Es gilt:

$$\cos^2\alpha + \cos^2\beta + \cos^2\gamma = 1. \tag{2.51}$$

Es sei nun eine räumliche Kräftegruppe, bestehend aus den Kräften $\underline{F}_1, \underline{F}_2, \ldots, \underline{F}_n$, gegeben, deren Wirkungslinien sich alle in einem Punkt S schneiden (Abb. 2.17). Es handelt sich dann um eine zentrale Kräftegruppe, für die sich eine Resultierende $\underline{R}$ ermitteln lässt. Diese Resultierende folgt wie im ebenen Fall durch Vektoraddition, d. h. durch aufeinander abfolgende Anwendung des Prinzips des Kräfteparallelogramms:

$$\begin{aligned}
\underline{R} &= \underline{F}_1 + \underline{F}_2 + \ldots + \underline{F}_n = \sum_{i=1}^{n} \underline{F}_i \\
&= \sum_{i=1}^{n} F_{ix}\underline{e}_x + \sum_{i=1}^{n} F_{iy}\underline{e}_y + \sum_{i=1}^{n} F_{iz}\underline{e}_z \\
&= R_x\underline{e}_x + R_y\underline{e}_y + R_z\underline{e}_z \\
&= \underline{R}_x + \underline{R}_y + \underline{R}_z.
\end{aligned} \tag{2.52}$$

Die Komponenten der Resultierenden folgen damit zu:

$$R_x = \sum_{i=1}^{n} F_{ix}, \quad R_y = \sum_{i=1}^{n} F_{iy}, \quad R_z = \sum_{i=1}^{n} F_{iz}, \tag{2.53}$$

2.2 Räumliche zentrale Kräftesysteme

Abb. 2.17 Räumliche zentrale Kräftegruppe

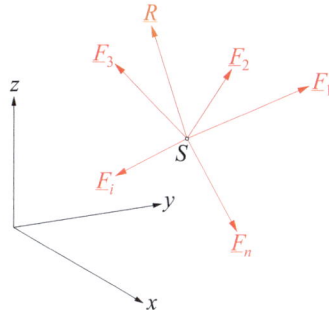

worin
$$F_{ix} = F_i \cos\alpha_i, \quad F_{iy} = F_i \cos\beta_i, \quad F_{iz} = F_i \cos\gamma_i. \tag{2.54}$$

Der Betrag R der Resultierenden folgt zu:
$$R = |\underline{R}| = \sqrt{R_x^2 + R_y^2 + R_z^2}. \tag{2.55}$$

Für die Richtungswinkel $\alpha_R, \beta_R, \gamma_R$ gilt:
$$R_x = R\cos\alpha_R, \quad R_y = R\cos\beta_R, \quad R_z = R\cos\gamma_R. \tag{2.56}$$

2.2.2 Gleichgewicht

Analog zu unseren Betrachtungen zu ebenen zentralen Kräftesystemen gilt auch für räumliche Kräftesysteme, dass genau dann Gleichgewicht herrscht, wenn die Resultierende $\underline{R}$ verschwindet. Es gilt in vektorieller Form:

$$\underline{R} = \underline{F}_1 + \underline{F}_2 + \ldots + \underline{F}_n = \sum_{i=1}^{n} \underline{F}_i = \underline{0}. \tag{2.57}$$

Hieraus ergeben sich die skalaren Gleichgewichtsbedingungen wie folgt:

$$R_x = F_{1x} + F_{2x} + \ldots + F_{nx} = \sum_{i=1}^{n} F_{ix} = 0,$$

$$R_y = F_{1y} + F_{2y} + \ldots + F_{ny} = \sum_{i=1}^{n} F_{iy} = 0,$$

$$R_z = F_{1z} + F_{2z} + \ldots + F_{nz} = \sum_{i=1}^{n} F_{iz} = 0. \tag{2.58}$$

Es besteht also genau dann für einen starren Körper, der unter einem zentralen räumlichen Kräftesystem steht, Gleichgewicht, wenn die Summe aller Kräfte bzgl. aller drei Raumrichtungen x, y, z Null ergibt.

Abb. 2.18 Räumliches Fachwerk

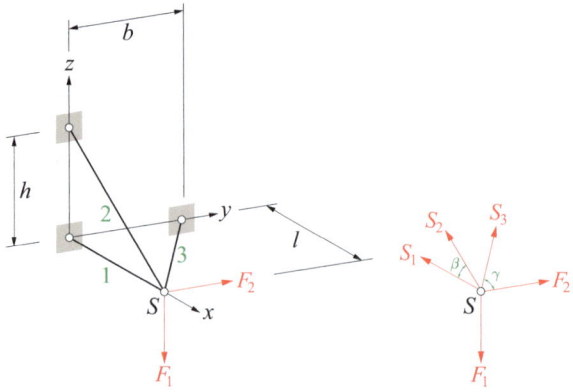

Beispiel 2.7

Gegeben sei ein räumliches Fachwerk, bestehend aus drei Stäben, die in einem Punkt S miteinander verbunden sind (Abb. 2.18). Im Punkt S greifen die beiden Kräfte F_1 und F_2 an. Gesucht werden die Stabkräfte S_1, S_2 und S_3.

Zur Lösung:

Zur Bestimmung der Stabkräfte S_1, S_2 und S_3 schneiden wir den Punkt S frei und tragen die damit sichtbar gemachten Stabkräfte an. Es handelt sich bei dieser Art der Struktur um ein räumliches Fachwerk. Fachwerke werden in Kap. 5 noch ausführlich besprochen. Es sei an dieser Stelle ausreichend anzumerken, dass in einem Fachwerk ausschließlich Stabkräfte auftreten, die parallel zur jeweiligen Stabachse orientiert sind. Positive Stabkräfte werden als Zugkräfte angenommen, sie weisen also vom Punkt S weg.

Wir ermitteln zunächst die beiden Winkel β und γ, die wir für die Formulierung der Gleichgewichtsbedingungen benötigen. Sie folgen zu:

$$\tan\beta = \frac{h}{l} \quad \rightarrow \quad \beta = \arctan\left(\frac{h}{l}\right),$$

$$\tan\gamma = \frac{l}{b} \quad \rightarrow \quad \gamma = \arctan\left(\frac{l}{b}\right). \tag{2.59}$$

Wir formulieren für die gegebene Situation die räumlichen Gleichgewichtsbedingungen (2.58) und erhalten:

$$\sum F_{ix} = 0: \quad -S_1 - S_2 \cos\beta - S_3 \sin\gamma = 0,$$
$$\sum F_{iy} = 0: \quad S_3 \cos\gamma + F_2 = 0,$$
$$\sum F_{iz} = 0: \quad S_2 \sin\beta - F_1 = 0. \tag{2.60}$$

2.2 Räumliche zentrale Kräftesysteme

Damit stehen drei Gleichungen bereit, um die drei unbekannten Stabkräfte zu ermitteln. Es folgt:

$$S_1 = -\frac{F_1}{\tan\beta} + \frac{F_2}{\cot\gamma}, \quad S_2 = \frac{F_1}{\sin\beta}, \quad S_3 = -\frac{F_2}{\cos\gamma}. \tag{2.61}$$

Wir haben diese Aufgabe gelöst, ohne eine vektorielle Darstellung der Kräfte vorzunehmen. Wie man dies durchführt sei nachfolgend gezeigt. Wir schreiben zunächst die Kräfte als Spaltenvektoren und erhalten:

$$\underline{S}_1 = \begin{pmatrix} S_{1x} \\ S_{1y} \\ S_{1z} \end{pmatrix}, \quad \underline{S}_2 = \begin{pmatrix} S_{2x} \\ S_{2y} \\ S_{2z} \end{pmatrix}, \quad \underline{S}_3 = \begin{pmatrix} S_{3x} \\ S_{3y} \\ S_{3z} \end{pmatrix}. \tag{2.62}$$

Die Koordinaten dieser Vektoren folgen aus der Abb. 2.18. Der Kraftvektor $\underline{S}_1$ weist nur eine Komponente in negativer x-Richtung auf, so dass gilt:

$$\underline{S}_1 = S_1 \begin{pmatrix} -1 \\ 0 \\ 0 \end{pmatrix}. \tag{2.63}$$

Der Kraftvektor $\underline{S}_2$ weist eine Komponente S_{2x} in negativer x-Richtung sowie eine Komponente S_{2z} in z-Richtung auf, eine Komponente S_{2y} in y-Richtung existiert nicht. Zur Bestimmung der beiden Komponenten S_{2x} und S_{2z} zerlegen wir den Kraftvektor und erhalten $S_{2x} = -S_2 \cos\beta$ und $S_{2z} = S_2 \sin\beta$. Damit kann der Kraftvektor $\underline{S}_2$ angeschrieben werden als:

$$\underline{S}_2 = S_2 \begin{pmatrix} -\cos\beta \\ 0 \\ \sin\beta \end{pmatrix}. \tag{2.64}$$

Analog gehen wir für $\underline{S}_3$ vor und erhalten:

$$\underline{S}_3 = S_3 \begin{pmatrix} -\sin\gamma \\ \cos\gamma \\ 0 \end{pmatrix}. \tag{2.65}$$

Die beiden Kraftvektoren $\underline{F}_1$ und $\underline{F}_2$ lauten:

$$\underline{F}_1 = F_1 \begin{pmatrix} 0 \\ 0 \\ -1 \end{pmatrix}, \quad \underline{F}_2 = F_2 \begin{pmatrix} 0 \\ 1 \\ 0 \end{pmatrix}. \tag{2.66}$$

Mit den so festgelegten Kraftvektoren können wir die Gleichgewichtsforderung (2.57) auswerten und erhalten:

$$\underline{S}_1 + \underline{S}_2 + \underline{S}_3 + \underline{F}_1 + \underline{F}_2 = \underline{0}, \tag{2.67}$$

bzw.

$$S_1 \begin{pmatrix} -1 \\ 0 \\ 0 \end{pmatrix} + S_2 \begin{pmatrix} -\cos\beta \\ 0 \\ \sin\beta \end{pmatrix} + S_3 \begin{pmatrix} -\sin\gamma \\ \cos\gamma \\ 0 \end{pmatrix} + F_1 \begin{pmatrix} 0 \\ 0 \\ -1 \end{pmatrix} + F_2 \begin{pmatrix} 0 \\ 1 \\ 0 \end{pmatrix} = \begin{pmatrix} 0 \\ 0 \\ 0 \end{pmatrix}. \quad (2.68)$$

Dies stellt ein System aus drei Gleichungen dar, die wir wie folgt anschreiben können:

$$-S_1 - S_2 \cos\beta - S_3 \sin\gamma = 0,$$
$$S_3 \cos\gamma + F_2 = 0,$$
$$S_2 \sin\beta - F_1 = 0. \quad (2.69)$$

Offenbar stimmt dieses Ergebnis mit Gl. (2.60) überein. ◄

2.3 Ebene allgemeine Kräftesysteme

Wir befassen uns in diesem Abschnitt mit solchen Kräftesystemen in der Ebene, bei denen sich die Wirkungslinien der beteiligten Kräfte nicht alle in einem gemeinsamen Punkt schneiden. Ein solches Kräftesystem bezeichnet man als nichtzentral.

2.3.1 Resultierende zweier paralleler Kräfte

Wir haben in den vorhergehenden Abschnitten gesehen, dass wir eine zentrale Kräftegruppe zu einer Resultierenden zusammenfassen können. Wir wollen uns hier nun der Frage zuwenden, wie wir zwei zueinander parallele Kräfte $\underline{F}_1$ und $\underline{F}_2$, die auf einen Starrkörper wirken und nicht auf einer Wirkungslinie liegen (Abb. 2.19, links), zu einer Resultierenden $\underline{R}$ zusammenfassen können. Die beiden Kräfte weisen den Abstand a auf. Wir führen an dieser Stelle eine Gleichgewichtsgruppe, bestehend aus den beiden entgegengesetzt gerichteten Kräften $\underline{H}$ und $-\underline{H}$ ein. Dies ist in Abb. 2.19, Mitte, dargestellt. Wir wissen bereits, dass eine solche Gleichgewichtsgruppe keinen Einfluss auf den Zustand eines

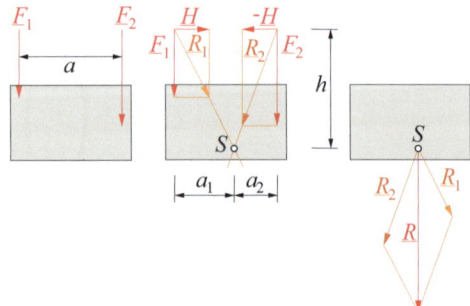

Abb. 2.19 Resultierende zweier paralleler Kräfte

Starrkörpers hat, diese beiden Kräfte stehen miteinander im Gleichgewicht. Wir ermitteln nun die Teilresultierenden $\underline{R}_1 = \underline{F}_1 + \underline{H}$ und $\underline{R}_2 = \underline{F}_2 + (-\underline{H})$. Man erkennt, dass sich die Wirkungslinien dieser beiden Teilresultierenden in einem Punkt S schneiden, sie also ein zentrales Kräftesystem bilden. Die beiden Kräfte $\underline{F}_1$ und $\underline{F}_2$ weisen die Abstände a_1 und a_2 vom Punkt S auf, wobei $a = a_1 + a_2$. Wir verschieben nun die beiden Teilresultierenden $\underline{R}_1$ und $\underline{R}_2$ in den Punkt S (Abb. 2.19, rechts) und bilden die Resultierende $\underline{R} = \underline{R}_1 + \underline{R}_2$. Da sich hierbei die beiden Hilfskräfte $\underline{H}$ und $-\underline{H}$ gegenseitig aufheben, weist die Resultierende $\underline{R}$ die gleiche Richtung wie $\underline{F}_1$ und $\underline{F}_2$ auf, und es gilt offenbar $\underline{R} = \underline{F}_1 + \underline{F}_2$. Die Resultierende $\underline{R}$ ist also den beiden Kräften $\underline{F}_1$ und $\underline{F}_2$ statisch äquivalent. Der Betrag von $\underline{R}$ ist entsprechend $R = F_1 + F_2$. Man liest aus Abb. 2.19 außerdem ab:

$$\frac{h}{a_1} = \frac{F_1}{H}, \quad \frac{h}{a_2} = \frac{F_2}{H}. \tag{2.70}$$

Mit $a = a_1 + a_2$ lässt sich dies nach a_1 und a_2 auflösen, und man erhält:

$$a_1 = \frac{F_2}{R}a, \quad a_2 = \frac{F_2}{R}a. \tag{2.71}$$

Das Verhältnis von a_2 und a_1 folgt zu:

$$\frac{a_2}{a_1} = \frac{F_1}{F_2}, \tag{2.72}$$

bzw.

$$F_1 a_1 = F_2 a_2. \tag{2.73}$$

Dieser Ausdruck ist bekannt als das Hebelgesetz des Archimedes[1].

Liegt der Fall $F_1 = F_2$ vor, dann ergibt sich $R = 2F$ und $a_1 = a_2 = \frac{a}{2}$. Ein weiterer Spezialfall ist $F_1 = -F_2$. Dann folgt, dass die Resultierende verschwindet: $R = 0$. Außerdem ergibt sich dann $a_1 \to \infty$ und $a_2 \to \infty$. Man spricht in diesem Fall von einem sog. Kräftepaar, das offenbar nicht auf eine Resultierende reduziert werden kann. Dieser Fall hat technisch eine erhebliche Bedeutung und wird im nachfolgenden Abschnitt besprochen.

2.3.2 Kräftepaar und Moment

Gegeben sei ein starrer Körper auf einer glatten Unterlage (Abb. 2.20). Wir bringen an diesem Starrkörper nun ein Kräftepaar an, also zwei parallele Kräfte F mit Abstand a, die einander entgegengesetzt gerichtet sind, den gleichen Betrag aufweisen und nicht auf einer Wirkungslinie liegen. Dies ist in Abb. 2.20, links oben, gezeigt. Man erkennt, dass dieses Kräftepaar eine andere Wirkung auf den Starrkörper hat als bislang besprochen. Während

---
[1] Archimedes von Syrakus, 287 v. Chr. bis 212 v. Chr., griechischer Universalgelehrter.

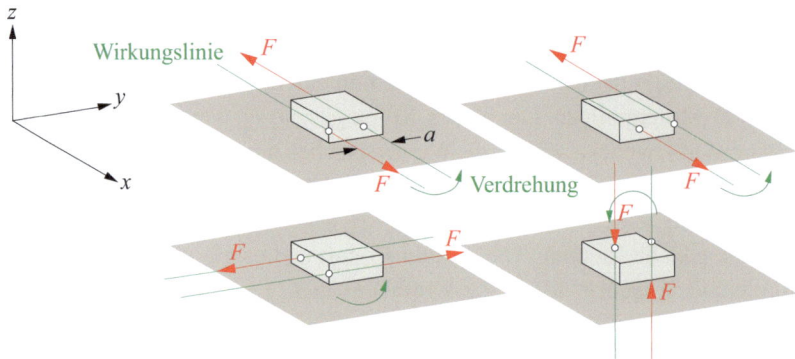

Abb. 2.20 Starrkörper unter Kräftepaar

sich die beiden Kräfte F aufgrund ihrer gleichen Beträge gegenseitig in ihrer Wirkung aufheben und damit keinerlei Verschiebung des Körpers stattfindet, hat ein Kräftepaar wie dargestellt das Bestreben, den Körper zu verdrehen. Wirkt das Kräftepaar wie hier dargestellt in der xy-Ebene, dann wird diese Verdrehung um die z-Achse stattfinden. Eine solche Verdrehung wird dann als positiv gezählt, wenn sie im Sinne einer Rechtsschraube um die z-Achse stattfindet, die Drehung also mit Blick in positive z-Richtung rechtsherum um die z-Achse, also im Uhrzeigersinn, stattfindet.

Es ist anschaulich klar, dass sich der gleiche Zustand einer Verdrehung einstellt, wenn das Kräftepaar in eine Richtung verschoben wird so wie in Abb. 2.20, rechts oben, gezeigt. Auch ist die Wirkung auf den Starrkörper unverändert, wenn das Kräftepaar in der xy-Ebene gedreht wird wie in Abb. 2.20, links unten, dargestellt. Allerdings zeigt es sich auch, dass die Wirkung des Kräftepaars sehr wohl davon abhängt, in welcher Ebene das Kräftepaar wirkt. Abb. 2.20, rechts unten, zeigt das gleiche Kräftepaar, jetzt allerdings in der yz-Ebene wirkend. Das Resultat wird hier ein anderes sein: Der Körper wird nun um die x-Achse verdreht werden und wird kippen. Offenbar ist also nicht nur die Wirkebene eines Kräftepaars von Relevanz, sondern auch sein Drehsinn: Während die Situation der Abb. 2.20, links oben, auf eine positive Verdrehung um die z-Achse führt, würde eine Umkehrung der beiden Kräfte F auf eine negative Verdrehung führen. Ein Kräftepaar wird daher ausgezeichnet durch die folgenden Größen: Betrag und Richtung der Kraft F, Abstand a, Wirkebene.

An dieser Stelle wird eine neue Kraftgröße eingeführt, nämlich das sog. Moment M eines Kräftepaars, auch als Drehmoment oder kurz schlicht als Moment bezeichnet. Hiermit gelingt eine eindeutige Beschreibung der Wirkung eines Kräftepaars. Das Moment M eines Kräftepaars ist definiert als das Produkt aus Kraft F und senkrechtem Abstand a, d. h.

$$M = Fa. \qquad (2.74)$$

Ein Moment hat demnach die Einheit einer Kraft F, multipliziert mit einer Länge a, also einem Produkt aus einer Krafteinheit und einer Längeneinheit. Gebräuchlich ist hier das sog. Newtonmeter [Nm]. Da das Moment sowohl durch seinen Betrag M sowie seinen Drehsinn, aber auch seine Wirkebene ausgezeichnet wird, handelt es sich um eine vektorielle Größe. Es kann sowohl positiv als auch negativ sein.

Für ein Kräftepaar gilt, dass es in seiner Wirkebene beliebig verschoben werden darf, ohne dass sich seine Wirkung und damit sein Moment ändert. Dies wurde bereits in Abb. 2.20 angedeutet und sei nachfolgend näher betrachtet (Abb. 2.21). Gegeben sei ein Kräftepaar, bestehend aus den beiden Kraftvektoren $\underline{F}$ und $-\underline{F}$, die den Abstand a_1 aufweisen. Sie erzeugen ein Moment mit dem Betrag $M = Fa_1$, worin F der Betrag des Kraftvektors $\underline{F}$ ist. Wir vereinbaren, dass das Moment eines Kräftepaars in der Ebene immer dann positiv ist, wenn es gegen den Uhrzeigersinn dreht. Wir verschieben nun die beiden Kraftvektoren entlang ihrer Wirkungslinien und führen eine Gleichgewichtsgruppe, bestehend aus $\underline{H}$ und $-\underline{H}$ ein wie in Abb. 2.21, unten, gezeigt. Die Resultierenden Kräfte seien $\underline{R} = \underline{F} + \underline{H}$ bzw. $-\underline{R} = -\underline{F} - \underline{H}$. Damit liegt ein neues Kräftepaar, bestehend aus $\underline{R}$ und $-\underline{R}$ mit dem Abstand a_2 vor. Wir lesen an Abb. 2.21 ab:

$$\cos \alpha = \frac{a_2}{a_1} = \frac{F}{R}, \tag{2.75}$$

so dass:

$$a_2 = \frac{F}{R} a_1. \tag{2.76}$$

Für das Moment des Kräftepaars ergibt sich dann:

$$M = Ra_2 = R \cdot \frac{F}{R} a_1 = Fa_1. \tag{2.77}$$

Offenbar ändern sich durch die durchgeführte Transformation weder der Betrag noch der Drehsinn des Moments M. Da die eingeführte Gleichgewichtsgruppe $\underline{H}, -\underline{H}$ zudem beliebig ist, kann ein Kräftepaar in seiner Wirkungsebene beliebig verschoben werden, ohne

Abb. 2.21 Verschiebung eines Kräftepaars

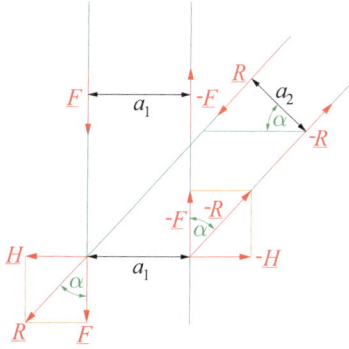

Abb. 2.22 Kräftepaar (*links*); statisch äquivalente Momente (*Mitte und rechts*)

das sich an seiner Wirkung etwas ändert. Dies steht im klaren Gegensatz zu Kraftvektoren auf Starrkörpern, die zwar linienflüchtig sind, aber nicht beliebig in der Ebene verschoben werden dürfen. Entsprechend sind zwei Momente statisch zueinander äquivalent, wenn sie in der gleichen Wirkungsebene liegen, ihre Beträge identisch sind und sie identische Drehsinne aufweisen. Der Ort der Darstellung eines Kräftepaars auf einem Starrkörper ist in der Wirkungsebene beliebig, wie man an Abb. 2.21 erkennt.

Ein Moment wird durch einen sog. Momentenbogen wie in Abb. 2.22 gezeigt unter Angabe des Betrags $M = Fa$ graphisch dargestellt. Dabei ist es entsprechend dem oben Gesagten unerheblich, an welcher Stelle des Starrkörpers das Moment in seiner Wirkungsebene eingezeichnet wird.

2.3.3 Momentensysteme

Greifen an einem Starrkörper n Kräftepaare bzw. Momente mit gemeinsamer Wirkungsebene an, dann können diese durch geschicktes Verschieben in ein resultierendes Moment M_R überführt werden, wobei sich das Gesamtmoment M_R aus der Summe der n Einzelmomente ergibt:

$$M_R = M_1 + M_2 + \ldots + M_n. \tag{2.78}$$

Dies ist in Abb. 2.23 verdeutlicht, in der zwei Kräftepaare $F_1 a_1$ und $F_2 a_2$ an einem Starrkörper angreifen. Die beiden Kräftepaare lassen sich in die Momente $M_1 = F_1 a_1$ und $M_2 = F_2 a_2$ übersetzen (Abb. 2.23, oben rechts), die wiederum zu einem resultierenden Moment $M_R = M_1 + M_2$ zusammengefasst werden können (Abb. 2.23, links unten). An welcher Stelle man die beiden Momente M_1 und M_2 sowie das resultierende Moment M_R am Starrkörper einzeichnet ist dabei unerheblich. Letztlich kann das resultierende Moment M_R als ein statisch äquivalentes Kräftepaar $F_R a_R$ auffassen, wobei $F_R a_R = M_R$ gelten muss.

Ein System von n Momenten ist dann im Gleichgewicht, wenn das resultierende Moment verschwindet, wenn also gilt:

$$M_R = M_1 + M_2 + \ldots + M_n = 0. \tag{2.79}$$

2.3 Ebene allgemeine Kräftesysteme

Abb. 2.23 Starrkörper mit zwei Kräftepaaren, Reduktion auf ein resultierendes Moment und Kräftepaar

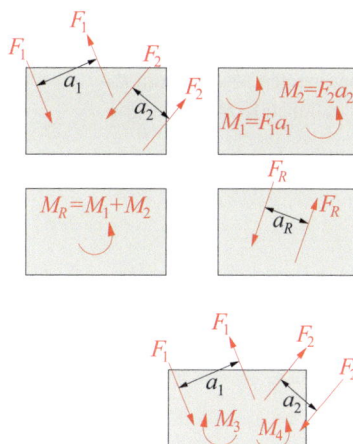

Abb. 2.24 Starrkörper mit zwei Kräftepaaren und zwei Momenten

Beispiel 2.8

Gegeben sei ein Starrkörper, an dem die beiden Kräftepaare F_1a_1 und F_2a_2 sowie zwei Momente M_3 und M_4 angreifen (Abb. 2.24). Gesucht wird das resultierende Moment M_R.

Zur Lösung:

Die beiden Kräftepaare lassen sich in Momente $M_1 = F_1a_1$ und $M_2 = -F_2a_2$ überführen, wobei man dabei beachte, dass beide Momente M_1 und M_2 gegenläufige Drehsinne aufweisen. Wir können nun die Momente M_1, M_2, M_3 und M_4 zum resultierenden Moment M_R aufsummieren, wobei wir die Drehsinne der Momente zu berücksichtigen haben (positiv im Gegenuhrzeigersinn):

$$M_R = F_1a_1 - F_2a_2 - M_3 + M_4. \tag{2.80}$$

Solange $F_1a_1 + M_4 > F_2a_2 + M_3$ gilt ist M_R ein positives Moment, ansonsten ist es negativ. ◂

Beispiel 2.9

Gegeben sei erneut der Starrkörper aus Beispiel 2.8 unter den beiden Kräftepaaren F_1a_1 und F_2a_2 und den Momenten M_3 und M_4 (Abb. 2.25). Wie groß muss das zusätzliche Kräftepaar F_5a_5 sein, damit Gleichgewicht herrscht?

Abb. 2.25 Starrkörper mit zwei Kräftepaaren und zwei Momenten sowie einem zusätzlichen Kräftepaar $F_5 a_5$

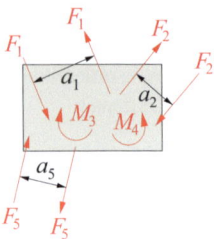

Zur Lösung:
Für Gleichgewicht muss das resultierende Moment M_R verschwinden:

$$M_R = F_1 a_1 - F_2 a_2 - M_3 + M_4 - F_5 a_5 = 0. \tag{2.81}$$

Dieser Ausdruck kann sofort nach dem Kräftepaar $F_5 a_5$ aufgelöst werden, und man erhält:

$$F_5 a_5 = F_1 a_1 - F_2 a_2 - M_3 + M_4. \tag{2.82}$$

◂

2.3.4 Parallelverschiebung und Moment einer Kraft

Wir untersuchen die Situation der Abb. 2.26, links, in der ein Starrkörper unter einer Kraft F abgebildet ist. Gegeben sei außerdem ein Punkt A an beliebiger Stelle, der von der Wirkungslinie der Kraft F den senkrechten abstand a aufweise. Wir wollen uns nachfolgend klarmachen, wie F in den Punkt A verschoben werden kann, so dass die statische Wirkung unverändert bleibt. Wir bringen zunächst im Punkt A zwei einander entgegengesetzte Kräfte mit dem Betrag F an wie in Abb. 2.26, Mitte, gezeigt. Dieser Schritt ist zulässig, heben sich diese beiden Kräfte doch gegenseitig auf. Zudem darf die ursprüngliche Kraft F beliebig auf ihrer Wirkungslinie verschoben werden, ohne etwas an ihrer Wirkung am betrachteten Starrkörper zu ändern. Man erkennt, dass nun ein Kräftepaar Fa vorliegt, das in ein äquivalentes Moment $M = Fa$ umgewandelt werden kann (Abb. 2.26, rechts). Demnach gilt also, dass eine Kraft F um den Abstand a auf eine neue, parallele

Abb. 2.26 Starrkörper unter Kraft F

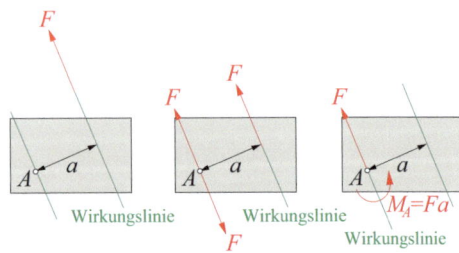

2.3 Ebene allgemeine Kräftesysteme

Abb. 2.27 Starrkörper unter Kraft F

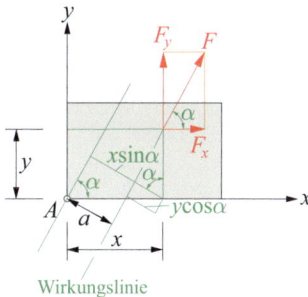

Wirkungslinie in einen Punkt A verschoben werden kann, wenn man dabei berücksichtigt, dass für eine statisch äquivalente Wirkung außerdem ein Moment $M_A = Fa$ angebracht werden muss. Es ist üblich, das entsprechende Moment mit einem Index, in diesem Fall der Index A, zu kennzeichnen, um klarzustellen, um welchen Bezugspunkt es sich handelt. Das Moment hängt dabei vom Abstand a ab, sein Vorzeichen ist durch den Drehsinn der Kraft F festgelegt. Den Abstand a nennt man auch den Hebelarm der Kraft F, und das Moment M_A wird als das Moment der Kraft F bezüglich des Punkts A bezeichnet. Liegt der Bezugspunkt A auf der Wirkungslinie der Kraft F, dann ist das Moment M_A identisch Null.

Es ist häufig zweckmäßig, eine Kraft in kartesischen Koordinaten in ihre Komponenten zu zerlegen (Abb. 2.27) und sich hieran die statisch äquivalente Wirkung zu überlegen. Man kann an Abb. 2.27 ablesen:

$$\sin\alpha = \frac{F_y}{F}, \quad \cos\alpha = \frac{F_x}{F}. \tag{2.83}$$

Der Hebelarm a der Kraft F bezüglich des Punkts A lautet:

$$a = x \sin\alpha - y \cos\alpha. \tag{2.84}$$

Für das Moment M_A folgt dann:

$$M_A = Fa = F(x \sin\alpha - y \cos\alpha) = F\left(x\frac{F_y}{F} - y\frac{F_x}{F}\right) = F_y x - F_x y. \tag{2.85}$$

Das Moment der Kraft F bezüglich des Punkts A kann demnach auch durch die Komponenten F_x und F_y von F gebildet werden, wobei hier auf die korrekte Berücksichtigung der Drehsinne zu achten ist.

Betrachtet werden nun zwei Kräfte F_1 und F_2 gemäß Abb. 2.28. Diese beiden Kräfte können in ihre Komponenten F_{1x}, F_{2x}, F_{1y}, F_{2y} zerlegt werden. Die Momente M_{1A} und M_{2A} dieser beiden Kräfte lauten:

$$M_{1A} = F_{1y}x - F_{1x}y, \quad M_{2A} = F_{2y}x - F_{2x}y. \tag{2.86}$$

Abb. 2.28 Starrkörper unter zwei Kräften F_1 und F_2

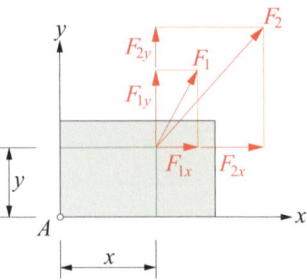

Das resultierende Moment M_R folgt aus der Summe aus M_{1A} und M_{2A}:

$$M_R = M_{1A} + M_{2A} = (F_{1y} + F_{2y})x - (F_{1x} + F_{2x})y = R_y x - R_x y \qquad (2.87)$$

Es ist also offenbar unerheblich, ob man die beiden Kräfte zuerst addiert und hiernach das resultierende Moment ermittelt, oder ob man die Summe der einzelnen Momente bildet. Dies gilt auch bei Vorliegen von n Kräften. Entsprechend ist das resultierende Moment M_R identisch mit dem Moment der Resultierenden R.

2.3.5 Reduktion auf eine Gesamtresultierende

Betrachtet werde der Starrkörper der Abb. 2.29, links oben, der durch die n Kräfte $F_1, F_2, \ldots, F_i, \ldots, F_n$ belastet werde, die ein ebenes nichtzentrales Kräftesystem bilden. Die Kraft F_i weise den Winkel α_i zur Horizontalen auf, und ihr Angriffspunkt habe die Koordinaten x_i und y_i. Wir wollen die Resultierende R sowie das resultierende Moment M_{RA} bezüglich des Punkts A so bestimmen, dass diese statisch äquivalent zum ursprünglichen nichtzentralen Kräftesystem sind. Wir verschieben hierzu alle Kräfte $F_1, F_2, \ldots, F_i, \ldots, F_n$ in den Punkt A und tragen hierzu ebenfalls die Momente $M_{1A}, M_{2A}, \ldots, M_{iA}, \ldots, M_{nA}$ an (Abb. 2.29, rechts oben). Die Kräfte $F_1, F_2, \ldots, F_i, \ldots, F_n$ werden zur Resultierenden R zusammengefasst (Abb. 2.29, links unten):

$$\underline{R} = \underline{F}_1 + \underline{F}_2 + \ldots + \underline{F}_i + \ldots + \underline{F}_n = \sum_{i=1}^{n} \underline{F}_i. \qquad (2.88)$$

Ebenso wird das resultierende Moment M_{RA} bezüglich des Punkts A gebildet:

$$M_{RA} = M_{1A} + M_{2A} + \ldots + M_{iA} + \ldots + M_{nA} = \sum_{i=1}^{n} M_{iA}. \qquad (2.89)$$

2.3 Ebene allgemeine Kräftesysteme

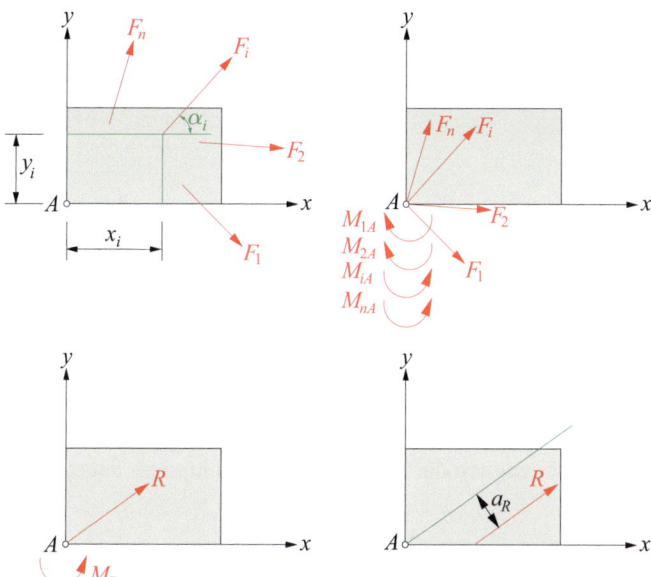

Abb. 2.29 Nichtzentrales ebenes Kräftesystem, Reduktion auf eine Gesamtresultierende

Allgemein gilt also für die Komponenten R_x und R_y der Resultierenden R einer nichtzentralen ebenen Kräftegruppe:

$$R_x = F_{1x} + F_{2x} + \ldots + F_{ix} + \ldots + F_{nx} = \sum_{i=1}^{n} F_{ix},$$

$$R_y = F_{1y} + F_{2y} + \ldots + F_{iy} + \ldots + F_{ny} = \sum_{i=1}^{n} F_{iy}. \quad (2.90)$$

Betrag und Richtungswinkel von R ergeben sich als:

$$R = \sqrt{R_x^2 + R_y^2}, \quad \tan \alpha_R = \frac{R_y}{R_x}. \quad (2.91)$$

Das resultierende Moment M_{RA} folgt zu:

$$M_{RA} = \sum_{i=1}^{n} M_{iA} = \sum_{i=1}^{n} \left(F_{iy} x_i - F_{ix} y_i \right). \quad (2.92)$$

Abb. 2.30 Starrkörper unter vier Kräften F_1, F_2, F_3, F_4

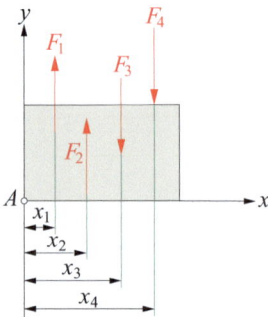

Schließlich kann noch die Resultierende auf eine Wirkungslinie außerhalb von A verschoben werden, so dass das Moment M_{RA} zu Null wird (Abb. 2.29, rechts unten). Das resultierende Moment bezüglich der neuen Wirkungslinie muss dabei zu Null werden, es muss also gelten:

$$M_{RA} - R a_R = 0. \tag{2.93}$$

Dies kann sofort nach a_R umgeformt werden, und wir erhalten:

$$a_R = \frac{M_{RA}}{R}. \tag{2.94}$$

Die so ermittelte Resultierende R im senkrechten Abstand a_R zum Punkt A nennen wir Gesamtresultierende.

Beispiel 2.10

Für den Starrkörper der Abb. 2.30 unter den vier Kräften $F_1 = F_0$, $F_2 = 4F_0$, $F_3 = 2F_0$, $F_4 = 3F_0$ mit den Abständen $x_1 = a_0$, $x_2 = 2a_0$, $x_3 = 3a_0$, $x_4 = 4a_0$ zum Punkt A wird die Gesamtresultierende gesucht.

Zur Lösung:

Die Komponenten der Resultierenden R ergeben sich zu:

$$R_x = F_{1x} + F_{2x} + F_{3x} + F_{4x} = 0,$$
$$R_y = F_{1y} + F_{2y} + F_{3y} + F_{4y} = F_0 + 4F_0 - 2F_0 - 3F_0 = 0. \tag{2.95}$$

Offenbar ist die resultierende Kraft R in diesem speziellen Fall identisch Null. Das resultierende Moment M_{RA} ergibt sich zu:

$$M_{RA} = F_1 x_1 + F_2 x_2 - F_3 x_3 - F_4 x_4 = F_0 \cdot a_0 + 4F_0 \cdot 2a_0 - 2F_0 \cdot 3a_0 - 3F_0 \cdot 4a_0$$
$$= F_0 a_0 + 8 F_0 a_0 - 6 F_0 a_0 - 12 F_0 a_0 = -9 F_0 a_0. \tag{2.96}$$

◀

2.3 Ebene allgemeine Kräftesysteme

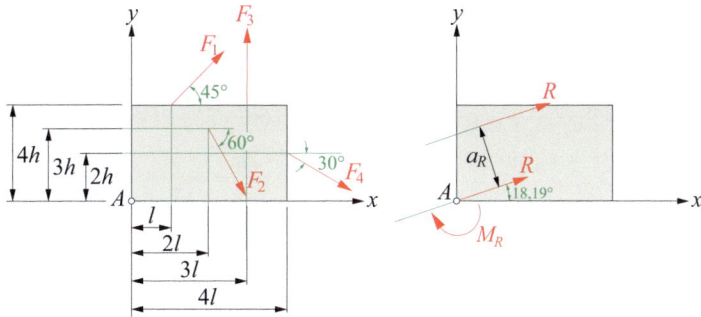

Abb. 2.31 Starrkörper unter vier Kräften F_1, F_2, F_3, F_4 (*links*), Resultierende und resultierendes Moment sowie Lage der Gesamtresultierenden (*rechts*)

Beispiel 2.11

Ein Starrkörper mit den Abmessungen $4l$ und $4h$ wird durch vier Kräfte $F_1 = F_2 = F_3 = F_4 = F_0$ belastet (Abb. 2.31). Gesucht werden die Komponenten R_x, R_y der resultierenden Kraft $\underline{R}$ und das resultierende Moment M_{RA} bezüglich des Punkts A. Außerdem wird die Gesamtresultierende gesucht.

Zur Lösung:

Wir ermitteln zunächst die Komponenten der Resultierenden R und erhalten:

$$R_x = F_1 \cos 45° + F_2 \cos 60° + F_4 \cos 30°$$
$$= \frac{\sqrt{2}F_0}{2} + \frac{F_0}{2} + \frac{\sqrt{3}F_0}{2}$$
$$= \frac{F_0}{2}\left(1 + \sqrt{2} + \sqrt{3}\right) = 2{,}07 F_0,$$

$$R_y = F_1 \sin 45° - F_2 \sin 60° + F_3 - F_4 \sin 30°$$
$$= \frac{\sqrt{2}F_0}{2} - \frac{\sqrt{3}F_0}{2} + F_0 - \frac{F_0}{2}$$
$$= \frac{F_0}{2}\left(1 + \sqrt{2} - \sqrt{3}\right) = 0{,}68 F_0. \tag{2.97}$$

Der Betrag der Resultierenden folgt dann zu:

$$R = \sqrt{R_x^2 + R_y^2} = \sqrt{(2{,}07 F_0)^2 + (0{,}68 F_0)^2} = 2{,}18 F_0. \tag{2.98}$$

Sie ist unter dem Winkel α_R orientiert wie folgt:

$$\tan \alpha_R = \frac{F_y}{F_x} = \frac{0{,}68 F_0}{2{,}07 F_0} \quad \rightarrow \quad \alpha_R = 18{,}19°. \tag{2.99}$$

Wir ermitteln außerdem das resultierende Moment M_{RA} bezüglich des Punkts A und erhalten (positiver Drehsinn entgegen dem Uhrzeigersinn):

$$M_{RA} = F_1 \sin 45° \cdot l - F_1 \cos 45° \cdot 4h - F_2 \sin 60° \cdot 2l - F_2 \cos 60° \cdot 3h$$
$$+ F_3 \cdot 3l - F_4 \sin 30° \cdot 4l - F_4 \cos 30° \cdot 2h$$
$$= F_0 \left[\left(1 + \frac{\sqrt{2}}{2} - \sqrt{3}\right) l - \left(\frac{3}{2} + 2\sqrt{2} + \sqrt{3}\right) h \right]$$
$$= -F_0 (0{,}02 l + 6{,}06 h). \tag{2.100}$$

Die Lage der Wirkungslinie der Gesamtresultierenden folgt zu:

$$a_R = \frac{M_{RA}}{R} = 0{,}92(0{,}01 l + 3{,}03 h). \tag{2.101}$$

Liegt zum Beispiel der Spezialfall $h = l$ vor, dann erhalten wir daraus:

$$a_R = 2{,}80 h. \tag{2.102}$$

Die Gesamtresultierende ist in Abb. 2.31, rechts, dargestellt. ◀

2.3.6 Gleichgewicht

Wir wenden uns in diesem Abschnitt den Gleichgewichtsbedingungen für ein nichtzentrales ebenes Kräftesystem, das aus den Kräften $F_1, F_2, \ldots, F_i, \ldots, F_n$ besteht. Wir fordern, dass sowohl die Resultierende $\underline{R}$ als auch das resultierende Moment M_{RA} bezüglich eines Punkts A verschwinden:

$$R_x = 0, \quad R_y = 0, \quad M_{RA} = 0. \tag{2.103}$$

Dies lässt sich auch in den beteiligten Kraftkomponenten und Teilmomenten schreiben, und wir erhalten die folgenden Gleichgewichtsbedingungen:

$$\sum_{i=1}^{n} F_{ix} = 0, \quad \sum_{i=1}^{n} F_{iy} = 0, \quad \sum_{i=1}^{n} M_{iA} = 0. \tag{2.104}$$

Oftmals lässt man an den Summenzeichen die Summationsgrenzen weg und zeigt durch Pfeile die positive Zählrichtung an:

$$\overset{\rightarrow}{\sum} F_{ix} = 0, \quad \overset{\uparrow}{\sum} F_{iy} = 0, \quad \overset{\curvearrowleft}{\sum} M_{iA} = 0. \tag{2.105}$$

2.3 Ebene allgemeine Kräftesysteme

Ein starrer Körper befindet sich also genau dann im statischen Gleichgewicht, wenn sowohl die Summen aller Kräfte in x-Richtung bzw. in y-Richtung als auch die Momentensumme bezüglich eines beliebigen Punkts A zu Null werden. Die Wahl des Bezugspunkts A ist beliebig, dieser Punkt kann sowohl innerhalb des Starrkörpers als auch außerhalb liegen. Es stehen also genau so viele Gleichgewichtsbedingungen zur Verfügung, wie der betrachtete starre Körper in der Ebene Freiheitsgrade aufweist.

Man kann zeigen, dass neben den o. g. Gleichgewichtsbedingungen auch andere Gleichungen herangezogen werden können. Man kann zum Beispiel anstelle der Momentenbedingungen bezüglich A auch eine Momentensumme bezüglich eines beliebigen anderen Punkts B verwenden. Die Gleichgewichtsbedingungen lauten dann:

$$\overset{\rightarrow}{\sum} F_{ix} = 0, \quad \overset{\uparrow}{\sum} F_{iy} = 0, \quad \overset{\curvearrowleft}{\sum} M_{iB} = 0. \tag{2.106}$$

Ebenso kann man auf die Kräftesumme in y-Richtung verzichten und anstelle dessen zwei Momentensummen bezüglich der Punkte A und B verwenden, die allerdings nicht senkrecht übereinander liegen dürfen:

$$\overset{\rightarrow}{\sum} F_{ix} = 0, \quad \overset{\curvearrowleft}{\sum} M_{iA} = 0, \quad \overset{\curvearrowleft}{\sum} M_{iB} = 0. \tag{2.107}$$

Genauso kann man die Kräftesumme bezüglich der x-Richtung außer Betracht lassen und dafür zwei Momentensummen verwenden, wobei in diesem Fall A und B nicht auf der gleichen Höhe liegen dürfen:

$$\overset{\uparrow}{\sum} F_{iy} = 0, \quad \overset{\curvearrowleft}{\sum} M_{iA} = 0, \quad \overset{\curvearrowleft}{\sum} M_{iB} = 0. \tag{2.108}$$

Schließlich können auch drei Momentengleichgewichtsbedingungen bezüglich der Punkte A, B, C verwendet werden, wobei sich A, B und C nicht auf einer Geraden befinden dürfen:

$$\overset{\curvearrowleft}{\sum} M_{iA} = 0, \quad \overset{\curvearrowleft}{\sum} M_{iB} = 0, \quad \overset{\curvearrowleft}{\sum} M_{iC} = 0. \tag{2.109}$$

Abschließend sei noch ein Hinweis zur Notation gemacht. In vielen Anwendungsfällen wird man sich bei der Betrachtung von Gleichgewichtsbedingungen nicht auf ein Koordinatensystem beziehen, sondern vielmehr z. B. nach der horizontalen und vertikalen Richtung unterscheiden und außerdem auch das Momentengleichgewicht bezüglich eines oder mehrerer Punkte betrachten. Es ist daher üblich, die folgenden Notationen für die Gleichgewichtsbedingungen heranzuziehen, wobei positive Zählrichtungen wieder durch Pfeile gekennzeichnet werden:

$$\overset{\rightarrow}{\sum} H = 0, \quad \overset{\uparrow}{\sum} V = 0, \quad \overset{\curvearrowleft}{\sum} M_A = 0. \tag{2.110}$$

Wir werden im weiteren Verlauf dieses Buchs immer wieder von dieser Art der Notation Gebrauch machen.

Abb. 2.32 Balken unter zwei Kräften F

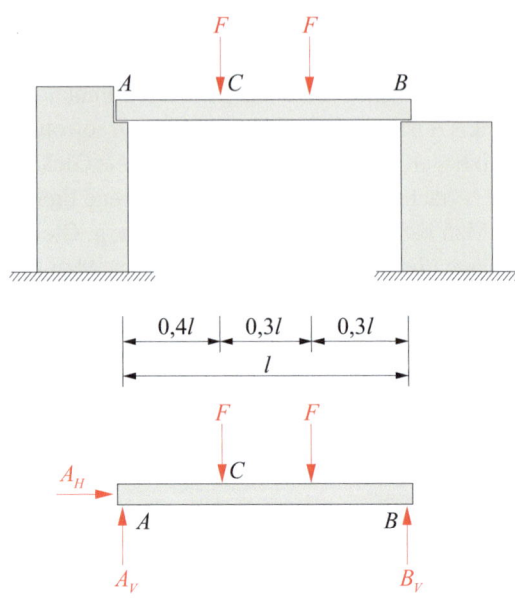

Beispiel 2.12

Ein Balken der Länge l (Abb. 2.32) werde durch zwei Kräfte F belastet. Der Balken sei an den beiden Punkten A und B auf zwei starren Wänden gelagert. Gesucht werden die Reaktionskräfte in den Punkten A und B.

Zur Lösung:

Wir nutzen das Schnittprinzip, um den Balken an den Punkten A und B freizuschneiden (Abb. 2.32, unten). Dadurch werden im Punkt A eine horizontale und eine vertikale Reaktionskraft freigesetzt, die wir als A_H und A_V bezeichnen wollen. Im Punkt B tritt eine vertikale Reaktionskraft B_V auf. Wir nutzen nun die Gleichgewichtsbedingungen (2.105), um die Auflagerreaktionen zu bestimmen:

$$\overset{\rightarrow}{\sum} H = 0: \quad A_H = 0,$$

$$\overset{\uparrow}{\sum} V = 0: \quad A_V + B_V - F - F = 0,$$

$$\overset{\curvearrowleft}{\sum} M_A = 0: \quad B_V \cdot l - F \cdot 0{,}4l - F \cdot 0{,}7l = 0. \tag{2.111}$$

Offenbar ergibt sich aus der ersten der obigen Gleichungen umgehend $A_H = 0$, was auch anschaulich Sinn ergibt: Es wirkt keine horizontale Kraft auf diesen Balken, die

2.3 Ebene allgemeine Kräftesysteme

horizontale Reaktionskraft ist demnach identisch Null. In der zweiten Gleichung treten beide unbekannten Reaktionskräfte A_V und B_V auf, so dass wir hieraus vorerst keine Schlüsse ziehen können. Aus der dritten Gleichung ergibt sich die Reaktionskraft B_V als:

$$B_V l = 0{,}4Fl + 0{,}7Fl \quad \rightarrow \quad B_V = 1{,}1F. \tag{2.112}$$

Wir können nun die zweite Gleichgewichtsbedingung in Gl. (2.111) nutzen, um die noch unbekannte Reaktionskraft A_V zu bestimmen und erhalten:

$$A_V + 1{,}1F - F - F = 0: \quad \rightarrow \quad A_V = 0{,}9F. \tag{2.113}$$

Das gleiche Ergebnis für A_V würde man erhalten, wenn man die Momentensumme bezüglich des Punkts B betrachten würde:

$$\overset{\curvearrowleft}{\sum} M_B = 0: \quad A_V \cdot l - F \cdot 0{,}6l - F \cdot 0{,}3l = 0 \quad \rightarrow \quad A_V = 0{,}9F. \tag{2.114}$$

Wir nutzen nun noch die Momentensumme bezüglich des beliebig gewählten Punkts C, um die Ergebnisse zu überprüfen. Es folgt:

$$\overset{\curvearrowleft}{\sum} M_C = 0: \quad A_V \cdot 0{,}4l + F \cdot 0{,}3l - B_V \cdot 0{,}6l = 0 \tag{2.115}$$

Man kann sich durch Einsetzen von A_V und B_V leicht davon überzeugen, dass die linke Seite dieser Gleichung zu Null wird, die Gleichgewichtsbedingung ist erfüllt. ◀

Beispiel 2.13

Der in Abb. 2.33 dargestellte Hebel, der durch eine Kraft F belastet wird, wird durch ein Seil zwischen den Punkten A und B abgespannt. Man ermittle die Seilkraft sowie die Reaktionskräfte im Punkt C.

Zur Lösung:

Ein Seil ist nur dazu in der Lage, Zugkräfte aufzunehmen, so dass in dem Seil zwischen den Punkten A und B eine Seilkraft auftritt, die parallel zur Seilrichtung wirkt. Der Lagerpunkt C ist derart gelagert, dass sowohl horizontale als auch vertikale Verschiebungen des Hebels an diesem Punkt unterbunden werden. Als Folge werden in diesem Lagerpunkt sowohl eine horizontale als auch eine vertikale Reaktionskraft auftreten. Zur Lösung der Aufgabe schneiden wir den Hebel so frei, dass sowohl die Seilkraft S als auch die beiden Reaktionskräfte C_H und C_V freigesetzt werden (Abb. 2.33, unten). Wir bilden zunächst die Momentensumme bezüglich Punkt C

Abb. 2.33 Hebel unter Kraft F (*oben*), Freikörperbild (*unten*)

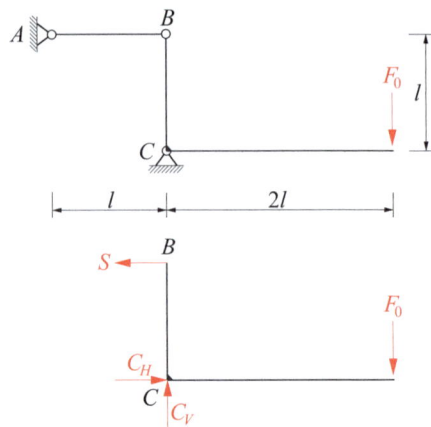

und erhalten:

$$\overset{\curvearrowleft}{\sum} M_C = 0: \quad S \cdot l - F_0 \cdot 2l = 0 \quad \rightarrow \quad S = 2F_0. \tag{2.116}$$

Wir werten außerdem die Kräftegleichgewichte bezüglich der horizontalen Richtung und der vertikalen Richtung aus:

$$\overset{\rightarrow}{\sum} H = 0: \quad C_H - S = 0 \quad \rightarrow \quad C_H = S = 2F_0,$$

$$\overset{\uparrow}{\sum} V = 0: \quad C_V - F_0 = 0 \quad \rightarrow \quad C_V = F_0. \tag{2.117}$$

◀

Beispiel 2.14

Auf einer als starr angenommenen Wippe sitzen drei Personen mit den Gewichtskräften F_V, F_S und F_V (Abb. 2.34). Wie groß muss der Abstand a_V sein, damit bei gegebenen a_S und a_T Gleichgewicht herrscht? Wie groß sind die Reaktionskräfte im Punkt A?

Abb. 2.34 Wippe (*links*), Freikörperbild (*rechts*)

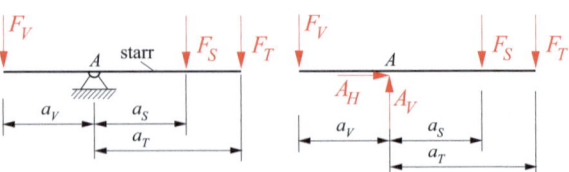

2.4 Räumliche allgemeine Kräftesysteme

Zur Lösung:

Wir schneiden die Wippe am Auflagerpunkt A frei und setzen damit die beiden Lagerkräfte A_H und A_V frei. Die Gleichgewichtsbedingungen (2.105) ergeben dann:

$$\sum \vec{H} = 0: \quad A_H = 0,$$

$$\sum \uparrow V = 0: \quad A_V - F_V - F_S - F_T = 0 \quad \rightarrow \quad A_V = F_V + F_S + F_T,$$

$$\sum \curvearrowleft M_A = 0: \quad F_V a_V - F_S a_S - F_T a_T = 0 \quad \rightarrow \quad a_V = \frac{F_S a_S + F_T a_T}{F_V}. \tag{2.118}$$

Offenbar ergibt sich die horizontale Auflagerreaktion A_H zu Null, was ein einsichtiges Ergebnis ist, denn es wirken keinerlei Kräfte in horizontaler Richtung. Die Auflagerreaktion A_V hingegen entspricht schlicht der Summe der Gewichtskräfte der Personen auf der Wippe. Der Abstand a_V wird maßgeblich über die Gewichtskraft F_V gesteuert: Eine leichtere Person wird sich weiter weg vom Punkt A auf der Wippe positionieren müssen, wohingegen eine schwerere Person näher zu A sitzen muss, um Gleichgewicht zu gewährleisten. ◀

2.4 Räumliche allgemeine Kräftesysteme

2.4.1 Momentenvektor

Wir wollen nachfolgend zeigen, dass ein Moment einen Vektor darstellt, demnach also eine gerichtete Größe mit einem Betrag ist. Betrachtet man noch einmal den Zusammenhang (2.87), dann stellt man fest, dass ein resultierendes Moment bezüglich des Koordinatenursprungs A sich aus den beiden Komponenten einer resultierenden Kraft R mit den Komponenten R_y und R_x, multipliziert mit den jeweiligen Hebelarmen x und y bzw. aus der Kraft F mit ihrem Hebelarm h ergibt (Abb. 2.35):

$$M_{zA} = Fh = F_y x - F_x y. \tag{2.119}$$

Ein positives Moment dreht im Sinne einer Rechtsschraube um die Bezugsachse, hier die z-Achse. Es handelt sich dabei also um ein Moment, das um die z-Achse dreht, was durch den Index z ausgedrückt wird.

Ein Moment ist im Raum ein Vektor, der durch seinen Betrag und seine Richtung (also seinen Drehsinn) ausgezeichnet wird. Ein Momentenvektor wird durch einen Vektorpfeil mit Doppelspitze graphisch dargestellt, so wie in Abb. 2.35 gezeigt. Für den Momentenvektor $\underline{M}_{zA}$ gilt:

$$\underline{M}_{zA} = M_{zA} \underline{e}_z. \tag{2.120}$$

Abb. 2.35 Moment einer Kraft

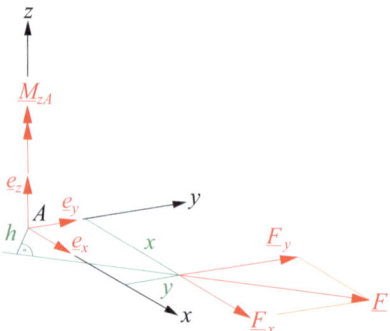

Abb. 2.36 Räumlicher Momentenvektor

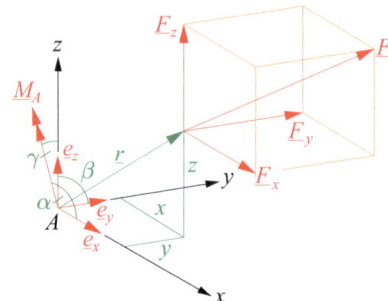

Liegt ein beliebig im Raum orientierter Momentenvektor $\underline{M}_A$ vor, dann kann dieser in seine Komponenten zerlegt werden wie folgt:

$$\underline{M}_A = M_{xA}\underline{e}_x + M_{yA}\underline{e}_y + M_{zA}\underline{e}_z. \tag{2.121}$$

Die Komponenten M_{xA}, M_{yA}, M_{zA} dieses Momentenvektors ergeben sich bei einer beliebig im Raum orientierten Kraft $\underline{F}$ als (Abb. 2.36):

$$M_{xA} = F_z y - F_y z, \quad M_{yA} = F_x z - F_z x, \quad M_{zA} = F_y x - F_x y. \tag{2.122}$$

Der Betrag von $\underline{M}_A$ folgt zu:

$$M_A = |\underline{M}_A| = \sqrt{M_{xA}^2 + M_{yA}^2 + M_{zA}^2}, \tag{2.123}$$

und seine Richtung ist durch die Winkel α, β und γ festgelegt als:

$$\cos\alpha = \frac{M_{xA}}{M_A}, \quad \cos\beta = \frac{M_{yA}}{M_A}, \quad \cos\gamma = \frac{M_{zA}}{M_A}. \tag{2.124}$$

Man kann leicht zeigen, dass das Moment $\underline{M}_A$ auch als Vektorprodukt bzw. Kreuzprodukt aus Ortsvektor $\underline{r}$ und Kraftvektor $\underline{F}$ dargestellt werden kann und man hieraus wieder die

2.4 Räumliche allgemeine Kräftesysteme

Abb. 2.37 Räumlicher Momentenvektor

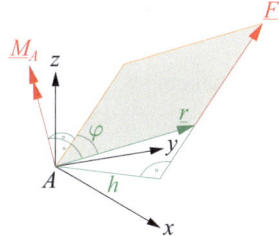

Darstellung (2.121) bzw. (2.122) erhält:

$$\underline{M}_A = \underline{r} \times \underline{F}. \tag{2.125}$$

Entsprechend ist der Momentenvektor $\underline{M}_A$ senkrecht zu derjenigen Ebene orientiert, die durch Ortsvektor $\underline{r}$ und Kraftvektor $\underline{F}$ aufgespannt wird (Abb. 2.37). Der Betrag M_A des Momentenvektors $\underline{M}_A$ ist dann identisch mit der von $\underline{r}$ und $\underline{F}$ Fläche des aufgespannten resultierenden Parallelogramms:

$$M_A = F r \sin \varphi = F h. \tag{2.126}$$

Der Momentenvektor ist ein sog. freier Vektor, er darf beliebig auf seiner Wirkungslinie und parallel dazu verschoben werden.

Liegen mehrere räumliche Momentenvektoren $\underline{M}_i$ vor, dann ergibt sich der resultierende Momentenvektor $\underline{M}_R$ aus der Momentensumme:

$$\underline{M}_R = \underline{M}_1 + \underline{M}_2 + \ldots + \underline{M}_n = \sum_{i=1}^{n} \underline{M}_i. \tag{2.127}$$

In Komponentenschreibweise erhält man:

$$M_{Rx} = \sum_{i=1}^{n} M_{ix}, \quad M_{Ry} = \sum_{i=1}^{n} M_{iy}, \quad M_{Rz} = \sum_{i=1}^{n} M_{iz}. \tag{2.128}$$

Liegt der Fall vor, dass die Momentensumme Null ergibt, dann ist das resultierende Moment identisch Null. Der Starrkörper ist dann im Momentengleichgewicht und es liegt keinerlei Drehwirkung vor. Es gilt dann:

$$\sum_{i=1}^{n} \underline{M}_i = \underline{0}, \tag{2.129}$$

bzw.

$$\sum_{i=1}^{n} M_{ix} = 0, \quad \sum_{i=1}^{n} M_{iy} = 0, \quad \sum_{i=1}^{n} M_{iz} = 0. \tag{2.130}$$

2.4.2 Gleichgewichtsbedingungen

Ein beliebiges nichtzentrales räumliches Kräftesystem, bestehend aus den Kräften $\underline{F}_1, \underline{F}_2, \ldots, \underline{F}_n$ kann analog zum ebenen Fall auf einen resultierenden Kraftvektor und einen Momentenvektor bezüglich eines Punkts A resuziert werden. Verschiebt man die Wirkungslinien der Kräfte $\underline{F}_1, \underline{F}_2, \ldots, \underline{F}_n$ so, dass sie durch den Punkt A verlaufen und berücksichtigt man die dadurch notwendigen Momente $\underline{M}_{1A}, \underline{M}_{2A}, \ldots, \underline{M}_{nA}$, dann kann eine Reduktion auf eine Resultierende $\underline{R}$ und ein resultierendes Moment $\underline{M}_R$ durchgeführt werden:

$$\underline{R} = \sum_{i=1}^{n} \underline{F}_i, \quad \underline{M}_R = \sum_{i=1}^{n} \underline{M}_i. \tag{2.131}$$

Analog zum ebenen Fall können auch im Raum soviele Gleichgewichtsbedingungen formuliert werden wie Freiheitsgrade vorliegen. Im räumlichen Fall sind dies also sechs Gleichgewichtsbedingungen, und zwar drei Kräftegleichgewichtsbedingungen und drei Momentengleichgewichtsbedingungen. Für eine räumliche Kräftegruppe gilt demnach, dass die Resultierende $\underline{R}$ und das resultierende Moment $\underline{M}_R$ gemäß Gl. (2.131) verschwinden:

$$\sum_{i=1}^{n} \underline{F}_i = \underline{0}, \quad \sum_{i=1}^{n} M_{iA} = \underline{0}. \tag{2.132}$$

Dies ist gleichbedeutend damit, dass die Summe der Kräfte bezüglich der x-, y- und z-Richtung sowie die Momentensummen um diese Achsen bezüglich eines Punkts A verschwinden müssen:

$$\sum_{i=1}^{n} F_{ix} = 0,$$

$$\sum_{i=1}^{n} F_{iy} = 0,$$

$$\sum_{i=1}^{n} F_{iz} = 0,$$

$$\sum_{i=1}^{n} M_{ixA} = 0,$$

$$\sum_{i=1}^{n} M_{iyA} = 0,$$

$$\sum_{i=1}^{n} M_{izA} = 0. \tag{2.133}$$

2.4 Räumliche allgemeine Kräftesysteme

Abb. 2.38 Starrer Körper unter Belastung

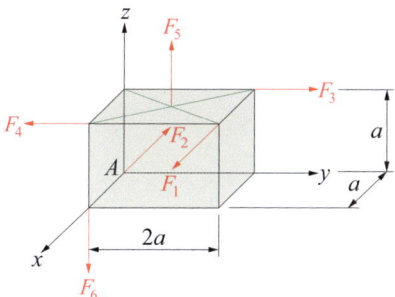

Beispiel 2.15

Gegeben ist ein starrer Körper mit den in Abb. 2.38 gezeigten Abmessungen, der durch die Kräfte $F_1, F_2, \ldots, F_6$ belastet wird. Es gilt $F_1 = 2F_0$, $F_2 = F_0$, $F_3 = 3F_0$, $F_4 = F_0$, $F_5 = 2F_0$, $F_6 = F_0$ bei gegebenem F_0. Gesucht wird die resultierende Kraft sowie das Moment bezüglich des Punkts A, der im Koordinatenursprung liegt.

Zur Lösung:

Wir ermitteln zunächst die Komponenten der Resultierenden wie folgt:

$$\begin{aligned} R_x &= F_1 - F_2 = 2F_0 - F_0 = F_0, \\ R_y &= F_3 - F_4 = 3F_0 - F_0 = 2F_0, \\ R_z &= F_5 - F_6 = 2F_0 - F_0 = F_0. \end{aligned} \tag{2.134}$$

Damit lässt sich die Resultierende angeben wie folgt:

$$\underline{R} = R_x \underline{e}_x + R_y \underline{e}_y + R_z \underline{e}_z = \begin{pmatrix} R_x \\ R_y \\ R_z \end{pmatrix} = \begin{pmatrix} 1 \\ 2 \\ 1 \end{pmatrix} F_0. \tag{2.135}$$

Ihr Betrag lautet:

$$R = |\underline{R}| = \sqrt{R_x^2 + R_y^2 + R_z^2} = \sqrt{F_0^2 + (2F_0)^2 + F_0^2} = \sqrt{6} F_0. \tag{2.136}$$

Die Komponenten des resultierenden Moments $\underline{M}_{RA}$ bezüglich des Punkts A (Koordinatenursprung) ergeben sich wie folgt:

$$M_{RxA} = \sum_{i=1}^{n} M_{ixA} = -F_3 \cdot a + F_4 \cdot a + F_5 \cdot a = -3F_0 \cdot a + F_0 \cdot a + 2F_0 \cdot a = 0,$$

$$M_{RyA} = \sum_{i=1}^{n} M_{iyA} = F_1 \cdot a - F_5 \cdot \frac{a}{2} + F_6 \cdot a = 2F_0 \cdot a - 2F_0 \cdot \frac{a}{2} + F_0 \cdot a = 2F_0 a,$$

$$M_{RzA} = \sum_{i=1}^{n} M_{izA} = -F_1 \cdot 2a - F_4 \cdot a = -2F_0 \cdot 2a - F_0 \cdot a = -5F_0 a.$$

(2.137)

Dies lässt sich in Vektorform darstellen als:

$$\underline{M}_{RA} = M_{RxA}\underline{e}_x + M_{RyA}\underline{e}_y + M_{RzA}\underline{e}_z = \begin{pmatrix} M_{RxA} \\ M_{RyA} \\ M_{RzA} \end{pmatrix} = \begin{pmatrix} 0 \\ 2 \\ -5 \end{pmatrix} F_0 a. \qquad (2.138)$$

Der Betrag des Momentenvektors lautet:

$$M_{RA} = |\underline{M}_{RA}| = \sqrt{M_{RxA}^2 + M_{RyA}^2 + M_{RzA}^2} = \sqrt{(2F_0 a)^2 + (-5F_0 a)^2} = \sqrt{29} F_0 a.$$

(2.139)

◀

Schwerpunkt 3

In vielen technischen Anwendungen ist der Begriff des Schwerpunkts von zentraler Bedeutung. In diesem Kapitel gehen wir zunächst auf den Schwerpunkt von Kräftegruppen sowie von Flächen- und Streckenlasten ein, bevor wir uns der Ermittlung der Schwerpunkte von Körpern, Flächen und Linien widmen. Das Kapitel schließt mit der Behandlung der Schwerpunktermittlung von zusammengesetzten Strukturen.

3.1 Schwerpunkt einer parallelen Kräftegruppe

Wir betrachten zur grundlegenden Motivation die Situation der Abb. 3.1. Gegeben sei eine starre masselose Stange, die an den Stellen x_1, x_2, x_3 drei Gewichte mit den Massen m_1, m_2, m_3 trägt. Diese Stange soll an einem noch zu ermittelnden Punkt A an der noch unbekannten Stelle x_A durch ein Lager so unterstützt werden, dass die Stange in ihrer horizontalen Lage verbleibt. Es handelt sich hierbei bei den Gewichtskräften $m_1 g$, $m_2 g$, $m_3 g$ ($g =$ Erdbeschleunigung) um eine Gruppe paralleler Kräfte, die sich zu einer resultierenden Kraft R zusammenfassen lassen. Zur Ermittlung der Resultierenden R und der Position x_A sowie der daraus resultierenden Auflagerkraft A_V, die auch als Haltekraft bezeichnet wird, betrachten wir das Freikörperbild der Abb. 3.1, Mitte. Es ist anschaulich klar, dass die Auflagerposition genau unterhalb der Resultierenden R zu finden sein wird, die wir in Abb. 3.1, unten, eingezeichnet haben.

Die Größe der Auflagerkraft A_V ermitteln wir aus der vertikalen Kräftesumme:

$$\sum{\uparrow} V = 0: \quad A_V - m_1 g - m_2 g - m_3 g = 0 \quad \rightarrow \quad A_V = \sum_{i=1}^{3} m_i g. \quad (3.1)$$

© Der/die Autor(en), exklusiv lizenziert an Springer-Verlag GmbH, DE, ein Teil von Springer Nature 2025
C. Mittelstedt, *Technische Mechanik 1: Statik*,
https://doi.org/10.1007/978-3-662-71565-9_3

Abb. 3.1 Starre masselose Stange mit drei Gewichten (*oben*), Freikörperbild (*Mitte*), Lage der Resultierenden (*unten*)

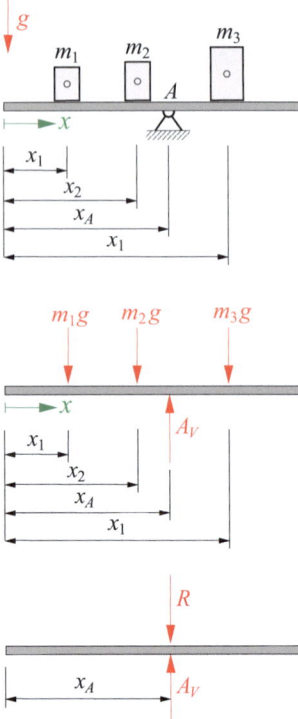

Die Position des Auflagers, so dass Gleichgewicht gewährleistet ist, erhalten wir aus der Momentensumme bezüglich des Koordinatenursprungs $x = 0$:

$$\sum M = 0: \quad A_V x_A - m_1 g x_1 - m_2 g x_2 - m_3 g x_3 = 0 \quad \rightarrow \quad x_A = \frac{\sum_{i=1}^{3} m_i g x_i}{\sum_{i=1}^{3} m_i g}. \tag{3.2}$$

Der so ermittelte Punkt A wird als Kräftemittelpunkt oder auch als Schwerpunkt S bezeichnet, wobei man im letzteren Fall häufig die Bezeichnung x_S für die Schwerpunktlage heranzieht. Allgemein gilt:

$$x_S = \frac{\sum_{i=1}^{n} F_i x_i}{\sum_{i=1}^{n} F_i}, \tag{3.3}$$

wenn n parallele Kräfte $F_1, F_2, \ldots, F_n$ vorliegen.

Wir können auf analogem Weg vorgehen, um Resultierende R und Schwerpunkt S einer räumlichen Gruppe paralleler Kräfte zu ermitteln (Abb. 3.2). Gegeben sei eine starre mas-

Abb. 3.2 Starre Platte mit Einzelkräften, Schwerpunktlage

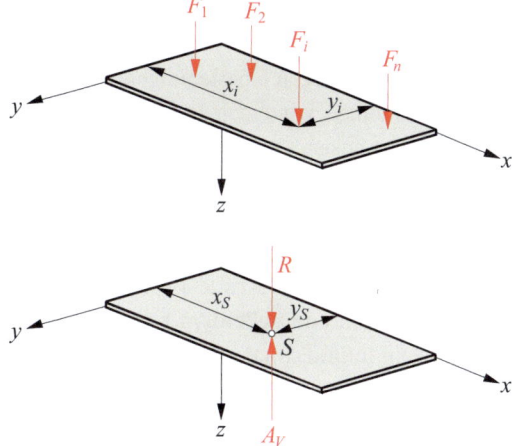

selose Platte, auf der die Einzelkräfte $F_1, F_2, \ldots, F_i, \ldots, F_n$ wirken. Die Kraft F_i weise die Koordinaten x_i, y_i auf ($i = 1, 2, \ldots, n$). Wir wollen die Haltekraft A_V sowie die Koordinaten x_S und y_S bestimmen. Als Bezugssystem verwenden wir das gegebene kartesische Achsensystem x, y, z, wobei die x-Achse und die y-Achse die Plattenebene aufspannen. Die vertikale Kräftesumme ergibt:

$$\sum \uparrow V = 0: \quad A_V - F_1 - F_2 - \ldots - F_i - \ldots - F_n = 0 \quad \rightarrow \quad A_V = \sum_{i=1}^{n} F_i. \quad (3.4)$$

Aus den beiden Momentensummen bzgl. des Koordinatenursprungs um die x-Achse und die y-Achse erhalten wir:

$$\sum M_x = 0: \quad -A_V y_S + F_1 y_1 + F_2 y_2 + \ldots + F_i y_i + \ldots + F_n y_n = 0,$$
$$\sum M_y = 0: \quad A_V x_S - F_1 x_1 - F_2 x_2 - \ldots - F_i x_i - \ldots - F_n x_n = 0. \quad (3.5)$$

Wir können diese beiden Gleichungen nach den Schwerpunktkoordinaten x_S und y_S auflösen und erhalten:

$$x_S = \frac{\sum_{i=1}^{n} F_i x_i}{\sum_{i=1}^{n} F_i} = \frac{\sum_{i=1}^{n} F_i x_i}{A_V},$$

$$y_S = \frac{\sum_{i=1}^{n} F_i y_i}{\sum_{i=1}^{n} F_i} = \frac{\sum_{i=1}^{n} F_i y_i}{A_V}. \quad (3.6)$$

3.2 Schwerpunkte von Streckenlasten und Flächenlasten

Wir können die obigen Überlegungen auf die Betrachtung von Streckenlasten übertragen. Hierzu betrachten wir einen Balken, der durch eine beliebig, aber stetig verteilte Streckenlast $q(x)$ belastet werde (Abb. 3.3). Wir können uns dabei die kontinuierlich verteilte Streckenlast $q(x)$ als eine unendliche Anzahl von infinitesimalen Einzelkräften $q\mathrm{d}x$ denken, die jeweils auf einer Teillänge $\mathrm{d}x$ wirken (Abb. 3.3, oben). Wir können an dieser Stelle genau so vorgehen wie in Abschn. 3.1 und ziehen die Gl. (3.3) heran, wobei wir nun die dort wirkenden Kräfte $F_1, F_2, \ldots, F_n$ durch die infinitesimalen Kräfte $q\mathrm{d}x$ und x_i durch x ersetzen und außerdem berücksichtigen, dass bei Aufsummieren einer unendlichen Anzahl infinitesimaler Kräfte die Summationen in Integrationen übergehen:

$$x_S = \frac{\int q(x) x \mathrm{d}x}{\int q(x) \mathrm{d}x}. \tag{3.7}$$

Hierin stellt der Ausdruck im Nenner von Gl. (3.7) die Resultierende der Streckenlast $q(x)$ dar:

$$R = \int q(x) \mathrm{d}x. \tag{3.8}$$

Wirkt die Streckenlast z. B. über die gesamte Länge l eines Balkens, dann ist die obige Integration über die gesamte Balkenlänge durchzuführen:

$$x_S = \frac{\int_0^l q(x) x \mathrm{d}x}{\int_0^l q(x) \mathrm{d}x}. \tag{3.9}$$

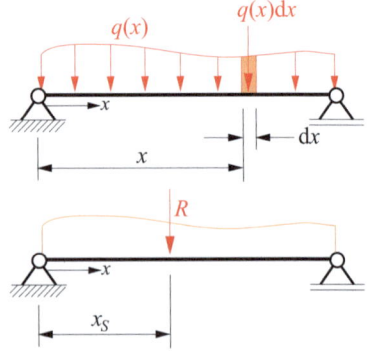

Abb. 3.3 Balken unter Streckenlast $q(x)$ (*oben*), Resultierende (*unten*)

3.2 Schwerpunkte von Streckenlasten und Flächenlasten

Liegt eine Platte (also ein ebenes flächenhaftes Tragwerk, das senkrecht zu seiner Ebene durch eine Flächenlast $p(x, y)$ belastet wird, Abb. 3.4) vor, dann kann man hier zur Bestimmung von Schwerpunkt und resultierender Kraft ganz analog vorgehen. Die Lage x_S, y_S des Schwerpunkts S (Abb. 3.5) kann dann angegeben werden als:

$$x_S = \frac{\int p(x,y)x\,\mathrm{d}A}{\int p(x,y)\,\mathrm{d}A}, \quad y_S = \frac{\int p(x,y)y\,\mathrm{d}A}{\int p(x,y)\,\mathrm{d}A}. \tag{3.10}$$

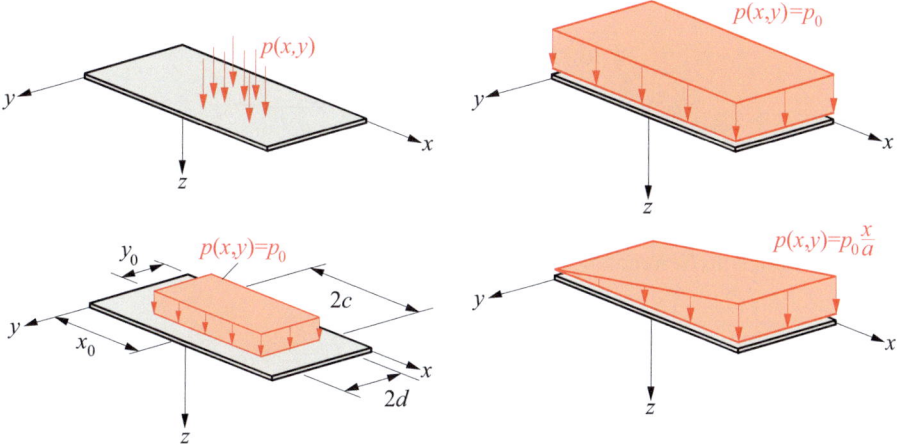

Abb. 3.4 Platte unter Flächenlast $p(x, y)$; Beispiele für Flächenlasten

Abb. 3.5 Ermittlung des Schwerpunkts S der Flächenlast $p(x, y)$

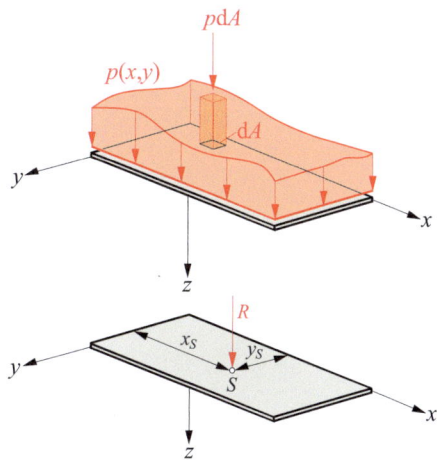

Hierin ist $dA = dx dy$ dasjenige Flächenelement, über das die Integration durchzuführen ist. In Gl. (3.10) bedeuten die Integrationen über dA Integrationen über die gesamte Plattenfläche A, die von der x-Achse und der y-Achse aufgespannt wird.

Beispiel 3.1

Gegeben sei ein Balken unter der Gleichstreckenlast $q(x) = q_0$ (Abb. 3.6). Gesucht wird die Resultierende R der Streckenlast sowie ihr Angriffspunkt x_S.

Zur Lösung:

Wir ermitteln die Lage x_S des Schwerpunkts gemäß Gl. (3.7):

$$x_S = \frac{\int_0^l q(x) x \, dx}{\int_0^l q(x) \, dx} = \frac{q_0 \int_0^l x \, dx}{q_0 \int_0^l dx} = \frac{\frac{1}{2} q_0 l^2}{q_0 l} = \frac{l}{2}. \tag{3.11}$$

Der Ausdruck im Nenner von Gl. (3.11) stellt die Resultierende R der Streckenlast $q(x)$ dar:

$$R = \int_0^l q(x) \, dx = q_0 l. \tag{3.12}$$

Sie ist mit ihrer Lage in Abb. 3.6, unten, dargestellt. ◄

Abb. 3.6 Balken unter Gleichstreckenlast $q(x) = q_0$

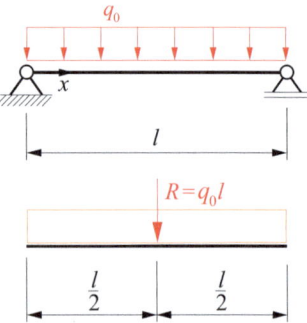

3.3 Körperschwerpunkt

Abb. 3.7 Balken unter linear verlaufender Streckenlast $q(x) = q_0 \frac{x}{l}$

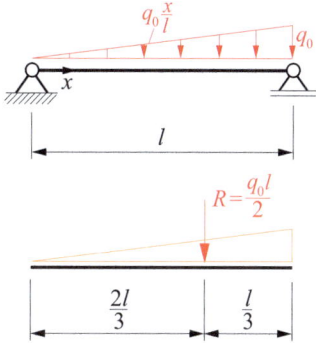

Beispiel 3.2

Gegeben sei ein Balken unter der linear verlaufenden Streckenlast $q(x) = q_0 \frac{x}{l}$ (Abb. 3.7). Man ermittle die Resultierende R der Streckenlast sowie ihren Angriffspunkt x_S.

Zur Lösung:

Aus Gl. (3.7) folgt die Lage x_S des Schwerpunkts S der Streckenlast $q(x)$:

$$x_S = \frac{\int_0^l q(x)x\,dx}{\int_0^l q(x)\,dx} = \frac{\frac{q_0}{l}\int_0^l x^2\,dx}{\frac{q_0}{l}\int_0^l x\,dx} = \frac{\frac{q_0 l^2}{3}}{\frac{q_0 l}{2}} = \frac{2}{3}l. \qquad (3.13)$$

Der Ausdruck $\int_0^l q(x)\,dx = \frac{q_0 l}{2}$ ist der Betrag der Resultierenden R der Streckenlast $q(x)$. Sie ist in Abb. 3.7, unten, dargestellt. ◀

3.3 Körperschwerpunkt

Betrachtet werde der dreidimensionale Körper der Abb. 3.8, der das Volumen V aufweise. Der Körper sei beliebig derart aufgebaut, dass die Dichte ρ eine Funktion aller drei Raumrichtungen sein kann: $\rho = \rho(x, y, z)$. Ein infinitesimales Volumentelement dV weise dann die infinitesimale Masse $dm = \rho dV$ auf. Wir können uns den betrachteten Körper als eine unendliche Anzahl solcher Volumenelemente vorstellen, und die beteiligten infinitesimalen Gewichtskräfte $dG = g\,dm$ bilden dabei gedanklich eine parallele Kräftegruppe. Wir

Abb. 3.8 Dreidimensionaler Körper mit infinitesimalem Volumenelement

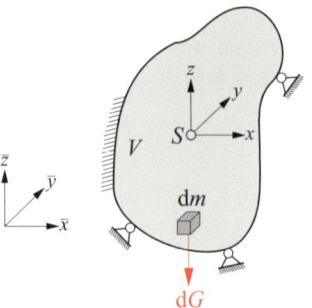

können daher zur Ermittlung der Lage der Resultierenden die Gl. (3.3) heranziehen, wobei wir hier beachten müssen, dass die Summationen bei Aufaddieren der Beiträge unendlicher vieler Volumenelemente in Integrationen übergehen. Wir führen zur Berechnung ein beliebiges Koordinatensystem $\bar{x}, \bar{y}, \bar{z}$ ein, das Schwerpunktkoordinatensystem sei x, y, z. Es folgt für die Schwerpunktkoordinate $\bar{x}_S$:

$$\bar{x}_S = \frac{\int\limits_V \bar{x}\,dG}{\int\limits_V dG}. \tag{3.14}$$

Hierbei wird über das gesamte Körpervolumen V integriert. Man kann analoge Überlegungen für die beiden verbleibenden Raumrichtungen anstellen und erhält für die Schwerpunktkoordinaten $\bar{y}_S$ und $\bar{z}_S$ des betrachteten dreidimensionalen inhomogenen Körpers:

$$\bar{y}_S = \frac{\int\limits_V \bar{y}\,dG}{\int\limits_V dG}, \quad \bar{z}_S = \frac{\int\limits_V \bar{z}\,dG}{\int\limits_V dG}. \tag{3.15}$$

Nimmt man hierin an, dass die Erdbeschleunigung g konstant über das Körpervolumen V ist (was für nahezu alle praktisch relevanten technischen Zwecke der Fall ist), dann kann g aus den obigen Gleichungen herausgekürzt werden, und man erhält die Koordinaten des Massenschwerpunkts:

$$\bar{x}_M = \frac{\int\limits_V \bar{x}\,dm}{\int\limits_V dm}, \quad \bar{y}_M = \frac{\int\limits_V \bar{y}\,dm}{\int\limits_V dm}, \quad \bar{z}_M = \frac{\int\limits_V \bar{z}\,dm}{\int\limits_V dm}. \tag{3.16}$$

3.3 Körperschwerpunkt

Ist überdies auch noch die Dichte ρ konstant, dann kann mit $dm = \rho dV$ die Dichte ρ aus den obigen Gleichungen gekürzt werden, und man erhält den Volumenschwerpunkt des nun homogenen Körpers:

$$\bar{x}_V = \frac{\int_V \bar{x}\,dV}{\int_V dV}, \quad \bar{y}_V = \frac{\int_V \bar{y}\,dV}{\int_V dV}, \quad \bar{z}_V = \frac{\int_V \bar{z}\,dV}{\int_V dV}. \tag{3.17}$$

Beispiel 3.3

Für den homogenen Quader der Abb. 3.9 wird die Lage des Schwerpunkts S gesucht.

Zur Lösung:

Wir führen zur Berechnung des Schwerpunkts S ein Bezugssystem $\bar{x}, \bar{y}, \bar{z}$ ein wie in Abb. 3.9 gezeigt. Zur Ermittlung der Schwerpunktkoordinate $\bar{x}_V$ nach Gl. (3.17) betrachten wir das infinitesimale Volumenelement dV der Abb. 3.9, Mitte. Mit $dV = hl\,d\bar{x}$ erhalten wir:

$$\bar{x}_V = \frac{\int_V \bar{x}\,dV}{\int_V dV} = \frac{\int_0^b \bar{x}hl\,d\bar{x}}{\int_0^b hl\,d\bar{x}} = \frac{\frac{b^2 hl}{2}}{bhl} = \frac{b}{2}. \tag{3.18}$$

Dieses Ergebnis ist ohne Weiteres mit der Intuition vereinbar.

Analog gehen wir für die Ermittlung von $\bar{y}_V$ vor und betrachten das infinitesimale Volumenelement $dV = bl\,d\bar{y}$ wie in Abb. 3.9 gezeigt. es folgt:

$$\bar{y}_V = \frac{\int_V \bar{y}\,dV}{\int_V dV} = \frac{\int_0^h \bar{y}bl\,d\bar{y}}{\int_0^h bl\,d\bar{y}} = \frac{\frac{bh^2 l}{2}}{bhl} = \frac{h}{2}. \tag{3.19}$$

Analog folgt $\bar{z}_V = -\frac{l}{2}$. Die Ermittlung dieses Ergebnisses bleibt hier ohne weitere Darstellung. Die Lage des Schwerpunkts S mit dem Schwerpunktsystem x, y, z ist in Abb. 3.9, unten, gezeigt. ◄

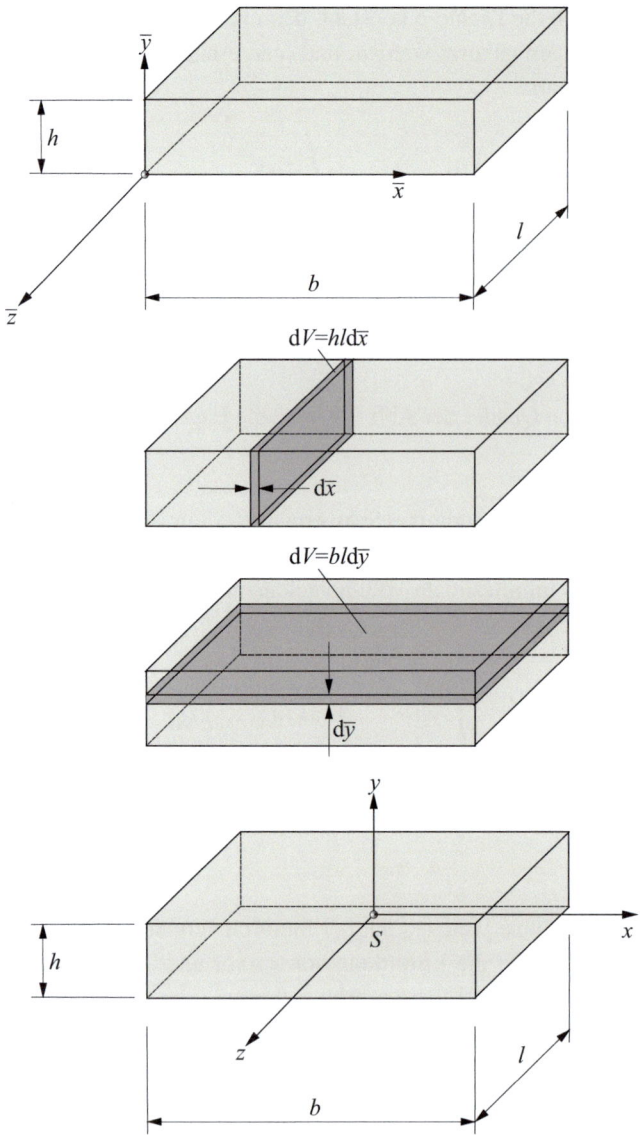

Abb. 3.9 Quader (*oben*), infinitesimale Volumenelemente (*Mitte*), Schwerpunktlage (*unten*)

3.3 Körperschwerpunkt

Abb. 3.10 Kegel (*links*), infinitesimales Schnittelement (*rechts*)

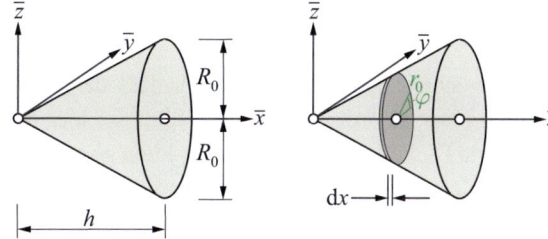

Beispiel 3.4

Man ermittle für einen homogenen Kegel mit dem Radius R_0 die Lage des Schwerpunkts S (Abb. 3.10).

Zur Lösung:
Wir führen zur Berechnung ein Bezugssystem $\bar{x}, \bar{y}, \bar{z}$ an der Kegelspitze ein und betrachten das in Abb. 3.10, rechts, gezeigte Schnittelement $\mathrm{d}V$. Es gilt:

$$\mathrm{d}V = \pi r_0^2 \mathrm{d}\bar{x}. \tag{3.20}$$

Aus dem Strahlensatz erhalten wir einen Zusammenhang zwischen R_0 und r_0:

$$r_0 = \frac{\bar{x}}{h} R_0. \tag{3.21}$$

Damit folgt für $\mathrm{d}V$:

$$\mathrm{d}V = \pi \frac{R_0^2}{h^2} \bar{x}^2 \mathrm{d}\bar{x}. \tag{3.22}$$

Damit lässt sich die Schwerpunktkoordinate $\bar{x}_V$ ermitteln als:

$$\bar{x}_V = \frac{\int_V \bar{x}\,\mathrm{d}V}{\int_V \mathrm{d}V} = \frac{\pi \dfrac{R_0^2}{h^2} \int_0^h \bar{x}^3 \mathrm{d}\bar{x}}{\pi \dfrac{R_0^2}{h^2} \int_0^h \bar{x}^2 \mathrm{d}\bar{x}} = \frac{3}{4}h. \tag{3.23}$$

Die Schwerpunktkoordinaten $\bar{y}_V$ und $\bar{z}_V$ folgen ohne Rechnung aufgrund der Rotationssymmetrie des Kegels zu:

$$\bar{y}_V = \bar{z}_V = 0. \tag{3.24}$$

◂

3.4 Flächenschwerpunkt

Wir betrachten nun den Spezialfall, dass der betrachtete dreidimensionale Körper bezüglich einer Koordinatenrichtung (dies sei hier die z-Richtung) sehr dünn sei und die konstante Dicke h aufweise, die sehr klein gegenüber den Abmessungen bzgl. x und y sei. Einen solchen Körper bezeichnen wir als Scheibe. Dann lässt sich das infinitesimale Volumenelement dV schreiben als $dV = h\,dA$ (Abb. 3.11). Liegt dieser Fall vor, dann lässt sich die Dicke h aus den Gleichungen (3.17) herauskürzen, und man erhält die Koordinaten des Flächenschwerpunkts als:

$$\bar{x}_S = \frac{\int_A \bar{x}\,dA}{\int_A dA}, \quad \bar{y}_S = \frac{\int_A \bar{y}\,dA}{\int_A dA}, \tag{3.25}$$

wobei wir hierbei voraussetzen, dass sich der Schwerpunkt genau in der Mittelebene des betrachteten sehr dünnen Körpers befindet. Der Ausdruck

$$\int_A dA = A \tag{3.26}$$

stellt die Fläche der Scheibe bzgl. der xy-Ebene dar. Die Ausdrücke

$$S_y = \int_A \bar{x}\,dA = \bar{x}_S A, \quad S_x = \int_A \bar{y}\,dA = \bar{y}_S A \tag{3.27}$$

sind die sog. statischen Momente der betrachteten Fläche. Nach der obigen Definition verschwinden diese, wenn sich der Ursprung des Bezugssystems x, y im Schwerpunkt S der betrachteten Fläche befindet.

Abb. 3.11 Scheibe

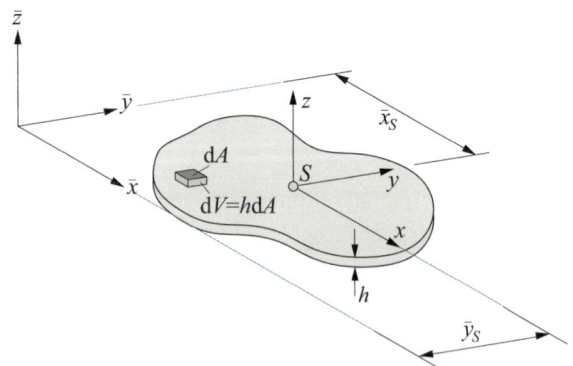

3.4 Flächenschwerpunkt

Abb. 3.12 Einfach symmetrische Fläche

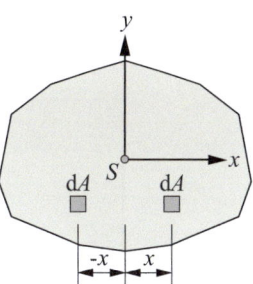

Man kann leicht zeigen, dass in einer Fläche, die eine Symmetrieachse aufweist, der Schwerpunkt S genau auf dieser Symmetrieachse liegt. Wir betrachten hierzu die Fläche der Abb. 3.12, bei der die y-Achse eine Symmetriebene sei. Für jedes Flächenelement dA an einer Stelle x findet sich dann ein identisches Flächenelement dA an der Stelle $-x$, so dass diese sich letztlich in der Gl. (3.25) bezüglich der Berechnung von x_S wegheben, das statische Moment S_y ist identisch Null:

$$S_y = \int_A x \, \mathrm{d}A = 0 \quad \rightarrow \quad x_S = \frac{S_y}{A} = 0. \tag{3.28}$$

Die Schwerpunktkoordinate x_S ist demnach in einem solchen Fall identisch Null, und der Schwerpunkt befindet sich auf der y-Achse. Symmetrieachsen einer Fläche sind demnach stets Schwerpunktachsen.

Beispiel 3.5

Für die Rechteckfläche (Breite b, Höhe h) der Abb. 3.13 wird die Lage des Schwerpunkts S gesucht.

Zur Lösung:
Wir führen ein Bezugssystem $\bar{x}, \bar{y}$ ein wie in Abb. 3.13 gezeigt und ermitteln die Schwerpunktkoordinaten der Rechteckfläche gemäß Gl. (3.25):

$$\bar{x}_S = \frac{\int_A \bar{x} \, \mathrm{d}A}{\int_A \mathrm{d}A}, \quad \bar{y}_S = \frac{\int_A \bar{y} \, \mathrm{d}A}{\int_A \mathrm{d}A}. \tag{3.29}$$

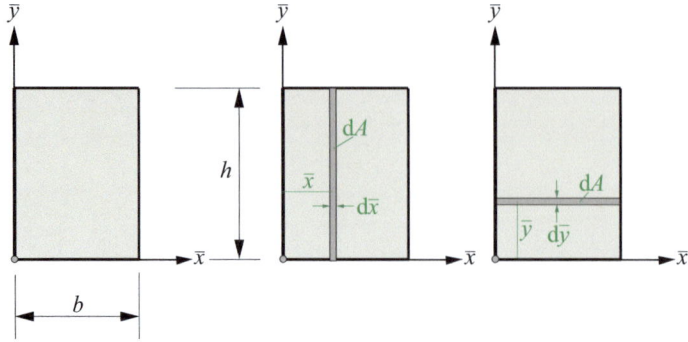

Abb. 3.13 Rechteckfläche (*links*), infinitesimale Flächenelemente (*rechts*)

Für x_S erhalten wir mit dem Flächenelement $dA = h\,d\bar{x}$:

$$\bar{x}_S = \frac{h \int_0^b \bar{x}\,d\bar{x}}{h \int_0^b d\bar{x}} = \frac{\frac{1}{2}b^2 h}{bh} = \frac{b}{2}. \tag{3.30}$$

Dieses Ergebnis lässt sich ohne Weiteres mit unserer Intuition vereinbaren. Für $\bar{y}_S$ ergibt sich mit $dA = b\,d\bar{y}$:

$$\bar{y}_S = \frac{b \int_0^h \bar{y}\,d\bar{y}}{b \int_0^h d\bar{y}} = \frac{\frac{1}{2}bh^2}{bh} = \frac{h}{2}. \tag{3.31}$$

◀

Beispiel 3.6

Für das Dreieck der Abb. 3.14 mit der Breite b und der Höhe h wird der Schwerpunkt S gesucht.

3.4 Flächenschwerpunkt

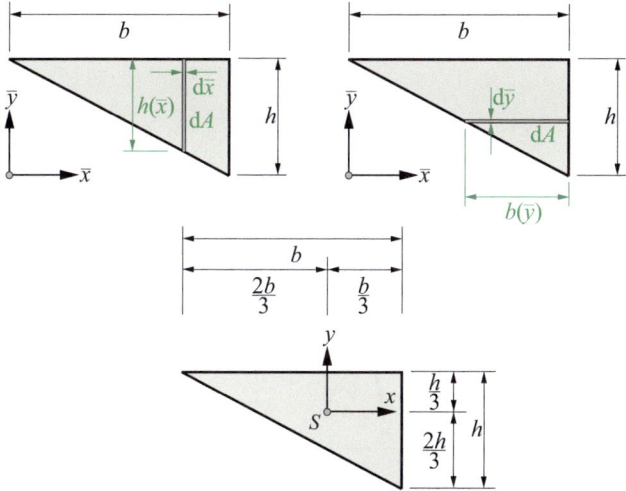

Abb. 3.14 Dreieckfläche und infinitesimale Flächenelemente (*oben*), Schwerpunktlage (*unten*)

Zur Lösung:

Wir ermitteln zunächst die Schwerpunktkoordinate $\bar{x}_S$ gemäß

$$\bar{x}_S = \frac{\int_A \bar{x}\,dA}{\int_A dA}. \tag{3.32}$$

Das infinitesimale Flächenelement dA ist in Abb. 3.14, links oben, gezeigt und kann angegeben werden als:

$$dA = h(\bar{x})d\bar{x}. \tag{3.33}$$

Die Höhe $h(\bar{x})$ lautet:

$$h(\bar{x})\bar{x}\frac{h}{b}. \tag{3.34}$$

Damit kann die Rechenvorschrift (3.32) ausgewertet werden, und es folgt:

$$\bar{x}_S = \frac{\frac{h}{b}\int_0^b \bar{x}^2\,d\bar{x}}{\frac{h}{b}\int_0^b \bar{x}\,d\bar{x}} = \frac{\frac{1}{3}b^3}{\frac{1}{2}b^2} = \frac{2}{3}b. \tag{3.35}$$

Ganz analog können wir für die Ermittlung von $\bar{y}_S$ vorgehen. Es gilt:

$$\bar{y}_S = \frac{\int_A \bar{y}\,dA}{\int_A dA}. \tag{3.36}$$

Mit dem Flächenelement $dA = b(\bar{y})d\bar{y} = \frac{b}{h}\bar{y}d\bar{y}$ folgt:

$$\bar{y}_S = \frac{\frac{b}{h}\int_0^h \bar{y}^2 d\bar{y}}{\frac{b}{h}\int_0^h \bar{y}d\bar{y}} = \frac{\frac{1}{3}h^3}{\frac{1}{2}h^2} = \frac{2}{3}h. \tag{3.37}$$

Die Schwerpunktlage für die Dreiecksfläche ist in Abb. 3.14, unten, dargestellt. ◀

Beispiel 3.7

Für die Viertelkreisfläche der Abb. 3.15 mit dem Radius R ist der Schwerpunkt S zu ermitteln.

Zur Lösung:

Wir ermitteln zunächst die Schwerpunktkoordinate $\bar{x}_S$ unter Verwendung eines vertikalen Flächenelements dA so wie in Abb. 3.15, Mitte, gezeigt. Das Flächenelement dA ergibt sich als:

$$dA = h(\bar{x})d\bar{x}. \tag{3.38}$$

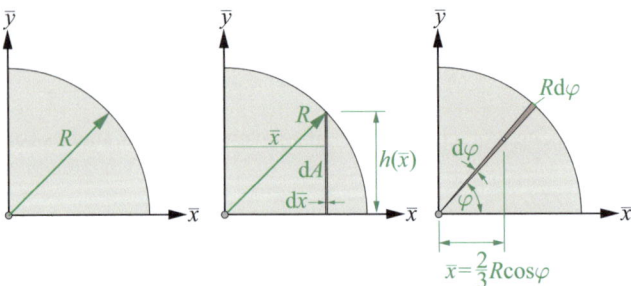

Abb. 3.15 Viertelkreisfläche und infinitesimale Flächenelemente

3.4 Flächenschwerpunkt

Mit Hilfe des Satzes von Pythagoras können wir die Höhe $h(\bar{x})$ des Flächenelements ausdrücken als:

$$h = \sqrt{R^2 - \bar{x}^2}. \tag{3.39}$$

Für die Schwerpunktkoordinate $\bar{x}_S$ erhalten wir dann:

$$\bar{x}_S = \frac{\int_A \bar{x}\,dA}{\int_A dA} = \frac{\int_0^R \bar{x}\sqrt{R^2 - \bar{x}^2}\,d\bar{x}}{\int_0^R \sqrt{R^2 - \bar{x}^2}\,d\bar{x}}$$

$$= \frac{\left.\frac{1}{3}\left(R^2 - \bar{x}^2\right)^{\frac{3}{2}}\right|_0^R}{\frac{1}{2}\left[\bar{x}\sqrt{R^2 - \bar{x}^2} + R^2 \arcsin\left(\frac{\bar{x}}{R}\right)\right]\Big|_0^R} = \frac{\frac{1}{3}R^3}{\frac{\pi R^2}{4}} = \frac{4R}{3\pi}. \tag{3.40}$$

Aus Gründen der Symmetrie gilt außerdem

$$\bar{y}_S = \frac{4R}{3\pi}. \tag{3.41}$$

Ein alternativer Weg der Berechnung besteht darin, ein Kreisflächensegment so wie in Abb. 3.15, rechts, gezeigt zu betrachten. Der Flächeninhalt des Flächenelements dA mit dem infinitesimalen Öffnungswinkel $d\varphi$ lautet

$$dA = \frac{1}{2}R^2 d\varphi, \tag{3.42}$$

wobei hier eine Dreiecksform des Flächenelements unterstellt wurde. Mit der Koordinate $\bar{x} = \frac{2}{3}R\cos\varphi$ lautet die Schwerpunktkoordinate $\bar{x}_S$:

$$\bar{x}_S = \frac{\int_A \bar{x}\,dA}{\int_A dA} = \frac{\int_0^{\frac{\pi}{2}} \frac{2}{3}R\cos\varphi \cdot \frac{1}{2}R^2 d\varphi}{\int_0^{\frac{\pi}{2}} \frac{1}{2}R^2 d\varphi} = \frac{\frac{1}{3}R^3}{\frac{\pi R^2}{4}} = \frac{4R}{3\pi}. \tag{3.43}$$

Offenbar stimmt dieses Ergebnis mit Gl. (3.40) überein. Natürlich gilt auch in dieser Darstellungsweise $\bar{y}_S = \frac{4R}{3\pi}$.

Man kann für diese Aufgabenstellung auch weitere Arten von Flächenelementen verwenden, was hier aber ohne weitere Darstellung bleibt. ◀

Abb. 3.16 Parabelfläche und infinitesimales Flächenelement

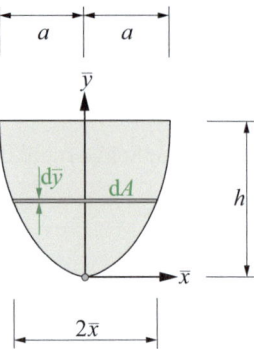

Beispiel 3.8

Für die Fläche der Abb. 3.16 in Form einer quadratischen Parabel $\bar{y} = \frac{h}{a^2}\bar{x}^2$ ist der Schwerpunkt zu ermitteln.

Zur Lösung:

Aus Symmetriegründen gilt $\bar{x}_S = 0$, d. h. der Schwerpunkt befindet sich auf der $\bar{y}$-Achse. Zur Ermittlung der Schwerpunktkoordinate $\bar{y}_S$ betrachten wir das in Abb. 3.16 dargestellte infinitesimale Flächenelement $dA = 2\bar{x}d\bar{y}$. Aus der Parabelgleichung $\bar{y} = \frac{h}{a^2}\bar{x}^2$ erhalten wir außerdem $\bar{x} = \sqrt{\frac{\bar{y}a^2}{h}}$, so dass wir $\bar{y}_S$ bestimmen können wie folgt:

$$\bar{y}_S = \frac{\int_A \bar{y}\,dA}{\int_A dA} = \frac{\int_0^h \bar{y} \cdot 2\sqrt{\frac{\bar{y}a^2}{h}}\,d\bar{y}}{\int_0^h 2\sqrt{\frac{\bar{y}a^2}{h}}\,d\bar{y}}$$

$$= \frac{2\sqrt{\frac{a^2}{h}} \int_0^h \bar{y}^{\frac{3}{2}}\,d\bar{y}}{2\sqrt{\frac{a^2}{h}} \int_0^h \bar{y}^{\frac{1}{2}}\,d\bar{y}} = \frac{\left.\frac{2}{5}\bar{y}^{\frac{5}{2}}\right|_0^h}{\left.\frac{2}{3}\bar{y}^{\frac{3}{2}}\right|_0^h} = \frac{3}{5}h. \quad (3.44)$$

Die Abb. 3.17 beinhaltet eine Auswahl von Flächen nebst ihren Schwerpunkten.

3.5 Linienschwerpunkt

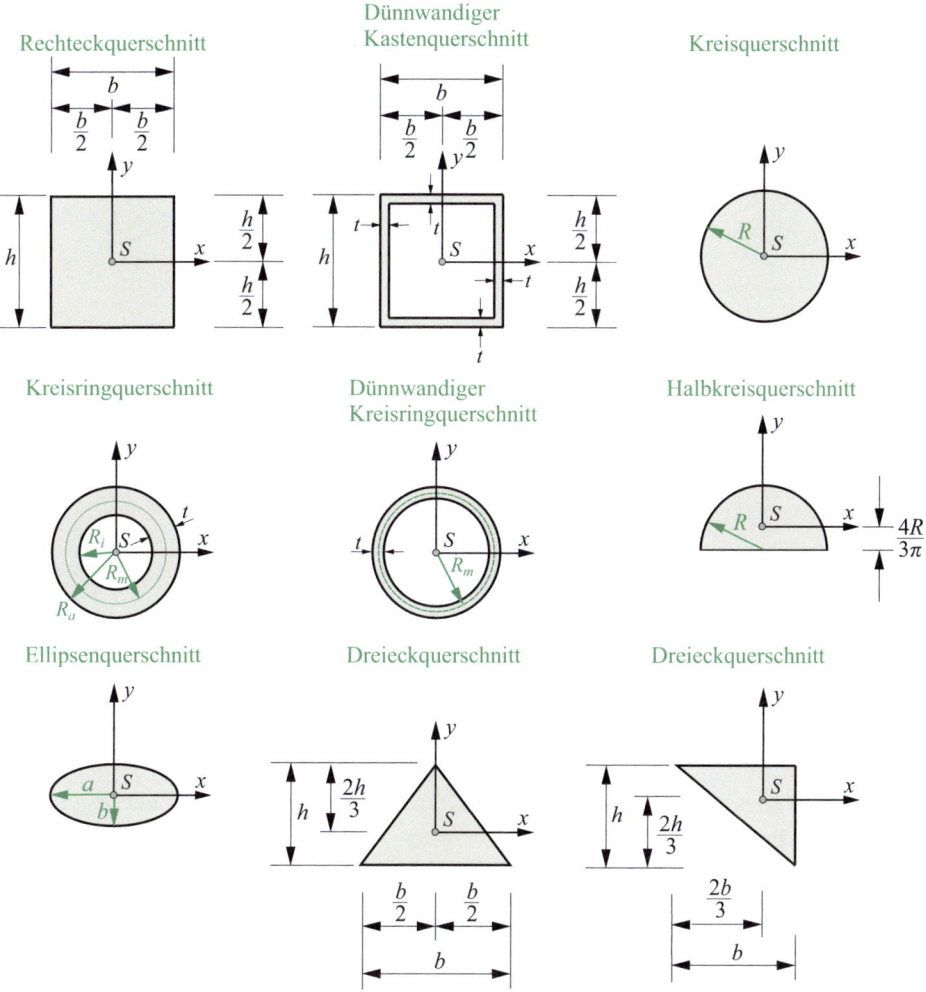

Abb. 3.17 Schwerpunkte ausgewählter Flächen

3.5 Linienschwerpunkt

Liegt ein homogener Körper vor, der linienhaft verteilt ist mit der Länge l und dem Querschnitt A (Abb. 3.18), dann ist das Volumen dieses Körpers $V = Al$. Das infinitesimale Volumenelement dV lässt sich dann schreiben als $dV = A\,dl$, worin dl ein infinitesimales Linienelement ist. Wir können daher aus den Schwerpunktgleichungen (3.17) für den

Abb. 3.18 Linienhafter Körper

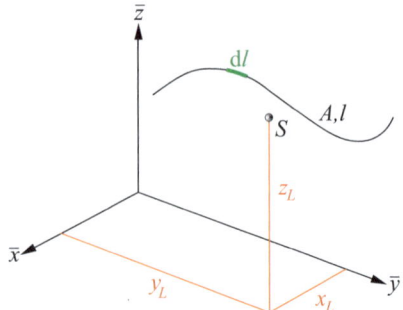

dreidimensionalen Körper A herauskürzen, und es verbleibt für den Linienschwerpunkt:

$$\bar{x}_L = \frac{\int_l \bar{x}\,\mathrm{d}l}{\int_l \mathrm{d}l}, \quad \bar{y}_L = \frac{\int_l \bar{y}\,\mathrm{d}l}{\int_l \mathrm{d}l}, \quad \bar{z}_L = \frac{\int_l \bar{z}\,\mathrm{d}l}{\int_l \mathrm{d}l}. \tag{3.45}$$

Der Ausdruck

$$\int_l \mathrm{d}l = l \tag{3.46}$$

ist die Länge l des betrachteten linienhaften Körpers. Der Linienschwerpunkt liegt i. Allg. nicht auf der betrachteten Linie.

Beispiel 3.9

Für den Viertelkreisbogen der Abb. 3.19 mit dem Radius R wird der Linienschwerpunkt gesucht.

Abb. 3.19 Viertelkreisbogen und infinitesimales Flächenelement

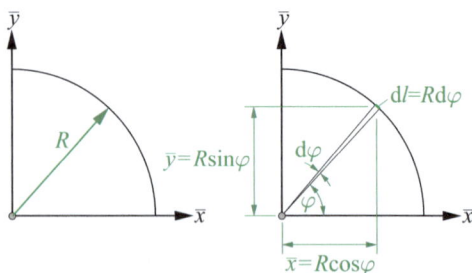

Zur Lösung:
Wir ermitteln die Lage x_l des Schwerpunkts gemäß Gl. (3.45):

$$\bar{x}_L = \frac{\int_l \bar{x}\,\mathrm{d}l}{\int_l \mathrm{d}l}. \tag{3.47}$$

Mit $\bar{x} = R\cos\varphi$ und dem infinitesimalen Linienelement $\mathrm{d}l = R\,\mathrm{d}\varphi$ folgt:

$$\bar{x}_L = \frac{\int_0^{\frac{\pi}{2}} R\cos\varphi \cdot R\,\mathrm{d}\varphi}{\int_0^{\frac{\pi}{2}} R\,\mathrm{d}\varphi} = \frac{R^2 \sin\varphi\big|_0^{\frac{\pi}{2}}}{R\varphi\big|_0^{\frac{\pi}{2}}} = \frac{2R}{\pi}. \tag{3.48}$$

Für die Schwerpunktkoordinate $\bar{y}_L$ folgt mit $\bar{y} = R\sin\varphi$:

$$\bar{y}_L = \frac{\int_l \bar{y}\,\mathrm{d}l}{\int_l \mathrm{d}l} = \frac{\int_0^{\frac{\pi}{2}} R\sin\varphi \cdot R\,\mathrm{d}\varphi}{\int_0^{\frac{\pi}{2}} R\,\mathrm{d}\varphi} = -\frac{R^2 \cos\varphi\big|_0^{\frac{\pi}{2}}}{R\varphi\big|_0^{\frac{\pi}{2}}} = \frac{2R}{\pi}. \tag{3.49}$$

◂

3.6 Zusammengesetzte Körper

Wir betrachten noch einmal einen dreidimensionalen Körper, der sich nun aus einer Anzahl n von Teilkörpern V_i ($i = 1, 2, 3, \ldots, n$) zusammensetze, wobei die Dichten ρ_i dieser Teilkörper jeweils konstant seien. Die Schwerpunktlagen $\bar{x}_i$ und $\bar{y}_i$ der Teilkörper seien bekannt. Ein solcher Körper ist beispielhaft in Abb. 3.20 dargestellt. In einem solchen Fall kann die Ermittlung der Schwerpunkts erfolgen wie folgt. Die Masse m des Körpers setzt

Abb. 3.20 Aus n Teilkörpern V_i zusammengesetzter Körper

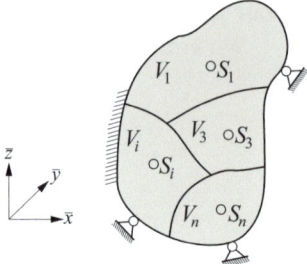

sich aus den Massen der Teilkörper zusammen, d. h.:

$$m = \int_V \mathrm{d}m = \int_{V_1} \mathrm{d}m + \int_{V_2} \mathrm{d}m + \ldots + \int_{V_n} \mathrm{d}m = m_1 + m_2 + \ldots + m_n = \sum_{i=1}^{n} m_i, \quad (3.50)$$

worin $m_1, m_2, \ldots, m_n$ die Massen der Teilkörper sind. Die $\bar{x}$-Koordinate $\bar{x}_i$ des Massenschwerpunkts von Teilkörper i berechnet sich als:

$$\bar{x}_i = \frac{\int_{V_i} \bar{x}\,\mathrm{d}m}{\int_{V_i} \mathrm{d}m} \quad \rightarrow \quad \int_{V_i} \bar{x}\,\mathrm{d}m = \bar{x}_i m_i. \quad (3.51)$$

Damit ergibt sich für die Lage des Massenschwerpunkts:

$$\bar{x}_M = \frac{\int_V \bar{x}\,\mathrm{d}m}{\int_V \mathrm{d}m} = \frac{1}{m}\left(\int_{V_1} \bar{x}\,\mathrm{d}m + \int_{V_2} \bar{x}\,\mathrm{d}m + \ldots + \int_{V_n} \bar{x}\,\mathrm{d}m\right) = \frac{\sum_{i=1}^{n} \bar{x}_i m_i}{\sum_{i=1}^{n} m_i}. \quad (3.52)$$

Ganz analog erhält man für die Koordinaten $\bar{y}_M$ und $\bar{z}_M$:

$$\bar{y}_M = \frac{\sum_{i=1}^{n} \bar{y}_i m_i}{\sum_{i=1}^{n} m_i}, \quad \bar{z}_M = \frac{\sum_{i=1}^{n} \bar{z}_i m_i}{\sum_{i=1}^{n} m_i}. \quad (3.53)$$

3.6 Zusammengesetzte Körper

Liegt der Fall vor, dass die Dichte im gesamten betrachteten Körper konstant ist, dann folgt der Volumenschwerpunkt zu:

$$\bar{x}_V = \frac{\sum_{i=1}^{n} \bar{x}_i V_i}{\sum_{i=1}^{n} V_i}, \quad \bar{y}_V = \frac{\sum_{i=1}^{n} \bar{y}_i V_i}{\sum_{i=1}^{n} V_i}, \quad \bar{z}_V = \frac{\sum_{i=1}^{n} \bar{z}_i V_i}{\sum_{i=1}^{n} V_i}, \quad (3.54)$$

wobei V_i das Volumen von Teilkörper i ist. Hiermit können auch Ausschnitte wie Fehlstellen oder Löcher berücksichtigt werden, indem man den entsprechenden ‚Teilkörpern' negative Volumina zuweist.

Beispiel 3.10

Aus dem in Abb. 3.21 dargestellten Quader mit den Kantenlängen $2a$, $3a$, $2a$ wurde ein Würfel mit der Kantenlänge a an der dargestellten Position herausgeschnitten. Man ermittle die Lage des Schwerpunkts.

Zur Lösung:

Wir interpretieren die gegebene Struktur als einen Quader mit dem Volumen $V_1 = 2a \cdot 3a \cdot 2a = 12a^3$ mit einer Aussparung, deren Volumen V_2 wir als negativ ansetzen mit $V_2 = -a^3$. Die Schwerpunktlagen der beiden Bestandteile der betrachteten Struktur lauten:

$$\bar{x}_1 = a, \qquad \bar{x}_2 = \frac{3}{2}a,$$

$$\bar{y}_1 = \frac{3}{2}a, \quad \bar{y}_2 = \frac{3}{2}a,$$

$$\bar{z}_1 = a, \qquad \bar{z}_2 = \frac{3}{2}a. \quad (3.55)$$

Abb. 3.21 Quader mit Aussparung

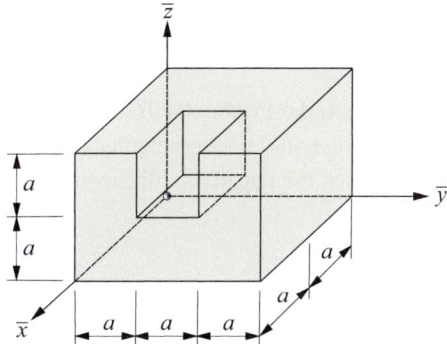

Wir erhalten dann die Koordinaten des Schwerpunkts als:

$$\bar{x}_V = \frac{\sum_{i=1}^{2} \bar{x}_i V_i}{\sum_{i=1}^{2} V_i} = \frac{a \cdot 12a^3 - \frac{3}{2}a \cdot a^3}{12a^3 - a^3} = \frac{21}{22}a,$$

$$\bar{y}_V = \frac{\sum_{i=1}^{2} \bar{y}_i V_i}{\sum_{i=1}^{2} V_i} = \frac{\frac{3}{2}a \cdot 12a^3 - \frac{3}{2}a \cdot a^3}{12a^3 - a^3} = \frac{3}{2}a,$$

$$\bar{z}_V = \frac{\sum_{i=1}^{2} \bar{z}_i V_i}{\sum_{i=1}^{2} V_i} = \frac{a \cdot 12a^3 - \frac{3}{2}a \cdot a^3}{12a^3 - a^3} = \frac{21}{22}a. \tag{3.56}$$

◀

3.7 Zusammengesetzte Flächen

Ganz analog zum vorhergehenden Abschnitt lassen sich auch Flächen behandeln, die aus einer Anzahl n von Teilflächen bestehen, deren Schwerpunktkoordinaten bekannt sind. Dann gilt für den Flächenschwerpunkt:

$$\bar{x}_S = \frac{\sum_{i=1}^{n} \bar{x}_i A_i}{\sum_{i=1}^{n} A_i}, \quad \bar{y}_S = \frac{\sum_{i=1}^{n} \bar{y}_i A_i}{\sum_{i=1}^{n} A_i}. \tag{3.57}$$

Hierin ist A_i die Fläche der Teilfläche i. In diesen Gleichungen können auch Flächen mit Ausschnitten oder Löchern berücksichtigt werden, indem die entsprechenden Ausschnitte wie Flächen mit negativen Flächeninhalten behandelt werden.

3.7 Zusammengesetzte Flächen

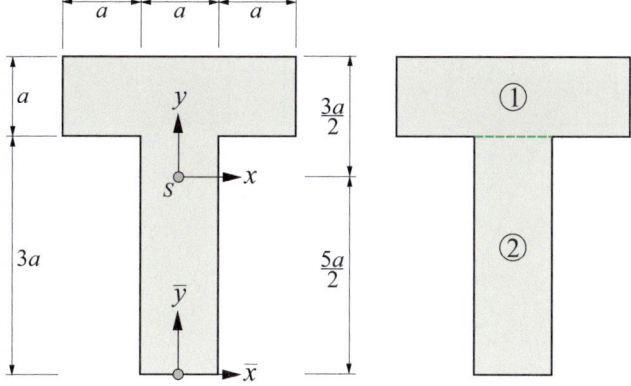

Abb. 3.22 Gegebene Fläche

Beispiel 3.11

Für die Fläche der Abb. 3.22 wird die Lage des Schwerpunkts gesucht.

Zur Lösung:

Zur Berechnung teilen wir die gegebene Fläche gedanklich in zwei Teilflächen $A_1 = 3a^2$ und $A_2 = 3a^2$ wie in Abb. 3.22, rechts, angedeutet. Wir führen ein Koordinatensystem $\bar{x}$ und $\bar{y}$ ein wie gezeigt und können aus der Symmetrie der Fläche direkt $\bar{x}_S = 0$ folgern, so dass der Schwerpunkt auf der $\bar{y}$-Achse liegt. Die Lagen $\bar{y}_1$ und $\bar{y}_2$ lassen sich folgern als $\bar{y}_1 = \frac{7}{2}a$ und $\bar{y}_2 = \frac{3}{2}a$. Dann ergibt sich die Lage des Schwerpunkts als:

$$\bar{x}_S = 0, \quad \bar{y}_S = \frac{\bar{y}_1 A_1 + \bar{y}_2 A_2}{A_1 + A_2} = \frac{\frac{7}{2}a \cdot 3a^2 + \frac{3}{2}a \cdot 3a^2}{3a^2 + 3a^2} = \frac{5}{2}a. \tag{3.58}$$

Der Schwerpunkt S ist mit dem Schwerpunktkoordinatensystem x, y in Abb. 3.22 eingezeichnet. ◂

Beispiel 3.12

Für die Fläche der Abb. 3.23 wird der Schwerpunkt gesucht.

Zur Lösung:

Wir teilen den Querschnitt in vier Teilflächen $A_1 = 80a^2$, $A_2 = 16a^2$, $A_3 = 16a^2$, $A_4 = 48a^2$ auf und legen ein Bezugssystem $\bar{x}$, $\bar{y}$ fest wie in Abb. 3.23 dargestellt.

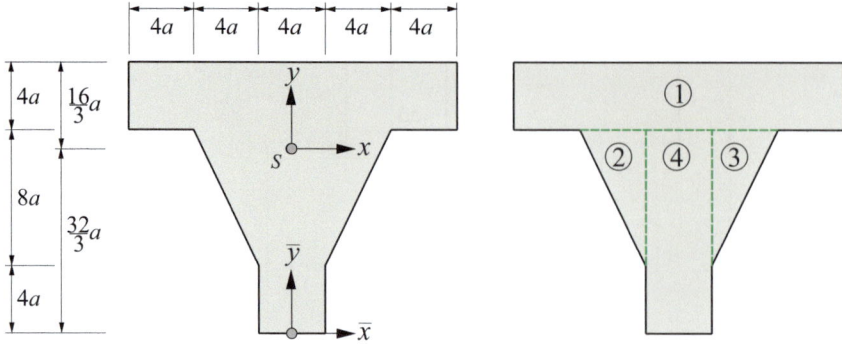

Abb. 3.23 Gegebene Fläche

Aufgrund der Symmetrie der Fläche folgt sofort $\bar{x}_S = 0$, so dass nur $\bar{y}_S$ rechnerisch zu ermitteln ist. Mit den Koordinaten $\bar{y}_1 = 14a$, $\bar{y}_2 = \frac{28}{3}a$, $\bar{y}_3 = \frac{28}{3}a$, $\bar{y}_4 = 6a$ folgt für die Schwerpunktlage:

$$\bar{x}_S = 0,$$

$$\bar{y}_S = \frac{\bar{y}_1 A_1 + \bar{y}_2 A_2 + \bar{y}_3 A_3 + \bar{y}_4 A_4}{A_1 + A_2 + A_3 + A_4}$$

$$= \frac{14a \cdot 80a^2 + \frac{28}{3}a \cdot 16a^2 + \frac{28}{3}a \cdot 16a^2 + 6a \cdot 48a^2}{80a^2 + 16a^2 + 16a^2 + 48a^2} = \frac{32}{3}a. \tag{3.59}$$

Der Schwerpunkt S ist mit dem Schwerpunktkoordinatensystem x, y in Abb. 3.23 eingezeichnet. ◂

Beispiel 3.13

Für die Fläche der Abb. 3.24 ist der Schwerpunkt zu ermitteln.

Zur Lösung:

Die Vollfläche A_1 weist den Flächeninhalt $A_1 = 5a \cdot 9a = 45a^2$ auf. Hiervon ist die Aussparung mit der Fläche $A_2 = -2a \cdot 4a = -8a^2$ abzuziehen. Die Schwerpunktlagen der beiden Teilflächen lauten $\bar{x}_1 = \frac{5}{2}a$, $\bar{x}_2 = 3a$ und $\bar{y}_1 = \frac{9}{2}a$, $\bar{y}_2 = 3a$. Damit lassen

3.7 Zusammengesetzte Flächen

Abb. 3.24 Gegebene Fläche

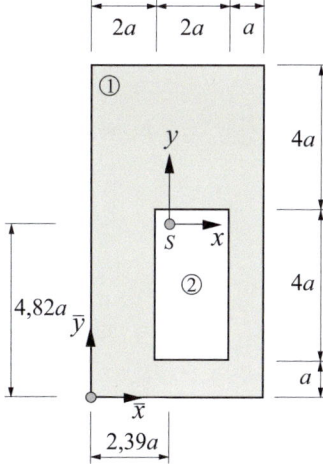

sich die Schwerpunktkoordinaten $\bar{x}_S$, $\bar{y}_S$ ermitteln als:

$$\bar{x}_S = \frac{\bar{x}_1 A_1 + \bar{x}_2 A_2}{A_1 + A_2} = \frac{\frac{5}{2}a \cdot 45a^2 - 3a \cdot 8a^2}{45a^2 - 8a^2} = 2{,}39a,$$

$$\bar{y}_S = \frac{\bar{y}_1 A_1 + \bar{y}_2 A_2}{A_1 + A_2} = \frac{\frac{9}{2}a \cdot 45a^2 - 3a \cdot 8a^2}{45a^2 - 8a^2} = 4{,}82a. \tag{3.60}$$

Der Schwerpunkt S ist mit den Schwerpunktachsen x, y in Abb. 3.24 dargestellt. ◄

Beispiel 3.14

Für die Fläche der Abb. 3.25 wird der Schwerpunkt gesucht.

Zur Lösung:

Wir teilen die Fläche in die beiden Teilflächen $A_1 = (a-t)t$ und $A_2 = at$ ein wie angedeutet. Die Schwerpunktlagen der Teilflächen lauten $\bar{x}_1 = \frac{1}{2}(a-t)$, $\bar{x}_2 = a - \frac{t}{2}$

Abb. 3.25 Gegebene Fläche

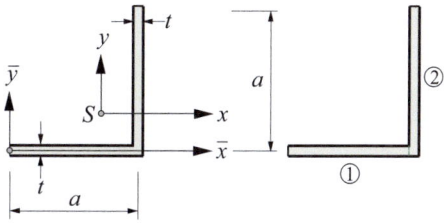

sowie $\bar{y}_1 = \frac{t}{2}$, $\bar{y}_2 = \frac{a}{2}$. Damit folgen die Koordinaten des Schwerpunkts S:

$$\bar{x}_S = \frac{\bar{x}_1 A_1 + \bar{x}_2 A_2}{A_1 + A_2} = \frac{\frac{1}{2}(a-t)(a-t)t + \left(a - \frac{t}{2}\right)at}{(a-t)t + at}$$

$$= \frac{3}{4}a \frac{1 - \frac{t}{a} + \frac{1}{3}\frac{t^2}{a^2}}{1 - \frac{1}{2}\frac{t}{a}},$$

$$\bar{y}_S = \frac{\bar{y}_1 A_1 + \bar{y}_2 A_2}{A_1 + A_2} = \frac{\frac{t}{2}(a-t)t + \frac{a}{2}at}{(a-t)t + at}$$

$$= \frac{1}{4}a \frac{1 + \frac{t}{a} - \frac{t^2}{a^2}}{1 - \frac{1}{2}\frac{t}{a}}. \tag{3.61}$$

Handelt es sich um einen Fläche mit $t \ll a$, dann ist der Ausdruck $\frac{t}{a}$ klein gegen 1, und die Terme $\frac{t}{a}$ und $\frac{t^2}{a^2}$ dürfen vernachlässigt werden. Es verbleibt dann:

$$\bar{x}_S = \frac{3}{4}a, \quad \bar{y}_S = \frac{1}{4}a. \tag{3.62}$$

◀

Abb. 3.26 beinhaltet die Schwerpunktlagen für einige technisch relevante Flächen, die z. B. typisch für Stab- und Balkenstrukturen sind.

Handelt es sich um eine Fläche mit $t \ll a$, so wie in Beispiel 3.14 behandelt, dann wird man eine solche Fläche rechnerisch anhand ihrer Skelettlinie betrachten, also anhand der derjenigen Linie, die die Dicke der Fläche an jeder Stelle halbiert. Dies ist eine typische Vorgehensweise für eine Vielzahl von dünnwandigen Stab- und Balkenquerschnitten. Einige beispielhafte dünnwandige Querschnitte sind in Abb. 3.27 gezeigt. Wir betrachten das obige Beispiel erneut und unterstellen Dünnwandigkeit, so dass $t \ll a$ gilt (Abb. 3.28). Für die beiden Teilflächen gilt $A_1 = A_2 = at$, und die Koordinaten der Schwerpunkte der Teilflächen lauten $\bar{x}_1 = \frac{a}{2}$, $\bar{x}_2 = a$ sowie $\bar{y}_1 = 0$, $\bar{y}_2 = \frac{a}{2}$. Dann kann die Lage des Schwerpunkts S ermittelt werden als:

$$\bar{x}_S = \frac{\bar{x}_1 A_1 + \bar{x}_2 A_2}{A_1 + A_2} = \frac{\frac{a}{2} \cdot at + a \cdot at}{at + at} = \frac{3}{4}a,$$

$$\bar{y}_S = \frac{\bar{y}_1 A_1 + \bar{y}_2 A_2}{A_1 + A_2} = \frac{0 \cdot at + \frac{a}{2} \cdot at}{at + at} = \frac{1}{4}a. \tag{3.63}$$

Dieses Ergebnis stimmt mit Gl. (3.62) überein.

3.7 Zusammengesetzte Flächen

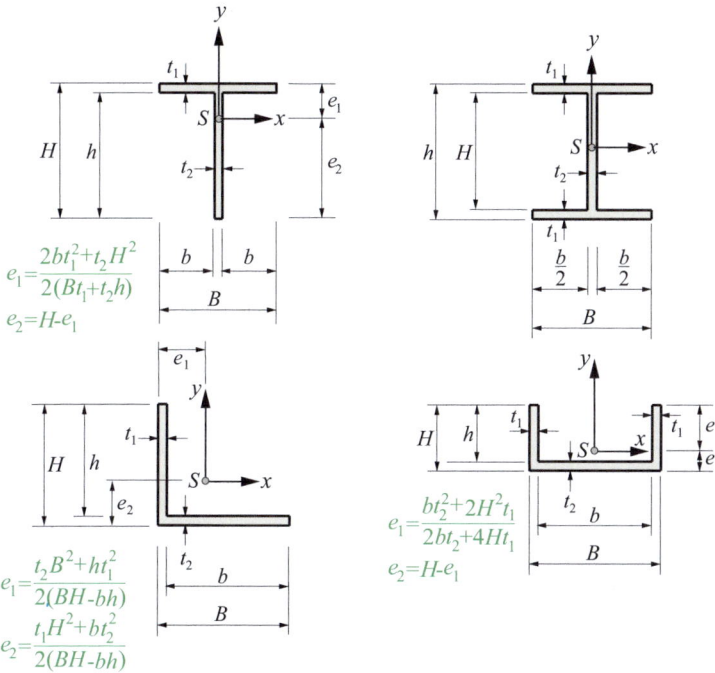

Abb. 3.26 Schwerpunktlagen für technisch relevante zusammengesetzte Flächen

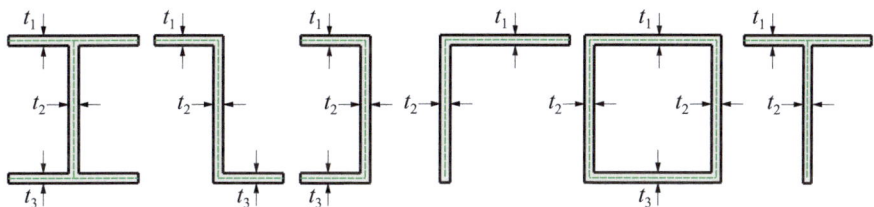

Abb. 3.27 Dünnwandige Querschnitte

Abb. 3.28 Gegebene dünnwandige Fläche

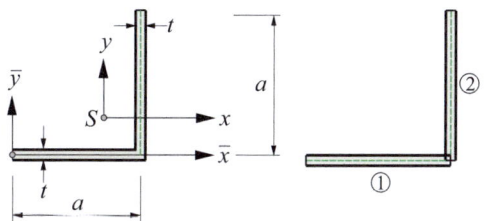

Abb. 3.29 Dünnwandiger Z-Querschnitt

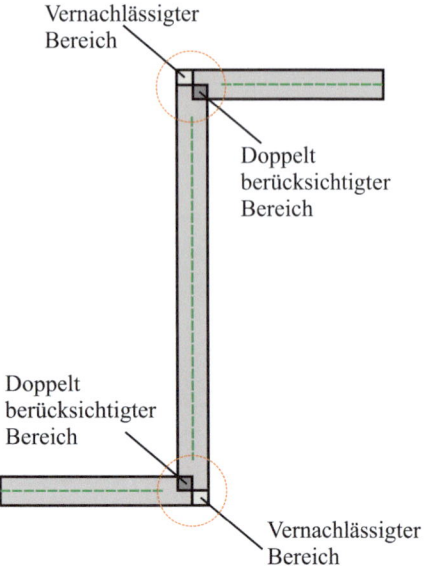

Orientiert man sich bei der Ermittlung des Schwerpunkts eines dünnwandigen Querschnitts strikt an der Skelettlinie, dann werden sich, so wie in Abb. 3.29 anhand eines Z-Querschnitts gezeigt, an Übergangsstellen zwischen Teilegmenten Bereiche ergeben, die in der Berechnung überhaupt nicht berücksichtigt werden, aber auch Bereiche, die doppelt in die Berechnung eingehen. Am Beispiel des gezeigten Z-Querschnitts sind das die Berührungspunkte der horizontalen Segmente mit dem vertikalen Segment des Querschnitts. Offenbar ergibt sich hier jeweils ein kleiner Teilbereich, der in die Berechnung doppelt eingeht, aber auch jeweils ein kleiner Teilbereich, der keine Berücksichtigung findet. Dieser Fehler ist unumgänglich, wenn man eine solche Fläche gedanklich als eine Gruppe von Flächen behandelt und sich an der Skelettlinie orientiert. Allerdings zeigt die Erfahrung, dass der so begangene Fehler in einem hinnehmbaren Rahmen bleibt, wenn es sich um sehr dünnwandige Querschnitte handelt.

Beispiel 3.15

Für den in Abb. 3.30 gezeigten dünnwandigen Querschnitt wird die Lage des Schwerpunkts S gesucht.

Zur Lösung:

Wir orientieren uns bei der Behandlung des gegebenen dünnwandigen Querschnitts anhand der Skelettlinie und nehmen eine Einteilung wie in Abb. 3.30, unten, gezeigt vor. Die Schwerpunktkoordinate $\bar{x}_S$ ergibt sich als $\bar{x}_S = 0$ aufgrund der Symmetrie des

3.8 Zusammengesetzte Linien

Abb. 3.30 Dünnwandiger Querschnitt

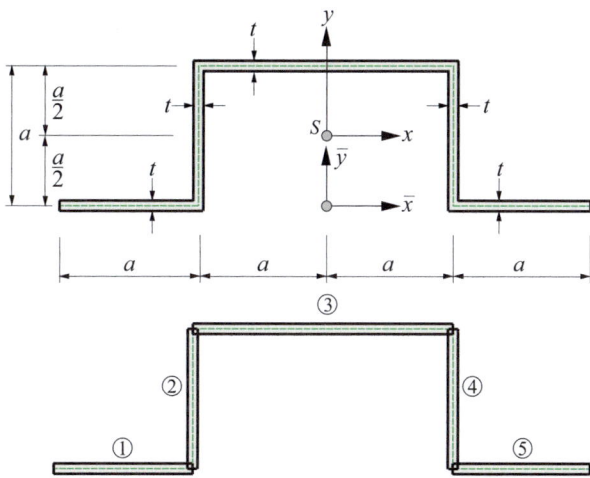

Querschnitts. Mit den Teilflächen $A_1 = A_2 = A_4 = A_5 = at$, $A_3 = 2at$ sowie den Koordinaten $\bar{y}_1 = \bar{y}_5 = 0$, $\bar{y}_2 = \bar{y}_4 = \frac{a}{2}$, $\bar{y}_3 = a$ folgt die Schwerpunktkoordinate $\bar{y}_S$ als:

$$\bar{y}_S = \frac{\bar{y}_1 A_1 + \bar{y}_2 A_2 + \bar{y}_3 A_3 + \bar{y}_4 A_4 + \bar{y}_5 A_5}{A_1 + A_2 + A_3 + A_4 + A_5} = \frac{1}{2}a. \tag{3.64}$$

◂

3.8 Zusammengesetzte Linien

Auf ähnliche Art und Weise wie in den vorhergehenden Abschnitten können auch linienhafte Körper behandelt werden, die sich aus einzelnen Teilsegmenten zusammensetzen. Dann gilt für den Linienschwerpunkt:

$$\bar{x}_L = \frac{\sum_{i=1}^{n} \bar{x}_i l_i}{\sum_{i=1}^{n} l_i}, \quad \bar{y}_L = \frac{\sum_{i=1}^{n} \bar{y}_i l_i}{\sum_{i=1}^{n} l_i}, \quad \bar{z}_L = \frac{\sum_{i=1}^{n} \bar{z}_i l_i}{\sum_{i=1}^{n} l_i}. \tag{3.65}$$

Dabei ist l_i die Länge der Teillinie i.

Als Anwendung betrachten wir erneut dünnwandige Querschnitte mit $t \ll a$. Ist die Wanddicke in jedem Teilsegment eines dünnwandigen Querschnitts identisch mit dem Wert t, dann darf der Schwerpunkt S als Linienschwerpunkt ermittelt werden. Für den Querschnitt der Abb. 3.28 ist diese Vorgehensweise zulässig, und wir teilen den Querschnitt gedanklich in zwei Linien der Längen $l_1 = l_2 = a$ ein (Abb. 3.31). Mit $\bar{x}_1 = \frac{a}{2}$, $\bar{x}_2 = a$ sowie $\bar{y}_1 = 0$, $\bar{y}_2 = \frac{a}{2}$ folgt dann für die Schwerpunktkoordinaten $\bar{x}_L, \bar{y}_L$:

$$\bar{x}_L = \frac{\bar{x}_1 l_1 + \bar{x}_2 l_2}{l_1 + l_2} = \frac{\frac{3}{2}a^2}{2a} = \frac{3}{4}a,$$

$$\bar{y}_L = \frac{\bar{y}_1 l_1 + \bar{y}_2 l_2}{l_1 + l_2} = \frac{\frac{1}{2}a^2}{2a} = \frac{1}{4}a. \tag{3.66}$$

Abb. 3.31 Dünnwandiger Querschnitt

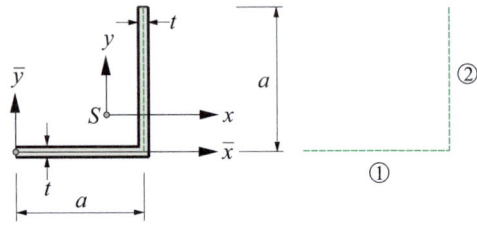

Auflagerreaktionen 4

In diesem Kapitel gehen wir darauf ein, wie man an statischen Systemen die Reaktionskräfte und -momente, also die Lagerreaktionen bestimmen kann. Nach einigen einführenden Bemerkungen betrachten wir einteilige sowie mehrteilige Systeme und gehen zum Abschluß des Kapitels auf räumliche Strukturen ein.

4.1 Grundlegendes

Bauteile sind durch geeignete Lagerungen mit angrenzenden Bauteilen oder Strukturen verbunden, und in diesen Lagerungen entstehen unter Belastungen je nach Art der Lagerung Kräfte und/oder Momente, die wir unter dem Begriff der Auflagerreaktionen zusammenfassen und die neben der Geometrie des Bauteils und der Art der Belastung auch von der Beschaffenheit der Lagerung, also der Lagerungsart abhängen. Wir wollen uns in diesem Kapitel auf die Betrachtung von Stäben und Balken beschränken, also solcher Bauteile, deren Querschnittsabmessungen sehr klein gegenüber ihrer Länge sind und die derart belastet werden, dass sie entweder nur in Richtung ihrer Achse beansprucht werden (sog. Stab) oder senkrecht dazu (sog. Balken). Liegt ein gekrümmter Balken vor, dann sprechen wir von einem Bogenträger, und handelt es sich um ein abgewinkeltes Balkenbauteil, dann wird dies häufig als Rahmen bezeichnet. All diesen Klassen von Strukturen ist gemein, dass sie geeignet gelagert werden müssen, damit sie ihre Funktion erfüllen können. Ein Bauteil weist im Raum ohne Lagerung sechs Bewegungsmöglichkeiten auf, es können drei Translationen in die drei Raumrichtungen x, y, z auftreten sowie drei Rotationen um die drei Bezugsachsen. Bauteile sind daher durch Lagerungen in ihren Bewegungsmöglichkeiten einzuschränken.

Ein sehr einfaches Beispiel für ein gelagertes Bauteil ist in der Abb. 4.1 gezeigt, in der ein balkenartiges Bauteil unter Einzelkräften $F_1, F_2, \ldots, F_n$ und Einzelmomenten $M_1, M_2, \ldots, M_n$ dargestellt ist. Der Balken ruht auf zwei Stützen, und die Berührungspunkte zwischen Balken und Stützen seien als A und B bezeichnet. Wir schneiden den

Abb. 4.1 Balken auf zwei Stützen (*oben*), Freikörperbild (*unten*)

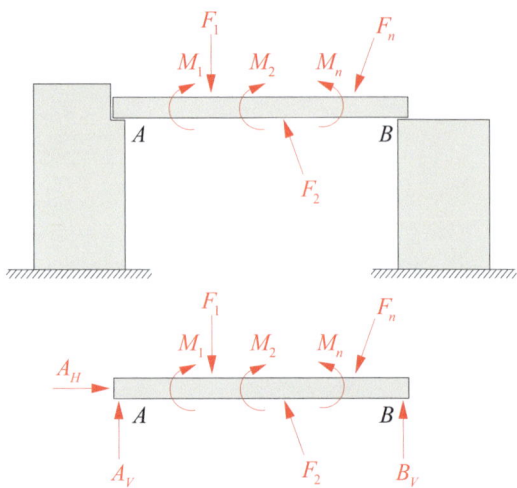

Balken frei so wie in Abb. 4.1, unten, gezeigt und setzen im so entstandenen Freikörperbild die Auflagerreaktionen, hier die beiden vertikalen Auflagerkräfte A_V und B_V frei, wobei es sehr üblich ist, die so freigesetzten Auflagerreaktionen nach ihren Lagerpunkten zu bezeichnen. Die Indizes V geben dabei an, dass es sich um vertikale Auflagerreaktionen handelt. Außerdem wird am Lagerpunkt A ebenfalls eine horizontale Auflagerkraft A_H auftreten, wobei der Index H die horizontale Wirkrichtung dieser Auflagerkraft andeutet. Die hier auftretenden Auflagerkräfte A_V, A_H, B_V ergeben sich anschaulich deshalb, weil der Balken an den beiden Punkten A und B durch die Lagerung auf den beiden Stützen an Bewegungen in Form von Translationen in vertikaler und horizontaler Richtung gehindert wird.

Ein weiteres Beispiel sei ein Kragbalken, der an seinem rechten Ende frei und an seinem linken Ende A fest in einer Wand eingespannt sei (Abb. 4.2). Bei einer solchen Lagerung treten nun nicht nur die beiden Auflagerkräfte A_V und A_H auf, sondern ebenfalls ein Auflagermoment, das sog. Einspannmoment M_A. Anschaulich ergibt sich das Einspannmoment M_A daraus, dass der Balken an der Einspannung A an einer Rotation in seiner Ebene gehindert wird.

Allen Arten von Lagerungen ist gemein, dass sie den betrachteten Stab oder Balken in seinen Bewegungsmöglichkeiten einschränken. Wir wollen uns eingangs zunächst auf solche einteiligen Stäbe und Balken beschränken, die nur in ihrer Ebene belastet sind. Mehrteilige sowie dreidimensionale Strukturen behandeln wir an späterer Stelle. Liegt keinerlei Lagerung vor, dann hat ein Bauteil in der Ebene drei Bewegungsmöglichkeiten, nämlich zum einen zwei Translationen in der Ebene sowie eine Rotation um eine Achse, die orthogonal zur Ebene orientiert ist. Liegt eine Lagerung vor, so werden diese Bewegungsmöglichkeiten eingeschränkt, und es werden Lagerreaktionen hervorgerufen, so wie schon in den Abb. 4.1 und 4.2 gezeigt. Betrachten wir noch einmal den Balken der Abb. 4.1, so zeigt es sich, dass die beiden Stützen die beiden Translationen in horizontaler

4.1 Grundlegendes

Abb. 4.2 Kragbalken (*oben*), Freikörperbild (*unten*)

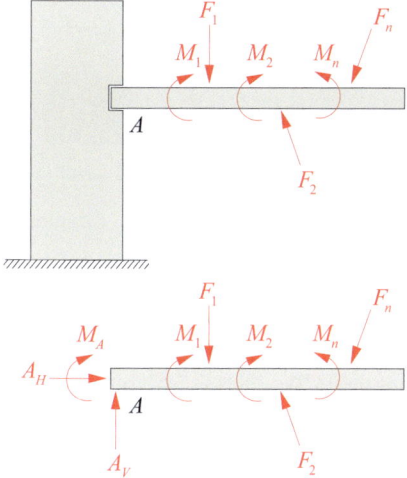

und vertikaler Richtung behindern. Als Reaktion darauf entstehen in den Lagerpunkten die gezeigten Auflagerkräfte. Analog gilt dies für den Kragarm der Abb. 4.2, bei dem nun neben den beiden Translationen auch die Rotation in der Ebene behindert wird, was als Reaktion die beiden gezeigten Auflagerkräfte sowie das gezeigte Auflagermoment hervorruft. Allgemein gilt, dass die Anzahl f der Freiheitsgrade eines Körpers in der Ebene $f = 3$ beträgt, wenn keinerlei Lagerung vorliegt. Sei nun r die Anzahl der Lagerreaktionen. Dann ist die Anzahl der Freiheitsgrade definiert als $f = 3 - r$. An den Beispielen der Abb. 4.1 und 4.2 gilt jeweils $f = 3 - 3 = 0$, d. h. der Balken kann sich weder verschieben noch ist eine Rotation möglich. Hierbei müsste die horizontale Unverschieblichkeit in beiden Fällen durch eine geeignete konstruktive Ausbildung der Lagerpunkte gewährleistet werden. Außerdem müsste man im Falle des Balkens der Abb. 4.1 dem Abheben des Balkens in vertikaler Richtung durch eine geeignete konstruktive Ausbildung der Lagerpunkte A und B vorbeugen.

Auflager werden nach i. Allg. nach der Anzahl der durch sie hervorgerufenen Lagerreaktionen klassifiziert. Als einwertiges Auflager (Abb. 4.3) bezeichnen wir Auflager, die in einer Richtung verschieblich sind und die eine Rotation des Balkens erlauben und in denen folglich nur eine einzelne Auflagerkraft ($r = 1$) auftritt. Beispiele für einwertige Auflager sind Rollenlager (Abb. 4.3, links oben), Schienenlagerungen (Abb. 4.3, Mitte oben) oder Lagerungen durch Pendelstäbe (Abb. 4.3, rechts oben). Ihnen allen ist gemein, dass sie durch das in Abb. 4.3, links unten, dargestellte Symbol repräsentiert werden und eine vertikale Auflagerkraft A_V im Auflagerpunkt A hervorrufen. Ein solches einwertiges Auflager verhindert eine Translation des Balkens in vertikaler Richtung, wohingegen eine horizontale Translation und eine Rotation in der Ebene nach wie vor möglich sind. Ggf. muss bei einem solchen einwertigen Auflager das Abheben des Auflagerpunkts durch eine geeignete Konstruktion vorgebeugt werden.

Abb. 4.3 Einwertige Auflager (*oben*), verwendetes Symbol und Auflagerkraft (*unten*)

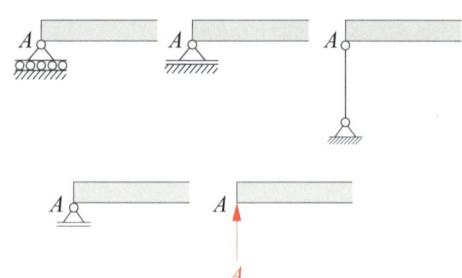

Bei einem zweiwertigen Auflager handelt es sich um ein Auflager, das sowohl die vertikale Translation als auch die horizontale Translation unterbindet, bei dem aber eine Rotation in der Ebene nach wie vor möglich ist. Ein solches Auflager wird durch das in Abb. 4.4, links, dargestellte Symbol repräsentiert, und es treten hier im Lagerpunkt A die beiden Auflagerkräfte A_V und A_H in vertikaler und horizontaler Richtung auf (Abb. 4.4, rechts), d. h. es gilt $r = 2$. Da die Rotation des Balkens in seiner Ebene durch ein solches zweiwertiges Auflager nicht behindert wird, tritt kein Lagermoment auf.

Die sog. Schiebehülse ist ein Spezialfall eines zweiwertigen Auflagers (Abb. 4.5, links), bei dem eine horizontale Verschieblichkeit gegeben ist, aber die Translation in vertikaler Richtung sowie die Rotation in der Ebene ausgeschlossen sind. Entsprechend treten hier eine vertikale Auflagerkraft A_V und ein Auflagermoment M_A auf (Abb. 4.5, rechts).

Ein weiterer Spezialfall eines zweiwertigen Auflagers ist die sog. Parallelführung (Abb. 4.6, links). Hier sind sowohl die horizontale Verschiebung als auch die Rotation in der Ebene behindert, so dass als Auflagerreaktionen die horizontale Auflagerkraft A_H und das Auflagermoment M_A auftreten (Abb. 4.6, rechts).

Eine Einspannung (Abb. 4.7, links) ist ein dreiwertiges Auflager ($r = 3$), bei dem neben den beiden Translationen auch die Rotation in der Ebene unterbunden ist. Entsprechend

Abb. 4.4 Zweiwertiges Auflager (*links*), Auflagerkräfte (*rechts*)

Abb. 4.5 Schiebehülse (*links*), Auflagerreaktionen (*rechts*)

Abb. 4.6 Parallelführung (*links*), Auflagerreaktionen (*rechts*)

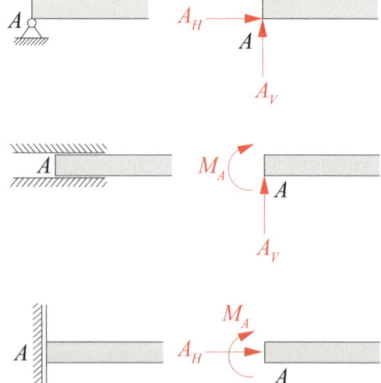

4.1 Grundlegendes

Abb. 4.7 Einspannung (*links*), Auflagerreaktionen (*rechts*)

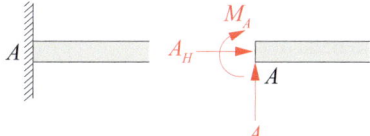

tritt neben den beiden Auflagerkräften A_V und A_H auch das Lagermoment bzw. das Einspannmoment M_A auf (Abb. 4.7, rechts).

Die Ermittlung von Auflagerreaktionen, also von Auflagerkräften und Auflagermomenten, ist eine wichtige Aufgabe für Ingenieur*innen, die für die Auslegung von Stäben und Balken im Allgemeinen und den Lagerpunkten im Speziellen notwendig ist. Wir befassen uns in diesem Kapitel damit, wie man Auflagerreaktionen von Stäben und Balken sowie in mehrteiligen Systemen ermitteln kann.

Eine wichtige Begrifflichkeit, die an dieser Stelle zu beleuchten ist, ist die sog. statische Bestimmtheit. Eine Struktur wird dann als statisch bestimmt gelagert bezeichnet, wenn sich ihre Lagerreaktionen aus den drei ebenen Gleichgewichtsbedingungen ermitteln lassen. Das bedeutet, dass in der Ebene maximal drei unbekannte Lagerreaktionen auftreten dürfen. Die Balken der Abbildungen 4.1 und 4.2 sind demnach statisch bestimmt gelagert: In beiden Fällen treten drei Auflagerreaktionen A_V, A_H, B_V bzw. A_V, A_H, M_A auf, die sich aus den Gleichgewichtsbedingungen ermitteln lassen. Beide Balken sind in ihrer Bewegung vollständig eingeschränkt, es gilt $f = 3 - r = 3 - 3 = 0$. Allgemein lässt sich aussagen, dass eine Struktur genau dann statisch bestimmt gelagert ist, wenn genau drei Lagerreaktionen auftreten und die Struktur unbeweglich gelagert ist, wobei die Lagerreaktionen entweder drei nichtzentrale Kräfte sind, die nicht alle parallel zueinander sind, oder zwei Kräfte und ein Moment, wobei die Kräfte nicht parallel zueinander sind. Dass es hierzu aber auch Ausnahmen gibt verdeutlicht die Abb. 4.8, in der ein Balken auf drei einwertigen Auflagern gezeigt ist. An diesem Balken werden die drei vertikal gerichteten Auflagerkräfte A_V, B_V und C_V auftreten, die sich trotz $f = 3 - r = 3 - 3 = 0$ nicht aus den Gleichgewichtsbedingungen ermitteln lassen, denn die Summe der horizontalen Kräfte lässt sich nicht erfüllen. Zudem ist dieser Balken verschieblich, wie man

Abb. 4.8 Balken auf drei einwertigen Auflagern (*oben*), Freikörperbild (*unten*)

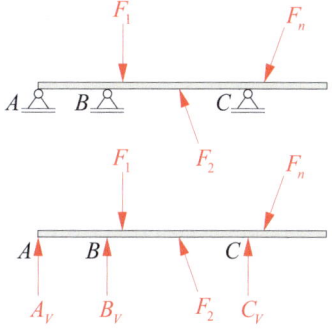

Abb. 4.9 Statisch unbestimmte Balken

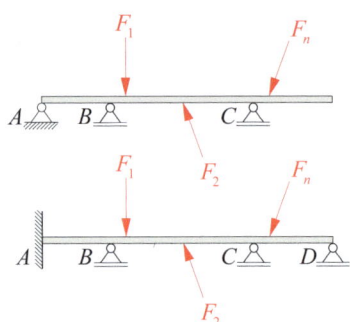

sich direkt anschaulich klarmachen kann: Die horizontalen Komponenten der angreifenden Kräfte werden den Balken horizontal verschieben. Eine solche Konstruktion ist für die Anwendung untauglich und muss zwingend vermieden werden. Von der Beweglichkeit eines Systems kann man sich z. B. überzeugen, indem ein sog. Polplan angefertigt wird (s. Abschn. 7.4). Lässt sich ein Polplan widerspruchsfrei anfertigen, dann liegt ein verschiebliches System vor, und die Konstruktion ist unbrauchbar.

Liegt hingegen der Fall vor, dass eine Struktur über mehr Auflagerreaktionen verfügt als Gleichgewichtsbedingungen vorliegen, so spricht man von einer statisch unbestimmten Lagerung. Die Abb. 4.9 zeigt dazu zwei Beispiele. Für den Balken der Abb. 4.9, oben, gilt $r = 4$, d. h. es tritt eine Auflagerkraft mehr auf als sich aus den Gleichgewichtsbedingungen ermitteln lassen. Man sagt dann, dass ein solcher Balken einfach statisch unbestimmt gelagert ist. Für den Balken der Abb. 4.9, unten, hingegen gilt $r = 6$, so dass man auch von einem dreifach statisch unbestimmt gelagerten System spricht. Auf die Behandlung statisch unbestimmter Systeme werden wir in diesem Buch nicht eingehen, dieses Thema wird in Band 2 in den Abschnitten 3.1.3 und 3.2.2 sowie 5.3 und 5.5.3 und in Kapitel 8 ausführlich aufgegriffen.

4.2 Ermittlung von Lagerreaktionen

Um die Lagerreaktionen eines Stabs oder Balkens zu bestimmen schneiden wir die betrachtete Struktur an den Lagerpunkten frei und setzen damit im so entstehenden Freikörperbild die Auflagerreaktionen frei. Ein Beispiel dafür ist in Abb. 4.10 gezeigt. Gegeben sei ein Balken der Länge l, der an seinem linken Ende zweiwertig und an seinem rechten Ende einwertig gelagert sei. Der Balken werde durch eine vertikale Einzelkraft F in seiner Mitte belastet. Wir schneiden nun den Balken frei und setzen damit die Auflagerkräfte A_V, A_H und B_V frei wie in Abb. 4.10, unten, gezeigt. Die Wahl der Wirkrichtungen der Auflagerreaktionen ist dabei völlig beliebig. Hier haben wir zum Beispiel die Auflagerkraft A_V als positiv nach oben wirkend angenommen. Das Berechnungsergebnis wird dann später zeigen, ob diese Annahme richtig war. Wenn sich A_V positiv ergibt, dann weist diese

4.2 Ermittlung von Lagerreaktionen

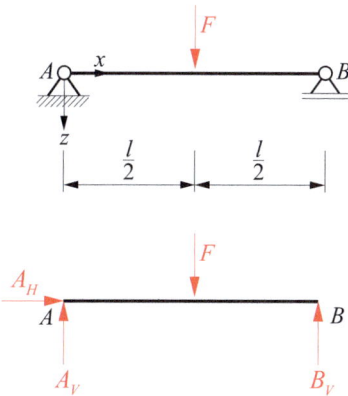

Abb. 4.10 Balken auf zwei Stützen (*oben*), Freikörperbild (*unten*)

Auflagerkraft auch tatsächlich nach oben, ergibt sich hingegen ein negatives Vorzeichen, dann weist diese Auflagerkraft in Wirklichkeit nach unten. Am so freigeschnittenen Balken werden dann die Gleichgewichtsbedingungen in der Ebene formuliert. Diese sind die Summe der horizontalen Kräfte und der vertikalen Kräfte sowie die Summe der Momente bezüglich eines ausgewählten Punkts. Am Beispiel folgt:

$$\overrightarrow{\sum} H = 0: \quad A_H = 0. \tag{4.1}$$

Die horizontale Auflagerkraft A_H ist demnach identisch Null, was sich auch sofort mit der Anschauung vereinbaren lässt, denn es liegt keinerlei horizontale Belastung an.

Die Summe der vertikalen Kräfte ergibt:

$$\overset{\uparrow}{\sum} V = 0: \quad A_V + B_V - F = 0. \tag{4.2}$$

In dieser Gleichung tauchen offenbar zwei noch unbekannte Auflagerkräfte auf, so dass wir diese Gleichung vorerst nicht weiter betrachten, aber an späterer Stelle noch benötigen.

Die Summe der Momente bezüglich des Auflagers A folgt zu:

$$\overset{\frown}{\sum} M_A = 0: \quad B_V \cdot l - F \cdot \frac{l}{2} = 0. \tag{4.3}$$

In dieser Gleichung taucht nur die Auflagerkraft B_V auf, so dass sich diese Gleichung direkt nach B_V auflösen lässt. Es folgt:

$$B_V = \frac{F}{2}. \tag{4.4}$$

Demnach trägt das rechte Auflager B genau die Hälfte der angreifenden Kraft F. Aus Gl. (4.2) kann dann mit bekannter Auflagerkraft B_V auch umgehend die Auflagerkraft A_V

bestimmt werden, und es folgt:

$$A_V = \frac{F}{2}. \tag{4.5}$$

Demnach trägt auch das linke Auflager A genau die Hälfte der angreifenden Kraft F. Das Ergebnis $A_V = B_V = \frac{F}{2}$ lässt sich an diesem elementar einfachen Beispiel auch sehr gut mit der Anschauung vereinbaren: Bei genau mittigem Kraftangriff tragen beide Auflager genau jeweils die Hälfte der Kraft F.

Die Summe der Momente bezüglich des Auflagerpunkts B kann abschließend als Rechenprobe herangezogen werden:

$$\overset{\curvearrowleft}{\sum} M_B = 0: \quad A_V \cdot l - F \cdot \frac{l}{2} = 0. \tag{4.6}$$

Mit $A_V = \frac{F}{2}$ ist diese Gleichung offenbar identisch erfüllt.

Beispiel 4.1

Für den Balken der Abb. 4.11 werden die Auflagerreaktionen gesucht.

Zur Lösung:

Wir schneiden den Balken frei und tragen die Auflagerreaktionen A_H, A_V und B_V an wie in Abb. 4.11, unten, gezeigt. Aus der Summe der horizontalen Kräfte folgt:

$$\overset{\rightarrow}{\sum} H = 0: \quad A_H = 0. \tag{4.7}$$

Die Summe der Momente bezüglich des Auflagers A ergibt:

$$\overset{\curvearrowleft}{\sum} M_A = 0: \quad B_V(l_1 + l_2) - F l_1 = 0 \quad \rightarrow \quad B_V = F \frac{l_1}{l_1 + l_2}. \tag{4.8}$$

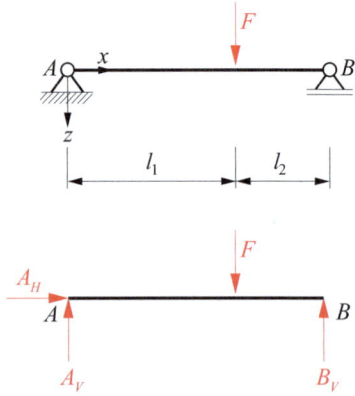

Abb. 4.11 Balken auf zwei Stützen (*oben*), Freikörperbild (*unten*)

4.2 Ermittlung von Lagerreaktionen

Die Auflagerkraft A_V folgt dann aus der Summe der Momente um den Auflagerpunkt B:

$$\overset{\curvearrowleft}{\sum} M_B = 0: \quad A_V(l_1 + l_2) - Fl_2 = 0 \quad \rightarrow \quad A_V = F\frac{l_2}{l_1 + l_2}. \tag{4.9}$$

Wir nutzen nun noch abschließend die Summe der vertikalen Kräfte zur Überprüfung unserer Ergebnisse. Es folgt:

$$\overset{\uparrow}{\sum} V = 0: \quad A_V + B_V - F = 0 \quad \rightarrow \quad F\frac{l_2}{l_1 + l_2} + F\frac{l_1}{l_1 + l_2} - F = 0. \tag{4.10}$$

Offenbar ist diese Gleichung erfüllt. ◂

Beispiel 4.2

Gegeben sei ein Kragarm der Länge l, der durch mehrere Einzelkräfte belastet werde (Abb. 4.12). Gesucht werden die Auflagerreaktionen.

Zur Lösung:

Wir ermitteln die Auflagerreaktionen in der Einspannung A und betrachten das Freikörperbild der Abb. 4.12, unten, in dem wir die Auflagerreaktionen A_H, A_V und M_A freigeschnitten und die unter dem Winkel von 45° wirkende Kraft F mit $\sin 45° = \cos 45° = \frac{1}{\sqrt{2}}$ in ihre horizontale und vertikale Komponenten zerlegt haben. Die Gleich-

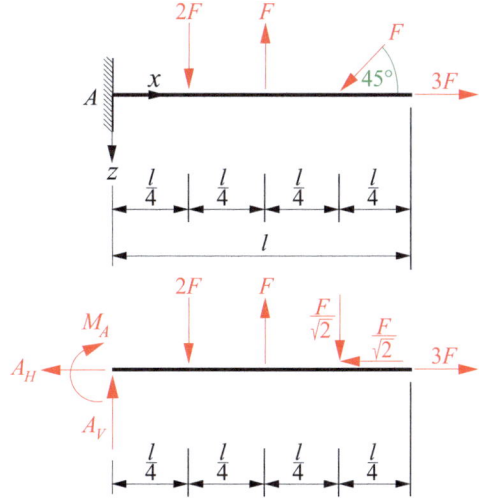

Abb. 4.12 Kragarm (*oben*), Freikörperbild (*unten*)

gewichtsbedingungen lauten hier:

$$\overset{\leftarrow}{\sum} H = 0: \quad A_H + \frac{F}{\sqrt{2}} - 3F = 0 \quad \rightarrow \quad A_H = \left(3 - \frac{1}{\sqrt{2}}\right)F,$$

$$\overset{\uparrow}{\sum} V = 0: \quad A_V - 2F + F - \frac{F}{\sqrt{2}} = 0 \quad \rightarrow \quad A_V = \left(1 + \frac{1}{\sqrt{2}}\right)F,$$

$$\overset{\curvearrowright}{\sum} M_A = 0: \quad M_A + 2F \cdot \frac{l}{4} - F \cdot \frac{l}{2} + \frac{F}{\sqrt{2}} \cdot \frac{3l}{4} = 0 \quad \rightarrow \quad M_A = -\frac{3Fl}{4\sqrt{2}}. \tag{4.11}$$

◀

Beispiel 4.3

Wir betrachten das Beispiel der Abb. 4.13. Gegeben sei ein gelenkig gelagerter Balken der Länge l (Teillängen l_1 und l_2), der durch ein Einzelmoment M_0 belastet werde. Gesucht werden die Auflagerkräfte.

Zur Lösung:

Die Auflagerreaktionen lassen sich am Freikörperbild der Abb. 4.13, unten, ermitteln. Es folgt:

$$\overset{\rightarrow}{\sum} H = 0: \quad A_H = 0,$$

$$\overset{\curvearrowright}{\sum} M_B = 0: \quad A_V l - M_0 = 0 \quad \rightarrow \quad A_V = \frac{M_0}{l},$$

$$\overset{\curvearrowleft}{\sum} M_A = 0: \quad B_V l + M_0 = 0 \quad \rightarrow \quad B_V = -\frac{M_0}{l}. \tag{4.12}$$

Offenbar sind die Auflagerkräfte A_V und B_V unabhängig vom Ort des Angriffspunkts des Moments. Das Vorzeichen der Auflagerkraft B_V zeigt außerdem an, dass diese Kraft tatsächlich genau andersherum gerichtet ist als eingangs angenommen wurde. ◀

Abb. 4.13 Balken unter Einzelmoment M_0

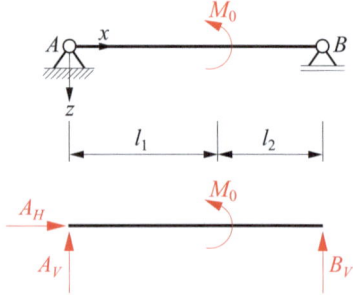

4.2 Ermittlung von Lagerreaktionen

Abb. 4.14 Balken unter Gleichstreckenlast q_0

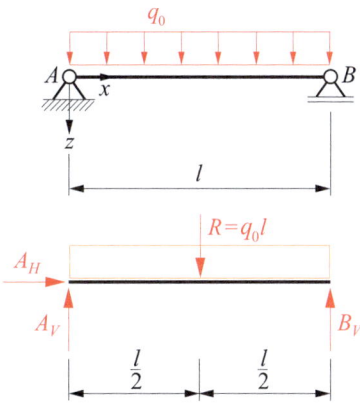

Beispiel 4.4

Betrachtet werde ein Balken der Länge l auf zwei Stützen unter der Gleichstreckenlast q_0 (Abb. 4.14). Gesucht werden die Auflagerreaktionen.

Zur Lösung:

Wir schneiden den Balken an den Auflagerpunkten A und B frei und zeichnen die Auflagerkräfte A_H, A_V und B_V sowie die Resultierende $R = q_0 l$ der Gleichstreckenlast im so entstehenden Freikörperbild ein (Abb. 4.14, unten). Die Summe der Momente bezüglich des Auflagers A ergibt:

$$\overset{\curvearrowleft}{\sum} M_A = 0: \quad B_V \cdot l - R \cdot \frac{l}{2} = 0 \quad \rightarrow \quad B_V = \frac{q_0 l}{2}. \tag{4.13}$$

Aus der Summe der vertikalen Kräfte folgt dann die Auflagerkraft A_V:

$$\overset{\uparrow}{\sum} V = 0: \quad A_V + B_V - R = 0 \quad \rightarrow \quad A_V = \frac{q_0 l}{2}. \tag{4.14}$$

Die Auflagerkraft A_H ist für dieses Beispiel identisch Null, es liegt keinerlei Belastung in horizontaler Richtung vor. ◄

Beispiel 4.5

Gegeben sei ein Balken der Länge l auf zwei Stützen unter der linear verlaufenden Streckenlast $q(x) = q_0 \frac{x}{l}$. Gesucht werden die Auflagerkräfte.

Zur Lösung:

Wir schneiden den Balken an den Auflagern A und B frei. Die so freigesetzten Auflagerkräfte A_H, A_V und B_V sowie die Resultierende $R = \frac{1}{2} q_0 l$ der Streckenlast sind im

Abb. 4.15 Balken unter linear verteilter Streckenlast $q = q_0 \frac{x}{l}$

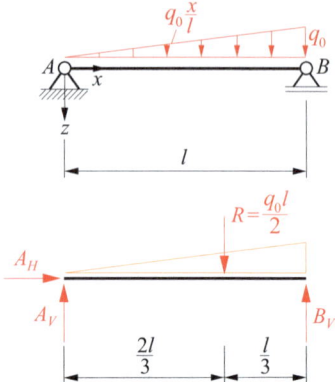

Freikörperbild der Abb. 4.15, unten, angetragen. Aus der Summe der Momente bezüglich des Auflagers A folgt die Auflagerkraft B_V:

$$\stackrel{\curvearrowleft}{\sum} M_A = 0: \quad B_V \cdot l - R \cdot \frac{2l}{3} = 0 \quad \to \quad B_V = \frac{q_0 l}{3}. \tag{4.15}$$

Aus der Summe der vertikalen Kräfte kann die Auflagerkraft A_V bestimmt werden:

$$\stackrel{\uparrow}{\sum} V = 0: \quad A_V + B_V - R = 0 \quad \to \quad A_V = \frac{q_0 l}{6}. \tag{4.16}$$

Die Auflagerkraft A_H folgt zu Null. ◀

Beispiel 4.6

Für den abgewinkelten Balken der Abb. 4.16 werden die Auflagerkräfte gesucht.

Zur Lösung:

Wir schneiden den Balken an den Auflagerpunkten A und B frei und bilden außerdem die Resultierende $R = q_0 l$ der Streckenlast (Abb. 4.16, unten). Die Auflagerkraft A_H folgt aus der Summe der horizontalen Kräfte:

$$\stackrel{\rightarrow}{\sum} H = 0: \quad A_H - q_0 l = 0 \quad \to \quad A_H = q_0 l. \tag{4.17}$$

Die Summe der Momente bezüglich des Auflagerpunkts A führt auf die Auflagerkraft B_V wie folgt:

$$\stackrel{\curvearrowleft}{\sum} M_A = 0: \quad B_V \cdot l - q_0 l \cdot \frac{l}{2} - q_0 l \cdot l = 0 \quad \to \quad B_V = \frac{3}{2} q_0 l. \tag{4.18}$$

4.2 Ermittlung von Lagerreaktionen

Abb. 4.16 Abgewinkelter Balken

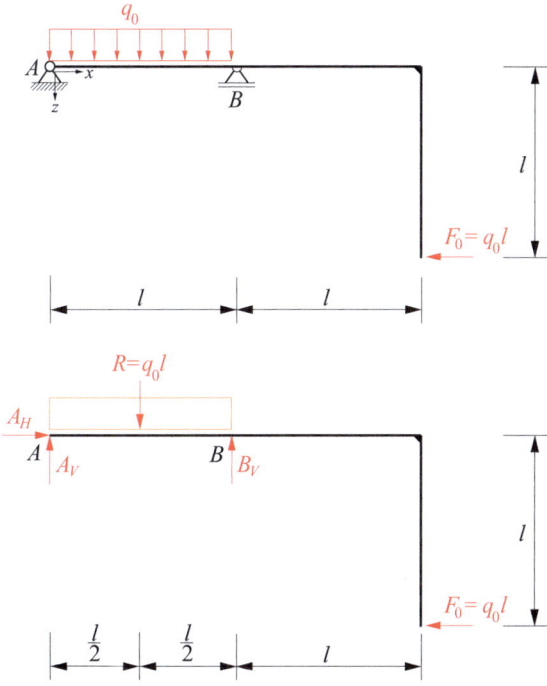

Aus der Summe der vertikalen Kräfte folgt schließlich die Auflagerkraft A_V:

$$\overset{\uparrow}{\sum} V = 0: \quad A_V + B_V - q_0 l = 0 \quad \rightarrow \quad A_V = -\frac{1}{2} q_0 l. \tag{4.19}$$

Dementsprechend ist die tatsächliche Wirkrichtung von A_V gegensätzlich zur in Abb. 4.16 gezeigten Richtung. Man kann die Momentensumme z. B. um den Auflagerpunkt B dazu verwenden, um das Ergebnis zu überprüfen, was hier aber ohne Darstellung bleibt. ◂

Beispiel 4.7

Für den Rahmen der Abb. 4.17 werden die Auflagerkräfte gesucht.

Zur Lösung:
Wir schneiden den Rahmen an den Auflagerpunkten A und B frei und zerlegen die angreifende Kraft F_0 in ihre horizontale und vertikale Komponente (Abb. 4.17, rechts). Die Auflagerkraft B_H ergibt sich aus der Summe der horizontalen Kräfte:

$$\overset{\leftarrow}{\sum} H = 0: \quad B_H - F_0 \cos \alpha = 0 \quad \rightarrow \quad B_H = F_0 \cos \alpha. \tag{4.20}$$

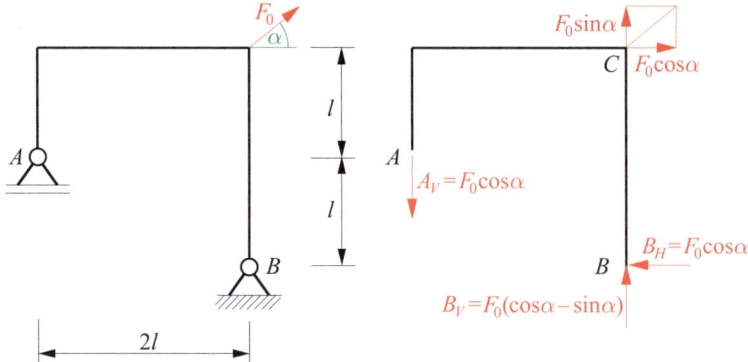

Abb. 4.17 Rahmen

Wir bilden außerdem die Summe der Momente bezüglich des Punkts C:

$$\stackrel{\curvearrowleft}{\sum} M_C = 0: \quad A_V \cdot 2l - B_H \cdot 2l = 0 \quad \rightarrow \quad A_V = F_0 \cos\alpha. \tag{4.21}$$

Die Summe der vertikalen Kräfte ergibt schließlich die Auflagerkraft B_V:

$$\stackrel{\uparrow}{\sum} V = 0: \quad B_V - A_V + F_0 \sin\alpha = 0 \quad \rightarrow \quad B_V = F_0(\cos\alpha - \sin\alpha). \tag{4.22}$$

◀

Für die Ermittlung von Auflagerreaktionen gilt das Superpositionsprinzip. Das bedeutet, dass man bei Anliegen von mehreren Belastungen auf eine Struktur die Auflagerreaktionen separat für jede anliegende Belastung ermitteln und diese dann zu den tatsächlichen Auflagerreaktionen aufaddieren (superponieren) kann. Dies sei hier für den Balken der Abb. 4.18 gezeigt, der durch zwei Einzelkräfte F_1 und F_2 sowie eine Gleichstreckenlast q belastet werde. Die Auflagerreaktionen A_H, A_V und M_A setzen wir durch Freischneiden frei, wobei sich unter den gegebenen Lasten $A_H = 0$ ergibt, so dass wir diese Lagerreaktion nicht weiter betrachten. Wir betrachten nun die vertikale Auflagerkraft A_V und das Einspannmoment M_A aufgrund der einzelnen Lasten und erhalten:

$$\begin{aligned} A_{V,1} &= F_1, & A_{V,2} &= F_2, & A_{V,q} &= 2ql, \\ M_{A,1} &= F_1 l, & M_{A,2} &= 2F_2 l, & M_{A,q} &= 2ql^2. \end{aligned} \tag{4.23}$$

Die Auflagerreaktionen A_V und M_A ergeben sich dann durch Summation:

$$\begin{aligned} A_V &= A_{V,1} + A_{V,2} + A_{V,q} = F_1 + F_2 + 2ql, \\ M_A &= M_{A,1} + M_{A,2} + M_{A,q} = F_1 l + 2F_2 l + 2ql^2. \end{aligned} \tag{4.24}$$

Abb. 4.18 Balken (*oben*), Freikörperbild (*unten*)

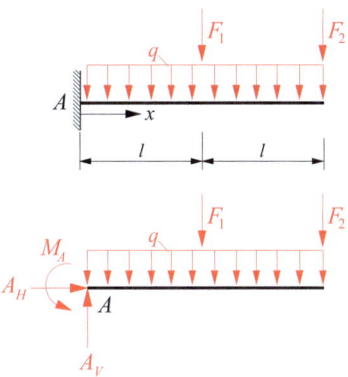

4.3 Mehrteilige Strukturen

In vielen technischen Anwendungen besteht ein Balken nicht nur aus einem einzigen Segment, sondern ganz im Gegensatz aus einer Vielzahl von Bestandteilen. Diese Bestandteile sind über geeignete konstruktive Maßnahmen miteinander verbunden. In solchen Verbindungspunkten treten dann Kräfte und/oder Momente auf, die ermittelt werden müssen und die man durch Freischneiden, genau wie Auflagerreaktionen, in einem Freikörperbild sichtbar machen kann. Als Verbindungselemente zwischen den Segmenten von Balken kommen mehrere verschiedene Arten in Betracht.

Ein Gelenk (Abb. 4.19) stellt eine Art der Verbindung dar, durch die beliebige Kräfte übertragen werden können, aber aufgrund der Annahme der reibungsfreien Verdrehbarkeit keine Biegemomente übertragbar sind. Als Folge tritt in einem Gelenk eine Gelenkkraft auf, die man oft in eine vertikale Gelenkkraft G_V und eine horizontale Gelenkkraft G_H zerlegt, so wie in Abb. 4.19, unten, gezeigt. Durch einen Schnitt durch das Gelenk werden die Gelenkkräfte im Freikörperbild sichtbar gemacht, sie wirken aufgrund des Wechselwirkungsprinzips actio = reactio entgegengesetzt auf beide Balkensegmente.

Verbindungen lassen sich auch durch Pendelstäbe realisieren (Abb. 4.20, oben), die ausschließlich Kräfte S in ihre eigene Richtung übertragen. Bei einer Parallelführung hingegen (Abb. 4.20, Mitte) ist eine Verdrehung sowie eine Translation in Richtung der verbundenen Balkensegmente behindert, so dass eine horizontale Kraft H und ein Mo-

Abb. 4.19 Balken mit Gelenk G (*oben*), Freikörperbild (*unten*)

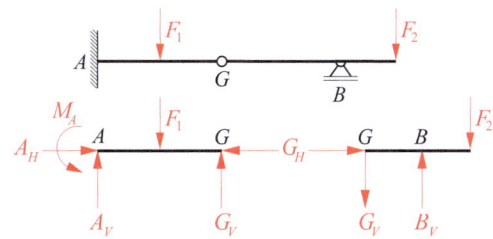

Abb. 4.20 Pendelstab (*oben*), Parallelführung (*Mitte*), Schiebehülse (*unten*)

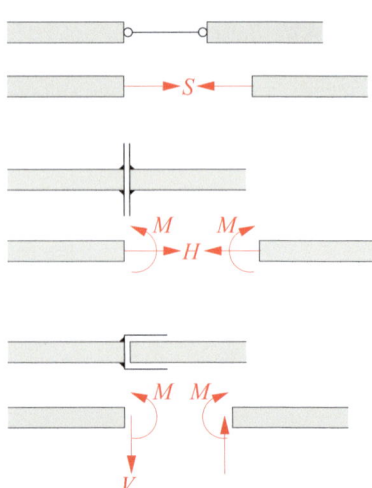

ment M übertragen werden können. Ganz analog wird bei Vorliegen einer Schiebehülse (Abb. 4.20, unten) ein Moment M und eine vertikal wirkende Kraft V übertragen.

Diejenigen Kräfte und Momente, die durch die genannten Verbindungselemente übertragen werden, werden aus den Gleichgewichtsbedingungen für die Balkensegmente bestimmt, wobei wir für jedes Balkensegment jeweils drei Gleichgewichtsbedingungen nutzen können. Wenn n die Anzahl der Balkensegmente ist, dann können wir insgesamt $3n$ Gleichgewichtsbedingungen formulieren. Wenn außerdem r Auflagereaktionen und v Verbindungskräfte und -momente vorliegen, dann ist die betrachtete Struktur statisch bestimmt, wenn die $3n$ Gleichgewichtsbedingungen ausreichend sind, um die auftretenden r Lagerreaktionen und v Verbindungskräfte und -momente zu bestimmen. Es muss also das Abzählkriterium $3n = r + v$ erfüllt sein. Ist dies der Fall und ist die Balkenstruktur unverschieblich, dann ist das System statisch bestimmt. Es ist entsprechend darauf zu achten, dass ein System durch die Anordnung von Verbindungselementen nicht verschieblich und damit unbrauchbar wird. Dies sei am Beispiel der Abb. 4.21 erläutert. Für beide hier gezeigten Systeme ist das Abzählkriterium mit $3n = 6$ und $r + v = 4 + 2$ erfüllt, und das System der Abb. 4.21, oben, ist unverschieblich und damit tauglich, wohingegen das System der Abb. 4.21, unten, in seinem rechten Segment verschieblich (es ist eine Rotation um den Gelenkpunkt G möglich) und damit untauglich ist.

Abb. 4.21 Unverschiebliches System (*oben*), verschiebliches System (*unten*)

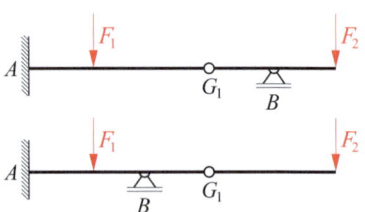

4.3 Mehrteilige Strukturen

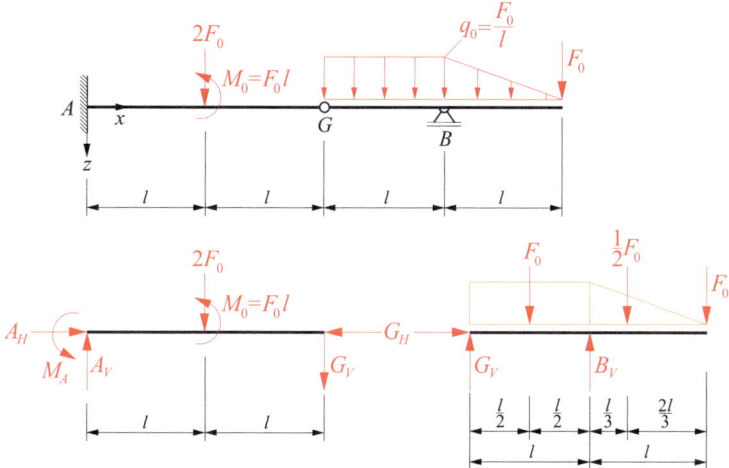

Abb. 4.22 Balken (*oben*), Ermittlung von Auflager- und Gelenkreaktionen (*unten*)

Beispiel 4.8

Für den Balken der Abb. 4.22 werden die Auflager- und Gelenkreaktionen gesucht.

Zur Lösung:

Mit $n = 2$, $r = 4$ und $v = 2$ ist das Abzählkriterium $3n = r + v$ erfüllt. Der Balken ist demnach statisch bestimmt und darüber hinaus auch unverschieblich. Wir schneiden den Balken frei und betrachten die beiden Freikörperbilder der Abb. 4.22, unten, an denen wir die Auflagerreaktionen A_H, A_V, M_A, B_V sowie die Gelenkkräfte G_H, G_V sowie die Resultierenden der beiden anliegenden Streckenlasten angetragen haben. Wir untersuchen zunächst das Freikörperbild der rechten Seite und bilden die Summe der Momente bezüglich des Gelenkpunkts G. Es folgt:

$$\overset{\curvearrowleft}{\sum} M_G = 0: \quad B_V \cdot l - F_0 \cdot \frac{l}{2} - \frac{1}{2} F_0 \cdot \frac{4}{3} l - F_0 \cdot 2l = 0 \quad \rightarrow \quad B_V = \frac{19}{6} F_0. \quad (4.25)$$

Aus der Summe der vertikalen Kräfte ergibt sich dann die vertikale Gelenkkraft G_V:

$$\overset{\uparrow}{\sum} V = 0: \quad G_V + \frac{19}{6} F_0 - F_0 - \frac{1}{2} F_0 - F_0 = 0 \quad \rightarrow \quad G_V = -\frac{2}{3} F_0. \quad (4.26)$$

Die horizontale Kräftesumme führt außerdem auf eine verschwindende horizontale Gelenkkraft G_H:

$$\overset{\rightarrow}{\sum} V = 0: \quad G_H = 0. \quad (4.27)$$

Wir betrachten nun außerdem das Freikörperbild der Abb. 4.22, unten links, und erhalten die Auflagerkraft A_V aus der Summe der vertikalen Kräfte:

$$\sum^{\uparrow} V = 0: \quad A_V - 2F_0 + \frac{2}{3}F_0 = 0 \quad \rightarrow \quad A_V = \frac{4}{3}F_0. \tag{4.28}$$

Die Summe der Momente um den Auflagerpunkt A ergibt das Einspannmoment M_A:

$$\sum M_A = 0: \quad M_A + F_0 \cdot l - 2F_\cdot + \frac{2}{3}F_0 \cdot 2l = 0 \quad \rightarrow \quad M_A = -\frac{1}{3}F_0 l. \tag{4.29}$$

◀

Beispiel 4.9

Für den Rahmen der Abb. 4.23 sind die Auflager- und Gelenkreaktionen zu ermitteln.

Zur Lösung:

Mit $n = 2$, $r = 4$ und $v = 2$ ist das Abzählkriterium $3n = r + v$ erfüllt, der Rahmen ist statisch bestimmt. Wir schneiden die Auflager A und B frei (s. Abb. 4.23, Mitte) und bilden die Momentensummen um die beiden Auflagerpunkte A und B:

$$\sum M_B = 0: \quad A_V \cdot l - ql \cdot \frac{l}{2} = 0 \quad \rightarrow \quad A_V = \frac{q_0 l}{2},$$

$$\sum M_A = 0: \quad B_V \cdot l - ql \cdot \frac{l}{2} = 0 \quad \rightarrow \quad B_V = \frac{q_0 l}{2}. \tag{4.30}$$

Die vertikale Kräftesumme kann dazu genutzt werden, um die Ergebnisse für A_V und B_V zu überprüfen:

$$\sum^{\uparrow} V = 0: \quad A_V + B_V - ql = 0. \tag{4.31}$$

Es zeigt sich, dass die Auflagerkräfte $A_V = B_V = \frac{ql}{2}$ diese Bedingung erfüllen.

Um die verbleibenden Auflagerkräfte A_H und B_H sowie die Gelenkreaktionen G_H und G_V zu bestimmen schneiden wir nun außerdem durch den Gelenkpunkt G und erhalten damit die beiden Freikörperbilder der Abb. 4.23, unten. Am linken Freikörperbild bilden wir die Summe der Momente um den Gelenkpunkt G:

$$\sum M_G = 0: \quad A_H \cdot h - A_V \cdot \frac{l}{2} + \frac{ql}{2} \cdot \frac{l}{4} = 0 \quad \rightarrow \quad A_H = \frac{ql^2}{8h}. \tag{4.32}$$

Damit kann aus der Summe der horizontalen Kräfte die horizontale Gelenkkraft G_H bestimmt werden:

$$\sum^{\leftarrow} H = 0: \quad G_H - A_H = 0 \quad \rightarrow \quad G_H = \frac{ql^2}{8h}. \tag{4.33}$$

4.3 Mehrteilige Strukturen

Abb. 4.23 Rahmen (*oben*), Freikörperbild (*Mitte*), Schnitt durch das Gelenk (*unten*)

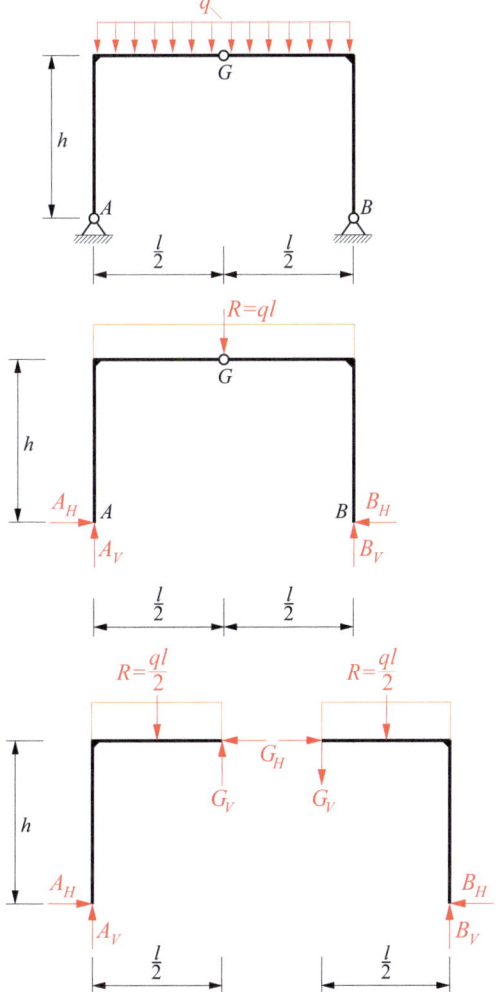

Auf gleiche Art und Weise kann dann am rechten Freikörperbild die Auflagerkraft B_H bestimmt werden:

$$\overset{\leftarrow}{\sum} H = 0: \quad B_H - G_H = 0 \quad \rightarrow \quad B_H = \frac{ql^2}{8h}. \tag{4.34}$$

Schließlich kann noch aus einem der beiden Freikörperbilder der Abb. 4.23, unten, die Gelenkkraft G_V ermittelt werden. Betrachten wir das linke Freikörperbild, dann ergibt die vertikale Kräftesumme:

$$\overset{\uparrow}{\sum} H = 0: \quad G_V + A_V - \frac{ql}{2} = 0 \quad \rightarrow \quad G_V = 0. \tag{4.35}$$

◀

Beispiel 4.10

Für den Rahmen der Abb. 4.24 sind die Auflager- und Gelenkreaktionen zu bestimmen.

Zur Lösung:

Wir schneiden zunächst die beiden Auflager A und B frei und betrachten das Freikörperbild der Abb. 4.24, unten links. Aus der Momentensumme um das Auflager B lässt sich die vertikale Auflagerkraft A_V beschaffen:

$$\overset{\curvearrowright}{\sum} M_B = 0: \quad A_V \cdot 2l + F_2 \cdot l + F_1 \cdot l - 2q_0 l \cdot l = 0 \quad \rightarrow \quad A_V = -\frac{q_0 l}{2}. \quad (4.36)$$

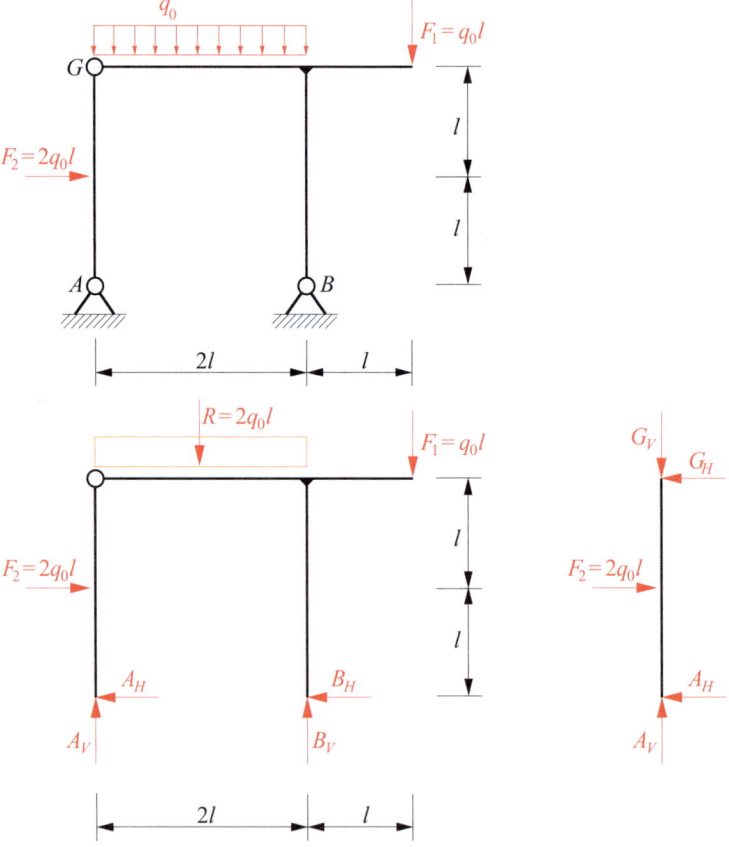

Abb. 4.24 Rahmen (*oben*), Freikörperbild (*unten links*), Schnitt durch das Gelenk (*unten rechts*)

Demnach weist A_V tatsächlich nach unten. Aus der Summe der vertikalen Kräfte folgt dann die vertikale Auflagerkraft B_V:

$$\sum^{\uparrow} V = 0: \quad B_V + A_V - F_1 - 2q_0 l = 0 \quad \rightarrow \quad B_V = \frac{7q_0 l}{2}. \tag{4.37}$$

Die Ergebnisse für A_V und B_V können auf die Probe gestellt werden, indem die Momentensumme bezüglich Auflager A gebildet wird. Man erhält:

$$\sum^{\curvearrowleft} M_A = 0: \quad B_V \cdot 2l - F_2 \cdot l - F_1 \cdot 3l - 2q_0 l \cdot l = 0. \tag{4.38}$$

Man erkennt, dass diese Gleichgewichtsbedingung identisch erfüllt ist.

Wir betrachten nun das Freikörperbild der Abb. 4.24, unten rechts, in dem wir den Balken zwischen Auflager A und Gelenk G freigeschnitten haben. Aus der vertikalen Kräftesumme erhalten wir die vertikale Gelenkkraft G_V als:

$$\sum^{\downarrow} V = 0: \quad G_V - A_V = 0 \quad \rightarrow \quad G_V = -\frac{q_0 l}{2}. \tag{4.39}$$

Aus der Momentensumme bezüglich des Gelenks G erhalten wir die horizontale Auflagerkraft A_H:

$$\sum^{\curvearrowright} M_G = 0: \quad A_H \cdot 2l - F_2 \cdot l = 0 \quad \rightarrow \quad A_H = q_0 l. \tag{4.40}$$

Die Summe der horizontalen Kräfte ergibt dann die horizontale Gelenkkraft G_H als:

$$\sum^{\leftarrow} H = 0: \quad G_H + A_H - F_2 = 0 \quad \rightarrow \quad G_H = q_0 l. \tag{4.41}$$

Betrachten wir nun erneut das Freikörperbild der Abb. 4.24, unten links, dann können wir hieran schließlich noch die horizontale Auflagerkraft B_H aus der Summe der horizontalen Kräfte ermitteln:

$$\sum^{\leftarrow} H = 0: \quad B_H + A_H - F_2 = 0 \quad \rightarrow \quad B_H = q_0 l. \tag{4.42}$$

◀

4.4 Räumliche Strukturen

Die Vorgehensweise bei der Ermittlung von Lagerreaktionen räumlicher Strukturen verläuft analog zu den bisher betrachteten ebenen Strukturen. Hierbei ist zu beachten, dass ein Körper im Raum über insgesamt sechs Freiheitsgrade verfügt, nämlich drei Translationen und drei Rotationen, die durch Lagerungen teilweise oder auch ganz (Einspannung) behindert werden, so dass Lagerreaktionen hervorgerufen werden.

Die Lagerungsarten werden wie im ebenen Fall nach der Anzahl der durch sie hervorgerufenen Lagerreaktionen unterschieden. Eine feste Einspannung (Abb. 4.25) behindert sowohl alle Translationen als auch alle Rotationen, so dass insgesamt sechs Lagerreaktionen hervorgerufen werden, nämlich drei Auflagerkräfte in Richtung der Bezugsachsen und drei Einspannmomente um die drei Raumachsen. Ein gelenkiges Auflager (s. Abb. 4.26, Auflagerpunkt A) ist dreiwertig. Ein solches Auflager behindert die drei räumlichen Translationen, lässt aber alle drei Rotationen zu, so dass drei Auflagerkräfte, aber keine Auflagermomente auftreten. Ein Pendelstab hingegen nimmt nur eine Kraft in seine eigene Richtung auf, so dass am Auflagerpunkt B der Abb. 4.26 aufgrund der beiden dort vorliegenden Pendelstäbe zwei Auflagerkräfte auftreten. Ebenso ist ein Lager wie in Punkt C der Abb. 4.26 vorliegend einwertig, es schränkt ausschließlich eine Bewegungsrichtung ein und lässt alle anderen translatorischen und rotatorischen Freiheitsgrade zu, so dass hier nur eine einzige Auflagerkraft auftritt. Eine räumliche Struktur ist dann statisch bestimmt gelagert, wenn sich sämtliche Auflagerreaktionen aus den sechs räumlichen Gleichgewichtsbedingungen ermitteln lassen.

Beispiel 4.11

Für den am Fußpunkt A fest eingespannten abgewinkelten räumlichen Rahmen der Abb. 4.25 sind die Auflagerreaktionen zu ermitteln.

Zur Lösung:

Wir schneiden den Rahmen an der Einspannstelle A frei und zeichnen die räumlichen Auflagerkräfte A_x, A_y, A_z und Auflagermomente $M_{x,A}$, $M_{y,A}$, $M_{z,A}$ in das so entstandene Freikörperbild ein (Abb. 4.25, rechts). Die Gleichgewichtsbedingungen lauten hier:

$$\sum F_x = 0: \quad A_x + F_1 = 0 \quad \rightarrow \quad A_x = -F_1,$$

$$\sum F_y = 0: \quad A_y + F_2 = 0 \quad \rightarrow \quad A_y = -F_2,$$

$$\sum F_z = 0: \quad A_z = 0,$$

$$\sum M_{x,A} = 0: \quad M_{x,A} - F_2 l_1 = 0 \quad \rightarrow \quad M_{x,A} = F_2 l_1,$$

$$\sum M_{y,A} = 0: \quad M_{y,A} + F_1 l_1 = 0 \quad \rightarrow \quad M_{y,A} = -F_1 l_1,$$

$$\sum M_{z,A} = 0: \quad M_{z,A} + F_2 h - F_1 l_2 = 0 \quad \rightarrow \quad M_{z,A} = F_1 l_2 - F_2 h. \quad (4.43)$$

4.4 Räumliche Strukturen

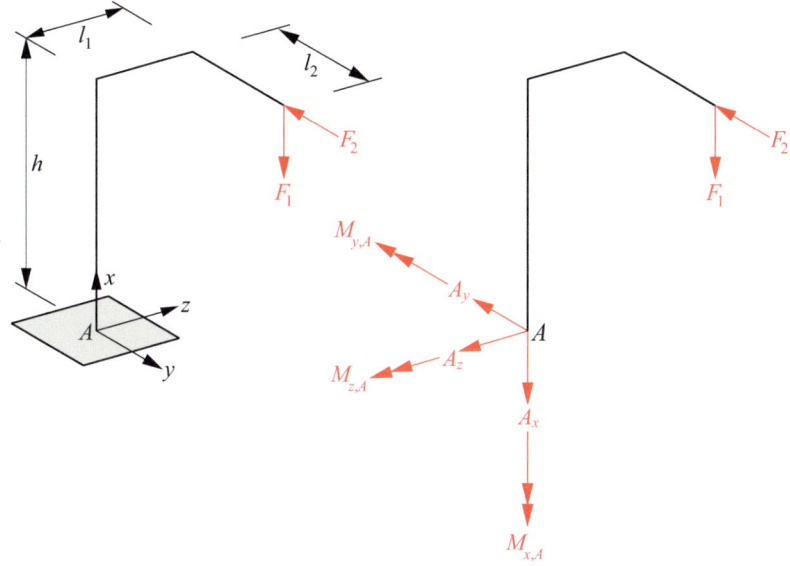

Abb. 4.25 Rahmen (*links*), Freikörperbild (*rechts*)

Beispiel 4.12

Für das statische System der Abb. 4.26 werden die Auflagerreaktionen gesucht.

Zur Lösung:

Wir schneiden das statische System an den Lagerpunkten A, B und C frei und zeichnen die räumlichen Auflagerkräfte $A_x, A_y, A_z, B_x, B_z, C_z$ in das Freikörperbild ein. Die Gleichgewichtsbedingungen lauten dann:

$$\sum F_y = 0: \quad -A_y + F_0 = 0 \quad \rightarrow \quad A_y = F_0,$$

$$\sum M_{y,A} = 0: \quad -C_z l + 2F_0 l - F_0 l = 0 \quad \rightarrow \quad C_z = F_0,$$

$$\sum M_{x,A} = 0: \quad -B_z 2l - F_0 2l + F_0 l + 2F_0 2l - F_0 l = 0 \quad \rightarrow \quad B_z = F_0,$$

$$\sum F_z = 0: \quad A_z - F_0 + F_0 + F_0 - 2F_0 = 0 \quad \rightarrow \quad A_z = F_0,$$

$$\sum M_{z,A} = 0: \quad B_x 2l + F_0 l + F_0 2l = 0 \quad \rightarrow \quad B_x = -\frac{3}{2} F_0,$$

$$\sum F_x = 0: \quad A_x + F_0 - \frac{3}{2} F_0 = 0 \quad \rightarrow \quad A_x = \frac{1}{2} F_0.$$

(4.44)

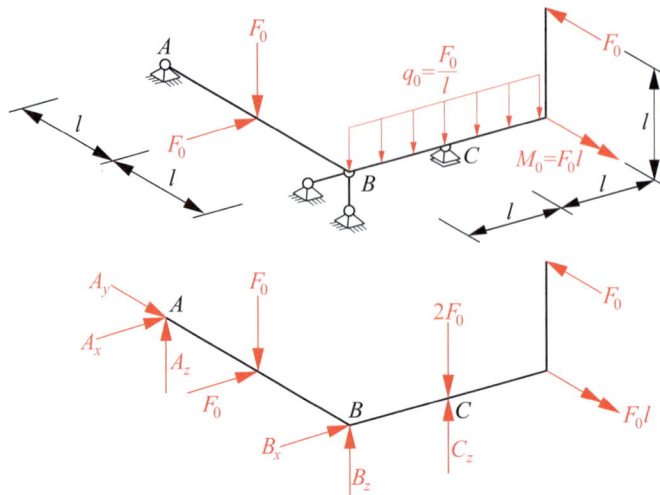

Abb. 4.26 Statisches System (*oben*), Freikörperbild (*unten*)

Fachwerke 5

In diesem Kapitel betrachten wir ebene Tragwerke, die aus ausschließlich geraden Stäben bestehen, die durch ideale Gelenke miteinander verbunden sind und die ausschließlich durch Einzelkräfte belastet werden, die in den Gelenken angreifen. Solche Strukturen werden als Fachwerke bezeichnet. Wir werden untersuchen, wie man möglichst vorteilhaft die Kräfte in den Stäben von Fachwerken ermittelt und werden dazu sowohl analytische Vorgehensweisen als auch eine rein graphische Methode kennenlernen.

5.1 Grundlegendes

Unter einem Fachwerk verstehen wir eine Struktur, die ausschließlich aus geraden Stäben besteht, die in idealen und reibungsfreien Gelenken (den sog. Knoten) miteinander verbunden sind. Die Stäbe werden dabei als masselos angenommen, und die äußere Belastung besteht ausschließlich aus Einzelkräften, die in den Knoten angreifen, aber nicht an den Stäben des Fachwerks selbst. Wir gehen dabei davon aus, dass die in einem Fachwerk wirkenden Kräfte ideal zentrisch auf die Stäbe wirken, so dass die Stäbe des Fachwerks ausschließlich unter Zug- oder Druck-Normalkräften stehen. Ein beispielhaftes Fachwerk ist in der Abb. 5.1 oben gezeigt. Dieses Fachwerk unter zwei Einzelkräften besteht aus neun Stäben, die in insgesamt sechs Knoten miteinander verbunden sind, wobei diejenigen Knoten, die einer Lagerung unterliegen, mitgezählt werden. Wir wollen an dieser Stelle vereinbaren, dass wir Stäbe mit arabischen Zahlen durchnummerieren, wohingegen wir für die Knoten römische Zahlen verwenden wollen. Entsprechend liegen bei dem Fachwerk der Abb. 5.1 die Stäbe 1–9 vor, die in den Knoten I-VI miteinander verbunden sind.

Man spricht dann von einem statisch bestimmt gelagerten oder äußerlich statisch bestimmten Fachwerk, wenn die Gleichgewichtsbedingungen in der Ebene ausreichend sind, um die Lagerreaktionen eindeutig zu bestimmen. Entsprechend ist das Fachwerk der

Abb. 5.1 Fachwerk, bestehend aus neun Stäben, die in sechs Knoten miteinander verbunden sind

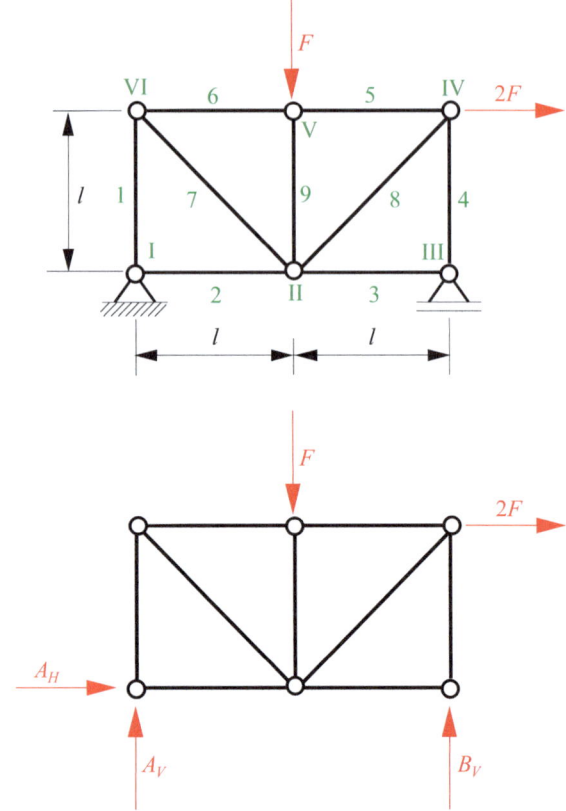

Abb. 5.1 statisch bestimmt gelagert. Durch Freischneiden wie in Abb. 5.1 unten gezeigt machen wir die Auflagerkräfte A_H, A_V in Knoten I und B_V in Knoten III sichtbar. Zur Ermittlung der Auflagerkräfte darf das Fachwerk als ein starrer Körper angenommen werden (Erstarrungsprinzip). Wir bilden zunächst die Summe der Momente bezüglich des Auflagerknotens I und erhalten bei positivem Drehsinn entgegen dem Uhrzeigersinn:

$$\sum \stackrel{\frown}{M_B} = 0: \quad B_V \cdot 2l - F \cdot l - 2F \cdot l = 0, \tag{5.1}$$

woraus sich die Auflagerkraft B_V ermitteln lässt als:

$$B_V = \frac{3}{2} F. \tag{5.2}$$

Aus der Summe der vertikalen Kräfte erhalten wir:

$$\sum \stackrel{\uparrow}{V} = 0: \quad A_V + B_V - F = 0, \tag{5.3}$$

5.1 Grundlegendes

woraus wir die noch unbekannte Auflagerkraft A_V erhalten als:

$$A_V = -\frac{1}{2}F. \tag{5.4}$$

Entsprechend weist A_V in Wirklichkeit nach unten. Schließlich folgt die noch unbekannte Auflagerkraft A_H aus der Summe der horizontalen Kräfte:

$$\sum \vec{H} = 0: \quad A_H + 2F = 0, \tag{5.5}$$

woraus A_H folgt als:

$$A_H = -2F. \tag{5.6}$$

Dementsprechend weist diese Auflagerkraft tatsächlich nach links.

Das Fachwerk der Abb. 5.2 hingegen ist statisch unbestimmt gelagert – hier reichen die Gleichgewichtsbedingungen nicht aus, um die Lagerreaktionen zu bestimmen.

Die Stabkräfte eines Fachwerks werden rechnerisch durch Freischneiden der Knoten (sog. Knotenschnittverfahren, s. Abschn. 5.2) oder durch gezielt durchgeführte Schnitte durch geschickt gewählte Stäbe (sog. Rittersches Schnittverfahren, s. Abschn. 5.3) ermittelt. Ein Fachwerk wird als innerlich statisch bestimmt bezeichnet, wenn sich alle Stabkräfte eines Fachwerks eindeutig durch Verwendung der Gleichgewichtsbedingungen ermitteln lassen. Dies ist bei dem Fachwerk der Abb. 5.1 der Fall, dieses Fachwerk ist sowohl äußerlich als auch innerlich statisch bestimmt. Das Fachwerk der Abb. 5.2 ist zwar äußerlich statisch unbestimmt, aber innerlich statisch bestimmt. Liegen die Lagerreaktionen erst einmal vor, dann lassen sich die Stabkräfte vollständig mit Hilfe der Gleichgewichtsbedingungen in der Ebene ermitteln. Die Abb. 5.3 zeigt ein sowohl äußerlich als auch innerlich statisch unbestimmtes Fachwerk, das aus dem Fachwerk der Abb. 5.2 durch Hinzufügen der beiden zusätzlichen Diagonalstäbe 10 und 11 entsteht. Hier lassen sich sowohl die Auflagerkräfte als auch die Stabkräfte nicht mehr alleine aus den

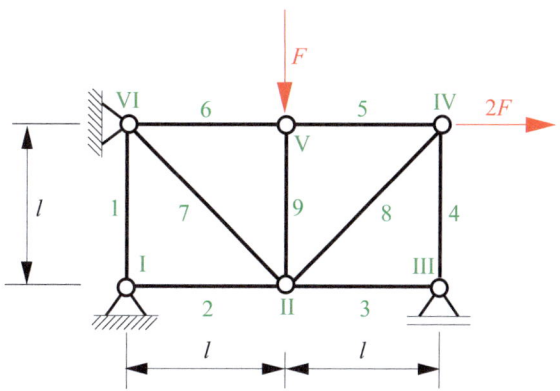

Abb. 5.2 Statisch unbestimmt gelagertes Fachwerk

Abb. 5.3 Äußerlich und innerlich statisch unbestimmtes Fachwerk

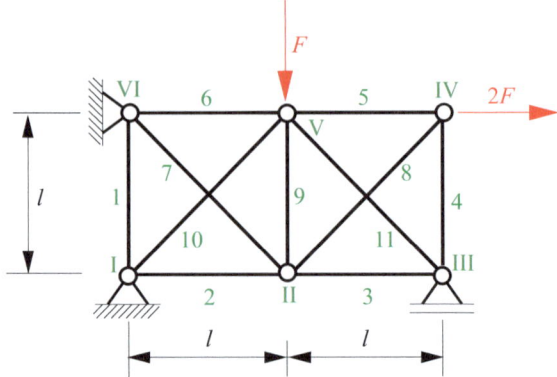

Gleichgewichtsbedingungen ermitteln. Wir werden uns in diesem Kapitel ausschließlich mit solchen ebenen Fachwerken auseinandersetzen, die sowohl äußerlich als auch innerlich statisch bestimmt sind. Statisch unbestimmte Systeme werden in Band 2 ausführlich thematisiert.

Verwendet man zur Ermittlung der Stabkräfte das Knotenschnittverfahren, d. h. schneidet man jeden Knoten frei und betrachtet dort die beiden verfügbaren Kräftegleichgewichtsbedingungen, dann lassen sich an einem Fachwerk mit i Knoten, j Stäben und r Auflagerkräften $2i$ Gleichungen für die $j + r$ unbekannten Stabkräfte und Auflagerreaktionen angeben. Damit also ein Fachwerk statisch bestimmt ist, muss das folgende Abzählkriterium erfüllt sein:

$$2i = j + r. \tag{5.7}$$

Am Beispiel des Fachwerks der Abb. 5.1 ergibt sich mit sechs Knoten $2i = 2 \cdot 6 = 12$ sowie $j = 9$ Stäben und $r = 3$ Auflagerkräften statische Bestimmtheit, wohingegen sich für die beiden Fachwerke der Abb. 5.2 und 5.3 statische Unbestimmtheit ergibt, wie man sich leicht überzeugen kann.

Vorsicht ist geboten beim Aufbau eines Fachwerks was seine Unbeweglichkeit angeht. Ein Fachwerk muss stets so aufgebaut sein, dass es sich nicht in Gänze oder in Teilen bewegen kann. Ist dies nicht gewährleistet, dann spricht man auch von einem statisch unterbestimmten bzw. einem kinematisch unbestimmten Fachwerk. Ist ein Fachwerk unbeweglich, dann ist es kinematisch bestimmt. Das Fachwerk der Abb. 5.4 entsteht aus dem Fachwerk der Abb. 5.1 durch Wegnahme der Stäbe 7 und 8. Ganz offensichtlich wird das Fachwerk dadurch beweglich wie angedeutet und ist damit kinematisch unbestimmt. Das Abzählkriterium (5.7) als notwendige Bedingung für kinematische und statische Bestimmtheit ist nicht mehr erfüllt. Ein weiteres Beispiel zeigt die Abb. 5.5. Dieses Fachwerk entsteht aus dem Fachwerk der Abb. 5.2 durch Wegnahme des Stabs 9. Auch wenn dieses Fachwerk äußerlich statisch unbestimmt ist, so wird sich durch das Entfernen des Stabs 9 eine Verdrehbarkeit der beiden Stäbe 5 und 6 um die Knoten IV und VI einstellen, der Knoten V bewegt sich nach unten. Hierbei handelt es sich aber im Gegensatz zum

5.1 Grundlegendes

Abb. 5.4 Kinematisch unbestimmtes Fachwerk

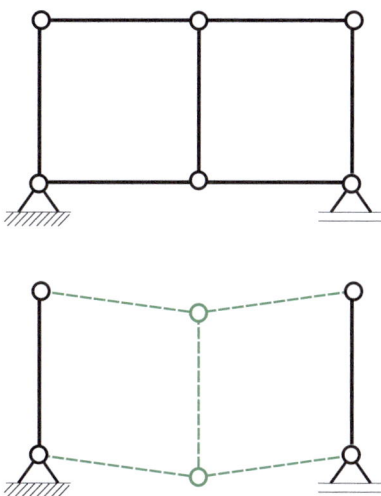

Abb. 5.5 Kinematisch unbestimmtes Fachwerk

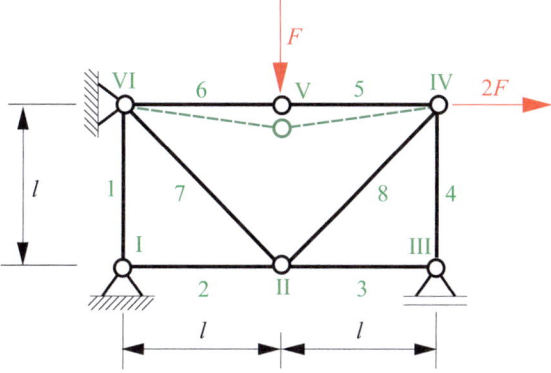

Fachwerk der Abb. 5.4 um eine Verschieblichkeit ‚im Kleinen', es läge also nur eine infinitesimal kleine Auslenkung vor. Dennoch ist ein solches Fachwerk für die praktische Anwendung untauglich und muss vermieden werden.

Fachwerke werden auch nach der Art ihres Aufbaus unterschieden. Ein sog. einfaches Fachwerk liegt dann vor, wenn es aus einer Anzahl von Gelenkdreiecken aufgebaut ist. Dies gilt z. B. für das Fachwerk der Abb. 5.1, das aus insgesamt vier Gelenkdreiecken aufgebaut ist. Ein solches Fachwerk ist immer innerlich statisch und auch kinematisch bestimmt. Ob es auch äußerlich statisch bestimmt ist, hängt von der Anzahl der unbekannten Auflagerreaktionen ab. Vorsicht ist allerdings geboten bei der Anordnung der Knoten – die drei Knoten zweier angrenzender Stäbe dürfen nicht auf einer Linie liegen, da das Fachwerk ansonsten loklal verschieblich wird. Ein Beispiel zeigt die Abb. 5.5, bei dem die drei Gelenke der Stäbe 5 und 6 auf einer Linie liegen, so dass sich Knoten V in vertikaler Richtung bewegen kann.

Abb. 5.6 Aus zwei einfachen Teilfachwerken bestehendes Fachwerk

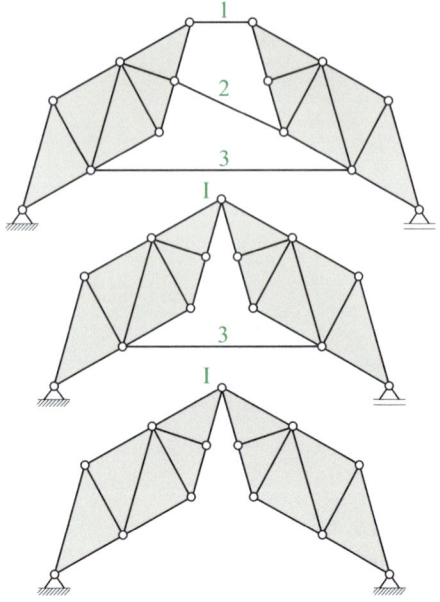

Fachwerke lassen sich auch dergestalt aufbauen, dass zwei oder mehr Systembestandteile, die wiederum allesamt aus Gelenkdreiecken bestehen (also in sich einfache Teilfachwerke darstellen), durch drei Einzelstäbe miteinander verbunden werden. Diese Einzelstäbe dürfen dabei allerdings nicht alle parallel zueinander sein. Ein Beispiel zeigt die Abb. 5.6, oben. Hier wurden zwei einfache Fachwerkstrukturen (grau unterlegt) durch die drei Stäbe 1, 2 und 3 miteinander verbunden. Eine weitere Möglichkeit, die beiden gezeigten Teilfachwerke miteinander zu verbinden liegt darin, die beiden Teilfachwerke im Knoten I zusammenzuführen und nur noch Stab 3 vorzusehen (Abb. 5.6, Mitte). Dieses so entstandene Gesamtfachwerk ist statisch und kinematisch bestimmt. Auf den Stab 3 kann verzichtet werden, wenn das rechte einfach verschiebliche Auflager durch ein zweiwertiges unverschiebliches Auflager ersetzt wird (Abb. 5.6, unten), um eine kinematische Unbestimmtheit zu verhindern.

5.2 Knotenschnittverfahren

5.2.1 Vorgehensweise

Das sog. Knotenschnittverfahren stellt die gängige Vorgehensweise bei der Ermittlung von Stabkräften in Fachwerken dar. Man schneidet dazu jeden Knoten des Fachwerks (Auflagerknoten inbegriffen) frei und stellt an jedem der i Knoten die beiden verfügbaren Kräftegleichgewichtsbedingungen auf, so dass man die j Stabkräfte ermitteln kann. In vielen Fällen wird man vorab die Auflagerkräfte eines gegebenen Fachwerks ermitteln, so

5.2 Knotenschnittverfahren

dass diese nicht aus Knotenschnitten ermittelt werden müssen. An den so freigeschnittenen Knoten des Fachwerks werden die dort wirkenden Stabkräfte angetragen, wobei wir vereinbaren, dass positive Stabkräfte Zugkräfte sind, also im Freikörperbild vom Knoten weg weisen. Aus der sich anschließenden Berechnung wird sich ergeben, ob diese Annahme auch tatsächlich zutrifft. Ergibt sich eine Stabkraft mit einem positiven Vorzeichen, dass handelt es sich bei dem betrachteten Stab auch tatsächlich um einen Zugstab. Liegt hingegen ein negatives Vorzeichen vor, dann handelt es sich in Wirklichkeit um einen Druckstab, und die Stabkraft weist auf den betrachteten Knoten zu. Da ein Stab stets an zwei Knoten angeschlossen ist, muss die Stabkraft eines Stabes aufgrund des Wechselwirkungsprinzips ‚actio = reactio' auch in den Freikörperbildern beider Knoten auftauchen.

Wir betrachten zur Illustration das Fachwerk der Abb. 5.1 erneut und zeichnen zunächst die Freikörperbilder der einzelnen Knoten. Dies ist in Abb. 5.7 dargestellt, wobei wir hier die bereits vorher berechneten Auflagerkräfte A_H, A_V und B_V mit ihren Beträgen und tatsächlichen Wirkrichtungen angetragen haben.

Wir arbeiten nun Knoten für Knoten nacheinander ab und beginnen die Betrachtungen mit Knoten I. Aus der vertikalen und der horizontalen Kräftesumme erhalten wir:

$$\sum\vec{H} = 0: \quad S_2 - 2F = 0 \quad \rightarrow \quad S_2 = 2F,$$

$$\sum\uparrow V = 0: \quad S_1 - \frac{1}{2}F = 0 \quad \rightarrow \quad S_1 = \frac{1}{2}F. \tag{5.8}$$

Damit sind die beiden Stabkräfte S_1 und S_2 bestimmt, beides sind Zugkräfte, so dass die Stäbe 1 und 2 Zugstäbe sind.

Analog können wir für Knoten II verfahren, wobei wir feststellen, dass bei bekanntem S_2 mit den Stäben S_3, S_7, S_8, S_9 zu diesem Zeitpunkt der Berechnung insgesamt vier unbekannte Stabkräfte an diesem Knoten vorliegen, für die wir nur zwei Gleichgewichts-

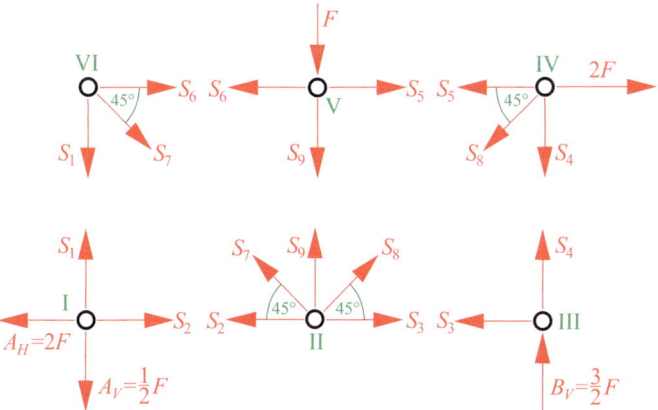

Abb. 5.7 Knotenschnittverfahren

bedingungen zur Verfügung haben. Die Betrachtung dieses Knotens ist also zu diesem Zeitpunkt der Berechnung nicht zielführend, so dass wir mit Knoten III fortfahren und Knoten II später betrachten werden.

Für Knoten III ergeben die vertikale und die horizontale Kräftesummen:

$$\overset{\leftarrow}{\sum} H = 0: \quad S_3 = 0,$$

$$\overset{\uparrow}{\sum} V = 0: \quad S_4 + \frac{3}{2}F = 0 \quad \rightarrow \quad S_4 = -\frac{3}{2}F. \tag{5.9}$$

Offenbar handelt es sich bei Stab 3 um einen sog. Nullstab (zur Ermittlung von Nullstäben folgen an späterer Stelle noch einige Ausführungen), wohingegen Stab 4 ein Druckstab ist – die Stabkraft S_4 ergibt sich mit negativem Vorzeichen.

Wir fahren mit den Betrachtungen an Knoten IV fort und betrachten zunächst die vertikale Kräftesumme. Es folgt:

$$\overset{\downarrow}{\sum} V = 0: \quad S_4 + S_8 \sin 45° = 0 \quad \rightarrow \quad S_8 = -\frac{S_4}{\sin 45°}. \tag{5.10}$$

Setzt man hierin das vorher ermittelte Ergebnis $S_4 = -\frac{3}{2}F$ und außerdem $\sin 45° = \frac{1}{\sqrt{2}}$ ein, dann folgt, dass Stab 8 ein Zugstab ist mit der Stabkraft S_8 wie folgt:

$$S_8 = \frac{3\sqrt{2}}{2}F = \frac{3}{\sqrt{2}}F. \tag{5.11}$$

Wir betrachten nun außerdem die horizontale Kräftesumme an Knoten IV und erhalten:

$$\overset{\leftarrow}{\sum} H = 0: \quad S_5 + S_8 \cos 45° - 2F = 0 \quad \rightarrow \quad S_5 = \frac{1}{2}F. \tag{5.12}$$

Demnach ist Stab 5 ein Zugstab.

An Knoten V ergibt sich aus den Kräftesummen das folgende Ergebnis:

$$\overset{\leftarrow}{\sum} H = 0: \quad S_6 - S_5 = 0 \quad \rightarrow \quad S_6 = \frac{1}{2}F,$$

$$\overset{\downarrow}{\sum} V = 0: \quad S_9 + F = 0 \quad \rightarrow \quad S_9 = -F. \tag{5.13}$$

Schließlich betrachten wir noch Knoten VI und erhalten aus der horizontalen Kräftesumme:

$$\overset{\rightarrow}{\sum} H = 0: \quad S_6 + S_7 \cos 45° = 0. \tag{5.14}$$

Mit $S_6 = \frac{1}{2}F$ und $\cos 45° = \frac{1}{\sqrt{2}}$ ergibt sich:

$$S_7 = -\frac{\sqrt{2}}{2}F = -\frac{1}{\sqrt{2}}F. \tag{5.15}$$

5.2 Knotenschnittverfahren

Aus der vertikalen Kräftesumme erhalten wir die Möglichkeit, unser Ergebnis für die Stabkraft S_1 zu überprüfen. Es gilt:

$$\sum^{\downarrow} V = 0: \quad S_1 + S_7 \sin 45° = 0. \tag{5.16}$$

Mit $S_7 = -\frac{1}{\sqrt{2}}F$ und $\sin 45° = \frac{1}{\sqrt{2}}$ folgt daraus:

$$S_1 = \frac{1}{2}F. \tag{5.17}$$

Dies entspricht dem Ergebnis (5.8).

Wir können nun noch die Kräftesummen an Knoten II nutzen, um unsere Ergebnisse zu überprüfen. Aus der vertikalen Kräftesumme folgt:

$$\sum^{\uparrow} V = 0: \quad S_7 \sin 45° + S_9 + S_8 \sin 45° = 0. \tag{5.18}$$

Mit den bereits ermittelten Stabkräften S_7, S_8 und S_9 zeigt sich, dass die linke Seite der vertikalen Kräftesumme zu Null wird – Gleichgewicht ist also gewährleistet. Für die horizontale Kräftesumme erhalten wir:

$$\sum^{\leftarrow} H = 0: \quad S_2 + S_7 \cos 45° - S_8 \cos 45° - S_3 = 0. \tag{5.19}$$

Mit den bereits berechneten Stabkräften S_2, S_7, S_8 und S_3 ergibt sich auch hier die linke Seite der Gleichgewichtsbedingung zu Null, so dass auch das horizontale Kräftegleichgewicht erfüllt ist.

Die Ergebnisse für die Stabkräfte sind abschließend übersichtlich in der Tab. 5.1 zusammengefasst.

Tab. 5.1 Stabkräfte S_1-S_9

Stabkraft	
S_1	$\frac{1}{2}F$
S_2	$2F$
S_3	0
S_4	$-\frac{3}{2}F$
S_5	$\frac{1}{2}F$
S_6	$\frac{1}{2}F$
S_7	$-\frac{1}{\sqrt{2}}F$
S_8	$\frac{3}{\sqrt{2}}F$
S_9	$-F$

Abb. 5.8 Gegebenes Fachwerk mit 11 Stäben

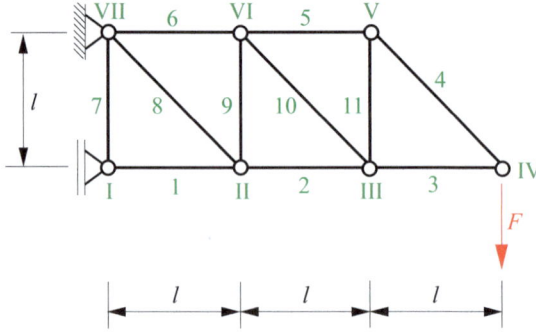

Beispiel 5.1

Gegeben sei das in Abb. 5.8 gezeigte Fachwerk, das aus 11 Stäben besteht. Gesucht werden die Stabkräfte mit Hilfe des Knotenschnittverfahrens.

Zur Lösung:

Wir schneiden die Knoten des Fachwerks frei und erhalten das Freikörperbild der Abb. 5.9. Bei diesem Fachwerk handelt es sich um ein Beispiel, das sich lösen lässt, ohne zuvor die Auflagerkräfte A_H, B_H und B_V zu bestimmen. Wir beginnen die Berechnungen mit der Betrachtung des Knotens IV. Aus der vertikalen Kräftesumme folgt:

$$\overset{\uparrow}{\sum} V = 0: \quad S_4 \sin 45° - F = 0 \quad \rightarrow \quad S_4 = \frac{F}{\sin 45°} = \sqrt{2} F. \tag{5.20}$$

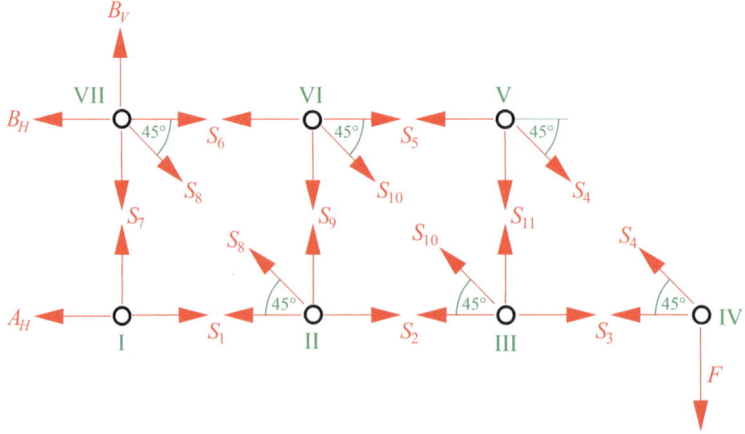

Abb. 5.9 Freikörperbild

5.2 Knotenschnittverfahren

Stab 4 ist demnach ein Zugstab. Aus der horizontalen Kräftesumme ergibt sich:

$$\overset{\leftarrow}{\sum} H = 0: \quad S_3 + S_4 \cos 45° = 0 \quad \rightarrow \quad S_3 = -S_4 \cos 45° = -F. \tag{5.21}$$

Bei Stab 3 handelt es sich also um einen Druckstab.
Wir betrachten nun Knoten V. Aus der vertikalen Kräftesumme folgt:

$$\overset{\downarrow}{\sum} V = 0: \quad S_4 \sin 45° + S_{11} = 0 \quad \rightarrow \quad S_{11} = -S_4 \sin 45° = -F. \tag{5.22}$$

Damit handelt es sich bei Stab 11 um einen Druckstab. Aus der Summe der horizontalen Kräfte folgt:

$$\overset{\leftarrow}{\sum} H = 0: \quad S_5 - S_4 \cos 45° = 0 \quad \rightarrow \quad S_5 = S_4 \cos 45° = F. \tag{5.23}$$

Stab 5 liegt also als Zugstab vor.
Wir fahren mit der Betrachtung von Knoten III fort und erhalten:

$$\overset{\uparrow}{\sum} V = 0: \quad S_{11} + S_{10} \sin 45° = 0 \quad \rightarrow \quad S_{10} = -\frac{S_{11}}{\sin 45°} = \sqrt{2}F,$$

$$\overset{\leftarrow}{\sum} H = 0: \quad S_2 + S_{10} \cos 45° - S_3 = 0 \quad \rightarrow \quad S_2 = -S_{10} \cos 45° + S_3 = -2F. \tag{5.24}$$

Am Knoten VI ergibt sich:

$$\overset{\downarrow}{\sum} V = 0: \quad S_9 + S_{10} \sin 45° = 0 \quad \rightarrow \quad S_9 = -F,$$

$$\overset{\leftarrow}{\sum} H = 0: \quad S_6 - S_{10} \cos 45° - S_5 = 0 \quad \rightarrow \quad S_6 = S_{10} \cos 45° + S_5 = 2F. \tag{5.25}$$

Wir fahren mit Knoten II fort und berechnen dort die Stabkräfte S_1 und S_8:

$$\overset{\uparrow}{\sum} V = 0: \quad S_9 + S_8 \sin 45° = 0 \quad \rightarrow \quad S_8 = -\frac{S_9}{\sin 45°} = \sqrt{2}F,$$

$$\overset{\leftarrow}{\sum} H = 0: \quad S_1 + S_8 \cos 45° - S_2 = 0 \quad \rightarrow \quad S_1 = -S_8 \cos 45° + S_2 = -3F. \tag{5.26}$$

An Knoten I lassen sich dann sowohl die Stabkraft S_7 als auch die Auflagerkraft A_H bestimmen. Es folgt:

$$\sum^{\uparrow} V = 0: \qquad S_7 = 0,$$

$$\sum^{\leftarrow} H = 0: \quad A_H - S_1 = 0 \quad \rightarrow \quad A_H = S_1 = -3F. \tag{5.27}$$

Demnach handelt es sich Stab 7 um einen sog. Nullstab. Die Auflagerkraft A_H ergibt sich hier mit negativem Vorzeichen, ist demnach also tatsächlich nach rechts gerichtet und übt auf den Knoten I Druck aus.

Wir betrachten abschließend noch die Kräftesummen an Knoten VII, um die dort auftretenden Auflagerreaktionen B_H und B_V zu bestimmen. Es folgt:

$$\sum^{\uparrow} V = 0: \quad B_V - S_7 - S_8 \sin 45° = 0 \quad \rightarrow \quad B_V = S_7 + S_8 \sin 45° = F,$$

$$\sum^{\leftarrow} H = 0: \quad B_H - S_6 - S_8 \cos 45° = 0 \quad \rightarrow \quad B_H = S_6 + S_8 \cos 45° = 3F. \tag{5.28}$$

Bei diesen beiden Auflagerkräften war demnach also die angenommene Wirkrichtung korrekt, beide Auflagerkräfte üben Zug auf Knoten VII aus.

Man kann sich leicht davon überzeugen, dass man die gleichen Auflagerreaktionen A_H, B_H und B_V erhält, wenn man das Gleichgewicht am gesamten Fachwerk betrachtet (Abb. 5.10). Wir betrachten zunächst die Summe der Momente um Knoten VII.

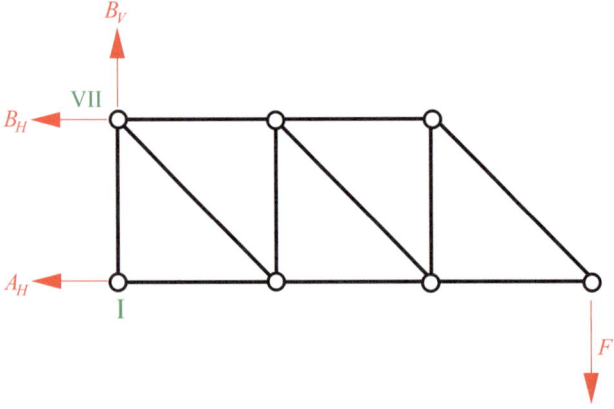

Abb. 5.10 Freikörperbild am gesamten Fachwerk zur Ermittlung der Auflagerkräfte

5.2 Knotenschnittverfahren

Tab. 5.2 Stabkräfte S_1-S_{11}

Stabkraft	
S_1	$-3F$
S_2	$-2F$
S_3	$-F$
S_4	$\sqrt{2}F$
S_5	F
S_6	$2F$
S_7	0
S_8	$\sqrt{2}F$
S_9	$-F$
S_{10}	$\sqrt{2}F$
S_{11}	$-F$

Es folgt:

$$\overset{\curvearrowright}{\sum} M = 0: \quad A_H \cdot l + F \cdot 3l = 0 \quad \rightarrow \quad A_H = -3F. \tag{5.29}$$

Aus dem Summe der Kräfte in vertikaler und horizontaler Richtung folgen dann die beiden weiteren Auflagerkräfte B_H und B_V:

$$\overset{\uparrow}{\sum} V = 0: \quad B_V - F = 0 \quad \rightarrow \quad B_V = F,$$

$$\overset{\leftarrow}{\sum} H = 0: \quad B_H + A_H = 0 \quad \rightarrow \quad B_H = -A_H = 3F. \tag{5.30}$$

Die berechneten Stabkräfte für dieses Beispiel sind in der Tab. 5.2 übersichtlich zusammengefasst. ◄

Beispiel 5.2

Gegeben sei das Fachwerk der Abb. 5.11. Gesucht werden die Stabkräfte mit Hilfe des Knotenschnittverfahrens.

Zur Lösung:

Wir ermitteln zunächst die Auflagerkräfte des Fachwerks und betrachten dafür das Freikörperbild des gesamten Fachwerks, so wie in Abb. 5.12 dargestellt. Aus der Summe der vertikalen Kräfte ergibt sich die Auflagerkraft A_V. Es folgt:

$$\overset{\uparrow}{\sum} V = 0: \quad A_V - 3F - 5F - 8F = 0 \quad \rightarrow \quad A_V = 16F. \tag{5.31}$$

Abb. 5.11 Gegebenes Fachwerk mit sieben Stäben

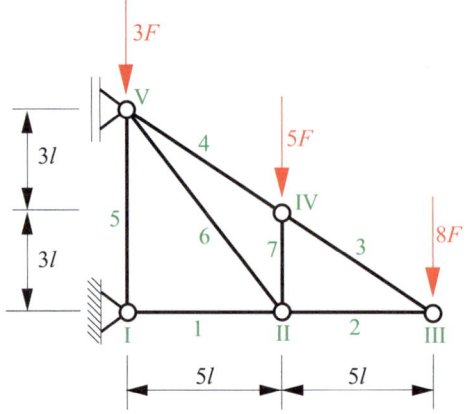

Abb. 5.12 Ermittlung der Auflagerkräfte

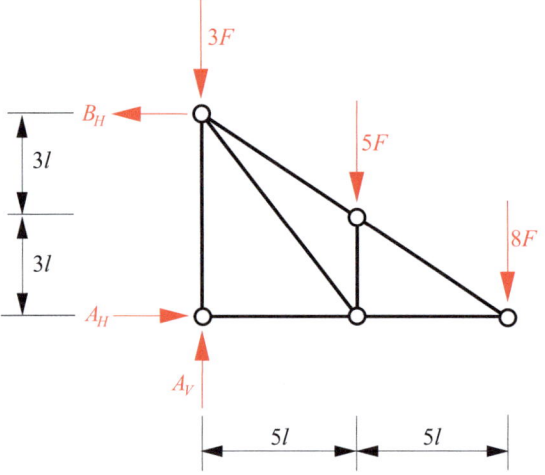

Die Momentensumme um den Auflagerpunkt B ergibt:

$$\overset{\curvearrowleft}{\sum} M_B = 0: \quad A_H \cdot 6l - 5F \cdot 5l - 8F \cdot 10l = 0 \quad \rightarrow \quad A_H = 17{,}5F. \tag{5.32}$$

Schließlich folgt die Auflagerkraft B_H aus der horizontalen Kräftesumme:

$$\overset{\leftarrow}{\sum} V = 0: \quad B_H - A_H = 0 \quad \rightarrow \quad B_H = A_H = 17{,}5F. \tag{5.33}$$

Wir betrachten im nächsten Schritt das Freikörperbild aller Fachwerkknoten so wie in Abb. 5.13 gezeigt. Aus dem Gleichgewicht an Knoten III lassen sich die Stabkräfte S_2 und S_3 beschaffen. Wir bilden zunächst das Gleichgewicht der vertikalen Kräfte und erhalten:

$$\overset{\uparrow}{\sum} V = 0: \quad S_3 \sin \alpha - 8F = 0. \tag{5.34}$$

5.2 Knotenschnittverfahren

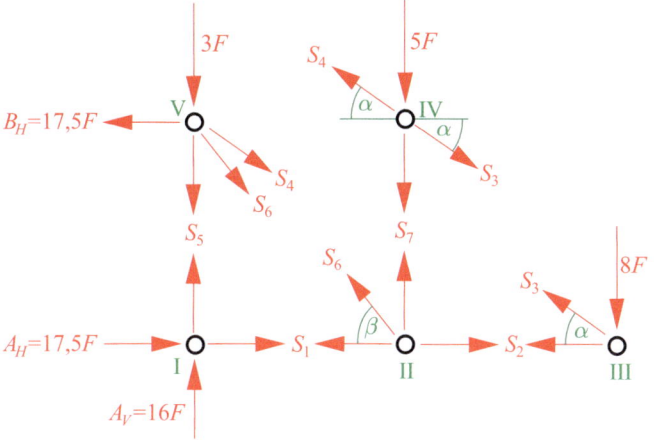

Abb. 5.13 Knotenschnittverfahren

Mit $\alpha = 30{,}96°$ folgt daraus:

$$S_3 = \frac{8F}{\sin \alpha} = 15{,}55F. \tag{5.35}$$

Das Gleichgewicht der horizontalen Kräfte ergibt:

$$\overleftarrow{\sum} H = 0: \quad S_2 + S_3 \cos \alpha = 0 \quad \rightarrow \quad S_2 = -S_3 \cos \alpha = -13{,}33F. \tag{5.36}$$

Aus der Betrachtung von Knoten I lassen sich die beiden Stabkräfte S_1 und S_5 bestimmen. Aus den beiden Kräftesummen folgt:

$$\overrightarrow{\sum} H = 0: \quad S_1 + A_H = 0 \quad \rightarrow \quad S_1 = -A_H = -17{,}5F,$$

$$\overset{\uparrow}{\sum} V = 0: \quad S_5 + A_V = 0 \quad \rightarrow \quad S_5 = -A_V = -16F. \tag{5.37}$$

Wir betrachten außerdem das Kräftegleichgewicht an Knoten II. Aus der horizontalen Kräftesumme ergibt sich die noch unbekannte Stabkraft S_6:

$$\overrightarrow{\sum} H = 0: \quad S_6 \cos \beta + S_1 - S_2 = 0. \tag{5.38}$$

Mit $\beta = 50{,}19°$ folgt daraus:

$$S_6 = \frac{-S_1 + S_2}{\cos 50{,}19°} = 6{,}51F. \tag{5.39}$$

Aus dem Gleichgewicht der Kräfte in vertikaler Richtung folgt:

$$\sum\nolimits^{\uparrow} V = 0: \quad S_7 + S_6 \sin\beta = 0 \quad \rightarrow \quad S_7 = -S_6 \sin\beta = -5F. \tag{5.40}$$

Aus dem Gleichgewicht der Kräfte an Knoten IV lässt sich die noch fehlende Stabkraft S_4 ermitteln. Außerdem haben wir an diesem Knotenschnitt die Gelegenheit, unser Ergebnis für die Stabkraft S_7 zu überprüfen. Aus der Summe der horizontalen Kräfte ergibt sich:

$$\sum\nolimits^{\leftarrow} H = 0: \quad S_4 \cos\alpha - S_3 \cos\alpha = 0 \quad \rightarrow \quad S_4 = S_3 = 15{,}55F. \tag{5.41}$$

Damit ist die letzte verbleibende Stabkraft bestimmt.

Aus der vertikalen Kräftesumme folgt:

$$\sum\nolimits^{\downarrow} V = 0: \quad S_7 + 5F = 0 \quad \rightarrow \quad S_7 = -5F. \tag{5.42}$$

Dieses Ergebnis stimmt mit demjenigen Ergebnis überein, das wir bereits am Knotenschnitt II ermittelt haben.

Der Knotenschnitt V bietet uns die Gelegenheit, unsere Rechenergebnisse für die Stabkräfte S_4, S_5 und S_6 zu überprüfen. Wir bilden zunächst die horizontale Kräftesumme und erhalten:

$$\sum\nolimits^{\rightarrow} H = 0: \quad S_4 \cos\alpha + S_6 \cos\beta - 17{,}5F = 0. \tag{5.43}$$

Setzt man hierin die bereits ermittelten Ergebnisse für S_4 und S_6 ein, dann zeigt es sich, dass die linke Seite der obigen Kräftesumme genau den Wert Null ergibt. Die Gleichgewichtsbedingung ist also erfüllt.

Wir betrachten außerdem die Summe der vertikalen Kräfte. Es gilt:

$$\sum\nolimits^{\downarrow} V = 0: \quad S_5 + S_6 \sin\beta + S_4 \sin\alpha + 3F = 0. \tag{5.44}$$

Auch hier zeigt es sich, dass die linke Seite dieser Gleichgewichtsbedingung nach Einsetzen von S_4, S_5 und S_6 zu Null wird.

Die ermittelten Stabkräfte sind in der Tab. 5.3 zusammengefasst. ◂

5.2 Knotenschnittverfahren

Tab. 5.3 Stabkräfte S_1-S_7

	Stabkraft
S_1	$-17{,}5F$
S_2	$-13{,}33F$
S_3	$15{,}55F$
S_4	$15{,}55F$
S_5	$-16F$
S_6	$6{,}51F$
S_7	$-5F$

Beispiel 5.3

Für das in Abb. 5.14 dargestellte Fachwerk sind die Stabkräfte zu ermitteln.

Zur Lösung:

Wir verzichten an dieser Stelle auf die Darstellung des Lösungswegs, dies sei der Leserschaft zu Übungszwecken überlassen. Wir teilen an dieser Stelle nur die Ergebnisse für die Stabkräfte mit (Tab. 5.4). ◄

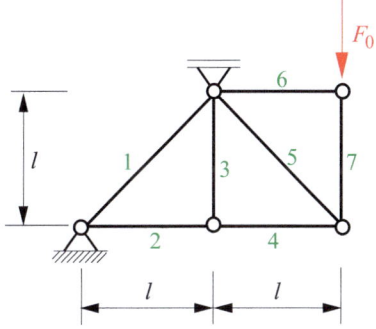

Abb. 5.14 Gegebenes Fachwerk mit sieben Stäben

Tab. 5.4 Stabkräfte S_1-S_7

	Stabkraft
S_1	$\sqrt{2}F_0$
S_2	$-F_0$
S_3	0
S_4	$-F_0$
S_5	$\sqrt{2}F_0$
S_6	0
S_7	$-F_0$

5.2.2 Allgemeine Regeln

Es ergeben sich bei vielen Fachwerken einige Zusammenhänge, die keinerlei Berechnung notwendig machen, sondern aus denen man vielmehr durch das bloße Hinschauen Schlussfolgerungen auf Stabkräfte ziehen kann. Ein solcher Zusammenhang besteht im Erkennen von sog. offensichtlichen Nullstäben. Das Suchen solcher offensichtlicher Nullstäbe sollte stets am Anfang einer Berechnung eines Fachwerks stehen, um sich unnötige Arbeit zu ersparen. Man kann für das Ermitteln von offensichtlichen Nullstäben, die man ohne Rechnung erkennen kann, die folgenden Regeln angeben.

Liegt an einem Fachwerk ein Knoten vor, an dem zwei Stäbe in einem unbelasteten Knoten miteinander verbunden sind, so sind diese beiden Stäbe Nullstäbe. Dies ist an dem Fachwerk der Abb. 5.15, oben, für den Knoten I mit den beiden Stäben 1 und 2 der Fall, wie man sich sofort durch Freischneiden und Aufstellen der vertikalen und horizontalen Kräftesumme klarmachen kann.

Untersucht man einen Knoten, an dem zwei Stäbe angreifen, und an dem außerdem eine Kraft in Richtung eines der beiden Stäbe weist, dann ist der andere Stab ein Nullstab, und die anliegende Kraft wird vollständig von demjenigen Stab getragen, dessen Richtung mit der Wirkrichtung der Kraft übereinstimmt. Das ist am Fachwerk der Abb. 5.15, Mitte, der Fall für Knoten I, bei dem Stab 1 ein Nullstab ist ($S_1 = 0$) und der Stab S_2 die Kraft F

Abb. 5.15 Erkennen offensichtlicher Nullstäbe

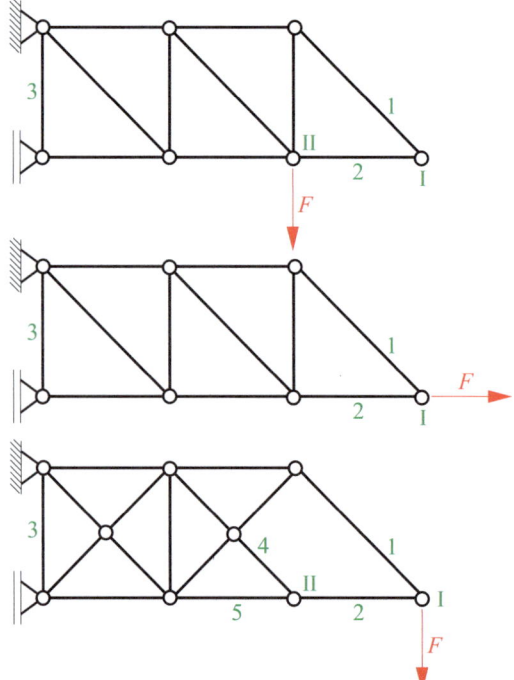

vollständig überträgt (d. h. $S_2 = F$). Läge der Fall vor, dass die angreifende Kraft F nach links weisen würde, also Druck auf Knoten I ausüben würde, so wäre Stab 2 ein Druckstab mit $S_2 = -F$.

An einem unbelasteten Fachwerkknoten, an dem ein verschiebliches Lager angebracht ist und an dem außerdem zwei Stäbe angebracht sind, wovon einer parallel zur wirkenden Auflagerkraft ausgerichtet ist und der andere senkrecht dazu, ist der Stab senkrecht zur Auflagerreaktion ein Nullstab. Das trifft an den beiden Fachwerken der Abb. 5.15, oben und Mitte, für Stab 3 zu, der in beiden Fällen ein Nullstab ist. Vorsicht ist allerdings beim Fachwerk der Abb. 5.15, unten, angebracht. Stab 3 ist hier kein Nullstab.

Wir betrachten nun außerdem einen Fachwerkknoten, der frei von äußerer Last sei und an dem zwei zueinander parallele Stäbe angebracht sind und dazu ein weiterer Stab, der eine andere Richtung als die beiden erstgenannten aufweist. An einem solchen Knoten ist dann der letztgenannte Stab ein Nullstab, und die beiden zueinander parallelen Stäbe weisen identische Stabkräfte auf. Ein solcher Knoten liegt mit Knoten II am Fachwerk der Abb. 5.15, unten, vor, bei dem Stab 4 ein Nullstab ist ($S_4 = 0$) und die beiden Stäbe 2 und 5 identische Stabkräfte aufweisen ($S_2 = S_5$).

Es lassen sich weitere offensichtliche Zusammenhänge feststellen, die wir anhand der Abb. 5.16 diskutieren können.

An einem belasteten Fachwerkknoten mit zwei parallellen Stäben und einem unter einem beliebigen Winkel dazu orientierten dritten Stab, an dem eine Kraft genau in Richtung des dritten Stabes weist, sind die Stabkräfte der beiden parallelen Stäbe identisch, und die Stabkraft des dritten Stabs entspricht der angreifenden Kraft. Ein solcher Knoten liegt an dem Fachwerk der Abb. 5.16 mit Knoten II vor, an dem die beiden Stabkräfte der Stäbe 2 und 5 identisch sind ($S_2 = S_5$) und die Stabkraft S_4 genau der anliegenden Kraft F entspricht ($S_4 = F$).

An einem unbelasteten Fachwerkknoten, an dem vier Stäbe angreifen, von denen jeweils zwei zueinander parallel sind, sind die Stabkräfte der zueinander parallelen Stäbe jeweils identisch. Dieser Fall liegt am Fachwerk der Abb. 5.16 vor mit Knoten III, und für die dort angreifen Stäbe gelten die Zusammenhänge $S_6 = S_8$ und $S_7 = S_9$. Diese allgemeine Regel gilt außerdem nicht nur für solche Knoten, an denen die Stäbe unter einem rechten Winkel zueinander orientiert sind, sondern auch für zwei Paare paralleler Stäbe, die unter beliebigen Winkeln zueinander orientiert sind.

Abb. 5.16 Erkennen offensichtlicher Stabkräfte

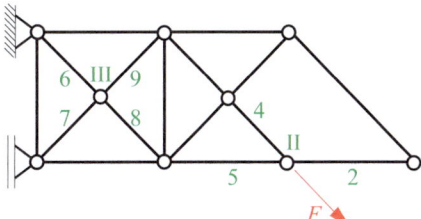

Beispiel 5.4

Gegeben sei das Fachwerk der Abb. 5.17. Man ermittle an diesem Fachwerk alle offensichtlichen Nullstäbe sowie Gleichheitsbeziehungen zwischen Stabkräften. Man bestimme dann abschließend die Stabkräfte.

Zur Lösung:

An Knoten II ist offensichtlich Stab 6 ein Nullstab. Dieser Knoten ist unbelastet, und Stab 6 weist eine andere Wirkrichtung auf als die Stäbe 1 und 2, deren Wirkrichtungen übereinstimmen. Demnach müssen außerdem die Stabkräfte S_1 und S_2 identisch sein, wie man sich am Kräftegleichgewicht an diesem Knoten klarmachen kann.

$$S_1 = S_2, \quad S_6 = 0. \tag{5.45}$$

Wenn Stab 6 ein Nullstab ist, dann zeigt sich aus der Betrachtung des Knotens VI sofort, dass auch Stab 7 ein Nullstab ist. Auch dieser Knoten ist unbelastet, und Stab 7 weist eine andere Wirkrichtung als die Stäbe 5 und 12 auf, deren Wirkrichtungen übereinstimmen. Demnach müssen außerdem die Stabkräfte S_5 und S_{12} identisch sein. Es gilt also:

$$S_5 = S_{12}, \quad S_7 = 0. \tag{5.46}$$

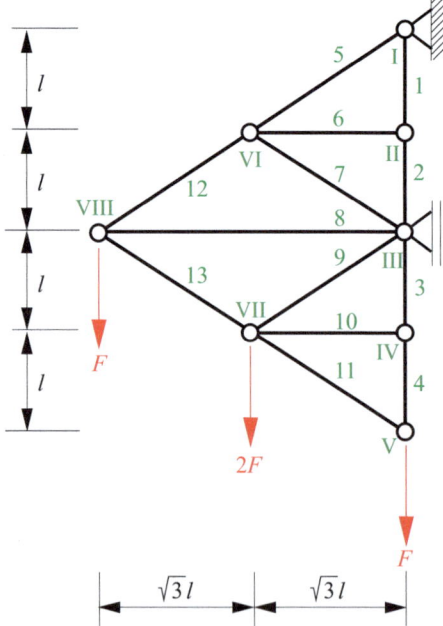

Abb. 5.17 Gegebenes Fachwerk mit 13 Stäben

An Knoten IV ergibt sich außerdem umgehend, dass Stab 10 ein Nullstab ist. Außerdem sind die Stabkräfte S_3 und S_4 identisch.

$$S_3 = S_4, \quad S_{10} = 0. \tag{5.47}$$

Die Betrachtung des Knotens V zeigt zudem, dass die dort anliegende Kraft F ausschließlich von Stab 4 getragen wird. Stab 11 ist demnach ein Nullstab. Es gilt also offensichtlich:

$$S_4 = F, \quad S_{11} = 0. \tag{5.48}$$

Damit liegt auch Stabkraft S_3 fest als

$$S_3 = F. \tag{5.49}$$

Wenn die Stäbe 10 und 11 erst einmal als Nullstäbe identifiziert wurden, dann kann man aus der Betrachtung des Knotens VII umgehend folgern, dass die beiden Stabkräfte S_9 und S_{13} identisch sein müssen. Sie greifen unter identischen Winkeln zur Horizontalen an diesem Knoten an, und der Knoten VII ist ausschließlich durch eine vertikale Kraft $2F$ belastet.

$$S_9 = S_{13}. \tag{5.50}$$

Wir ermitteln nun die noch nicht bekannten Stabkräfte mit Hilfe des Knotenschnittverfahrens und beginnen die Betrachtungen an Knoten VII (s. Abb. 5.18). Mit dem Winkel $\alpha = 30°$ folgt aus der Summe der vertikalen Kräfte:

$$\sum^{\uparrow} V = 0: \quad S_9 \sin 30° + S_{13} \sin 30° - 2F = 0. \tag{5.51}$$

Mit der bereits festgestellten Gleichheit der Stabkräfte S_9 und S_{13} folgt daraus:

$$S_9 = S_{13} = \frac{F}{\sin 30°} = 2F. \tag{5.52}$$

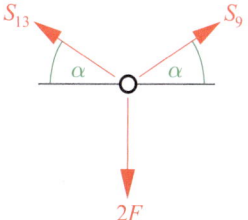

Abb. 5.18 Knotenschnitt an Knoten VII

Abb. 5.19 Knotenschnitt an Knoten VIII

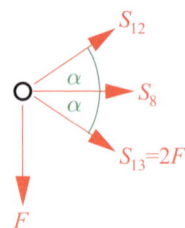

An Knoten VIII können die beiden Stabkräfte S_8 und S_{12} bestimmt werden. Das entsprechende Freikörperbild ist in Abb. 5.19 dargestellt. Wir erhalten aus der Summe der vertikalen Kräfte:

$$\overset{\uparrow}{\sum} V = 0: \quad S_{12} \sin\alpha - S_{13} \sin\alpha - F = 0 \quad \rightarrow \quad S_{12} = S_{13} + \frac{F}{\sin\alpha} = 4F. \quad (5.53)$$

Damit steht auch die Stabkraft S_5 fest als

$$S_5 = S_{12} = 4F. \quad (5.54)$$

Die Stabkraft S_8 ermitteln wir aus der Betrachtung der horizontalen Kräftesumme. Es ergibt sich:

$$\overset{\rightarrow}{\sum} H = 0: \quad S_8 + S_{12} \cos\alpha + S_{13} \cos\alpha = 0$$
$$\rightarrow \quad S_8 = -4F \cos 30° - 2F \cos 30° = -3\sqrt{3}F. \quad (5.55)$$

Aus der Betrachtung des Knotens III lässt sich die noch unbekannte Stabkraft S_2 bestimmen. Wir betrachten dazu das Freikörperbild der Abb. 5.20. Aus der vertikalen Kräftesumme folgt:

$$\overset{\uparrow}{\sum} V = 0: \quad S_2 - S_9 \sin\alpha - S_3 = 0$$
$$\rightarrow \quad S_2 = S_9 \sin\alpha + S_3 = 2F \sin 30° + F = 2F. \quad (5.56)$$

Damit ist auch umgehend die noch letzte verbleibende Stabkraft S_1 bekannt als:

$$S_1 = 2F. \quad (5.57)$$

Anzumerken ist noch, dass sämtliche Stabkräfte ermittelbar waren, ohne vorab die Auflagerreaktionen zu ermitteln. Sollte Interesse an den Auflagerreaktionen bestehen, so können diese durch Betrachtung der Knotenschnitte I und III ermittelt werden. Alternativ kann man diese am Gleichgewicht am gesamten Fachwerk ermitteln.

Die Stabkräfte für das betrachtete Fachwerk sind in Tab. 5.5 zusammenfassend dargestellt. ◀

Abb. 5.20 Knotenschnitt an Knoten III

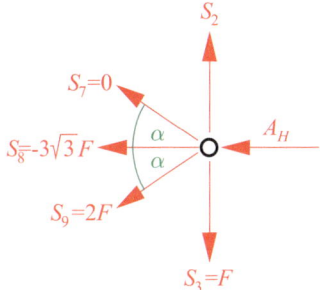

Tab. 5.5 Stabkräfte S_1-S_{13}

Stabkraft	
S_1	$2F$
S_2	$2F$
S_3	F
S_4	F
S_5	$4F$
S_6	0
S_7	0
S_8	$-3\sqrt{3}F$
S_9	$2F$
S_{10}	0
S_{11}	0
S_{12}	$4F$
S_{13}	$2F$

5.3 Rittersches Schnittverfahren

In manchen Fällen ist es sinnvoll, sich bei der Ermittlung von Stabkräften in Fachwerken einer anderen Strategie als das Knotenschnittverfahren zu bedienen. Eine solche alternative Vorgehensweise ist der sog. Ritterschnitt[1] bzw. das Rittersche Schnittverfahren. Das Rittersche Schnittverfahren besteht darin, das Fachwerk durch einen gezielten Schnitt in zwei Teile zu zerlegen, wobei dieser Schnitt darin besteht, drei Stäbe gleichzeitig zu schneiden. Diese Stäbe dürfen dabei nicht alle zum gleichen Knoten gehören. Alternativ kann auch durch einen Knoten und einen Stab geschnitten werden. An dem so entstandenen Teilsystem werden dann geeignete Gleichgewichtsbedingungen formuliert, aus denen sich die freigesetzten Stabkräfte ermitteln lassen. Die Wahl, welches der beiden durch den Schnitt entstandenen Teilsysteme man für die Ermittlung der Stabkräfte verwendet, erfolgt nach Gesichtspunkten der Zweckmäßigkeit. Das Rittersche Schnittverfahren eignet

---

[1] Georg Dietrich August Ritter, 1826–1908, deutscher Physiker.

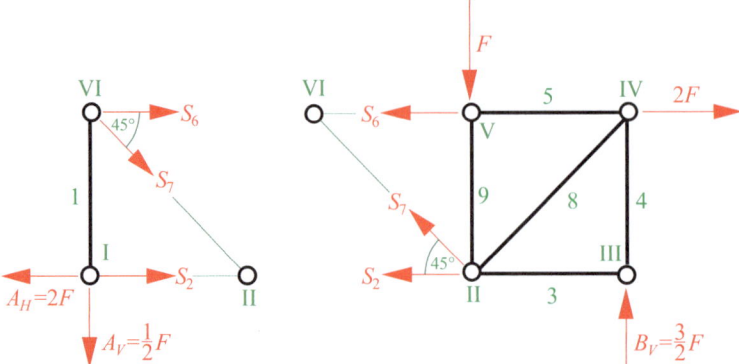

Abb. 5.21 Rittersches Schnittverfahren

sich insbesondere dann, wenn man nicht an sämtlichen Stabkräften, sondern nur an einzelnen Stabkräften interessiert ist. Gegebenenfalls sind vorab die Auflagerreaktionen zu ermitteln.

Wir illustrieren die Vorgehensweise am Fachwerk der Abb. 5.1 und wollen die Stabkräfte 2, 6 und 7 mit Hilfe des Ritterschen Schnittverfahrens ermitteln. Hierfür schneiden wir durch die betreffenden Stäbe und erhalten das Freikörperbild der Abb. 5.21, wobei wir hier die vorab bereits ermittelten Auflagerkräfte mit ihren jeweiligen Wirkungsrichtungen angetragen haben.

Wir betrachten nun zweckmäßig das Freikörperbild der Abb. 5.21, links, und bilden zunächst die Momentensumme um denjenigen Punkt, an dem sich die in grün gestrichelt dargestellten Wirkungslinien der Stabkräfte S_2 und S_7 schneiden, also um den Knoten II, den wir hier ebenfalls mit eingezeichnet haben. Durch die Wahl dieses Bezugspunkts weisen die Stabkräfte S_2 und S_7 keinen Hebelarm auf und tragen nicht zur Momentenbilanz bei. Das Momemtengleichgewicht ergibt:

$$\sum \overset{\curvearrowleft}{M}_{\mathrm{II}} = 0: \quad S_6 \cdot l - A_V \cdot l = 0 \quad \rightarrow \quad S_6 = A_V = \frac{1}{2}F. \tag{5.58}$$

Offenbar stimmt dieses Ergebnis mit der Stabkraft, wie sie schon aus dem Knotenschnittverfahren mit Gl. (5.13) ermittelt wurde, überein.

Zur Bestimmung der beiden verbleibenden Stabkräfte S_2 und S_7 stehen uns nun mehrere Möglichkeiten zur Verfügung. Wir bilden Summe der Momente um den Knotenpunkt VI und erhalten:

$$\sum \overset{\curvearrowleft}{M}_{\mathrm{VI}} = 0: \quad S_2 \cdot l - A_H \cdot l = 0 \quad \rightarrow \quad S_2 = A_H = 2F. \tag{5.59}$$

Auch dieses Ergebnis wurde bereits mit der Gleichgewichtsbedingung (5.6) mit Hilfe des Knotenschnittverfahrens ermittelt.

5.3 Rittersches Schnittverfahren

Abschließend ermitteln wir die Stabkraft S_7 aus der Summe der horizontalen Kräfte wie folgt:

$$\overrightarrow{\sum H} = 0: \quad S_6 + S_7 \cos 45° + S_2 - A_H = 0 \quad \rightarrow \quad S_7 = \frac{1}{\cos 45°}(-S_6 - S_2 + A_H). \tag{5.60}$$

Mit den bereits ermittelten Stabkräften und $\cos 45° = \frac{1}{\sqrt{2}}$ folgt daraus:

$$S_7 = \sqrt{2}\left(-\frac{1}{2}F - 2F + 2F\right) = -\frac{1}{\sqrt{2}}F. \tag{5.61}$$

Auch dieses Ergebnis wurde mit Gl. (5.15) bereits aus dem Knotenschnittverfahren ermittelt.

Uns steht am gegenwärtigen Freikörperbild mit der Summe der vertikalen Kräfte noch die Möglichkeit zur Verfügung, unser Ergebnis für die Stabkraft S_7 zu überprüfen. Wir erhalten:

$$\overset{\downarrow}{\sum} V = 0: \quad S_7 \sin 45° + A_V = 0. \tag{5.62}$$

Setzt man hierin die Stabkraft S_7 sowie die Auflagerkraft A_V ein, dann zeigt es sich, dass die linke Seite der Gleichgewichtsbedingung zu Null wird, Gleichgewicht ist also gewährleistet.

Man erhält die gleichen Ergebnisse für die Stabkräfte ebenfalls, wenn man die rechte Seite des Freikörperbilds der Abb. 5.21 betrachtet. Aus der Summe der Momente um den Knotenpunkt VI ergibt sich:

$$\overset{\curvearrowleft}{\sum} M_{\text{VI}} = 0: \quad S_2 \cdot l + F \cdot l - B_V \cdot 2l = 0 \quad \rightarrow \quad S_2 = -F + 2B_V = 2F. \tag{5.63}$$

Aus der Momentensumme um den Knotenpunkt II erhalten wir:

$$\overset{\curvearrowleft}{\sum} M_{\text{II}} = 0: \quad S_6 \cdot l - 2F \cdot l + B_V \cdot l = 0 \quad \rightarrow \quad S_6 = 2F - B_V = \frac{1}{2}F. \tag{5.64}$$

Abschließend betrachten wir die Summe der horizontalen Kräfte. Es folgt:

$$\overset{\leftarrow}{\sum} H = 0: \quad S_6 + S_7 \cos 45° + S_2 - 2F = 0$$

$$\rightarrow \quad S_7 = \frac{1}{\cos 45°}(-S_6 - S_2 + 2F) = -\frac{1}{\sqrt{2}}F. \tag{5.65}$$

Die am rechten Freikörperbild ermittelten Stabkräfte sind demnach also mit denjenigen identisch, die am linken Freikörperbild ermittelt wurden.

Beispiel 5.5

Wir betrachten das Fachwerk der Aufgabe 5.1 und wollen nun die Stabkräfte 2, 5 und 10 mit Hilfe des Ritterschen Schnittverfahrens ermitteln.

Zur Lösung:

Wir schneiden das Fachwerk durch Führen von Schnitten durch die Stäbe 2, 5 und 10 (Abb. 5.22), wobei wir hier auch die Auflagerreaktionen mit Betrag und Wirkrichtung mit angetragen haben. Bei diesem Beispiel handelt es sich um ein Fachwerk, bei dem es nicht notwendig ist, die Auflagerreaktionen vorab zu bestimmen, wenn man ausgewählte Stabkräfte mit Hilfe des Ritterschnittverfahrens ermitteln möchte. Das wird sofort ersichtlich, wenn man das Freikörperbild der Abb. 5.22, rechts, betrachtet, an dem sich die gesuchten Stabkräfte S_2, S_5 und S_{10} ermitteln lassen.

Wir bilden die Summe der Momente um den Knotenpunkt VI, der sich am Schnittpunkt der Wirklinien der Stabkräfte S_5 und S_{10} befindet. Es folgt:

$$\sum M_{VI} = 0: \quad S_2 \cdot l + F \cdot 2l = 0 \quad \rightarrow \quad S_2 = -2F. \tag{5.66}$$

Dieses Ergebnis wurde bereits in Aufgabe 5.1 mit Hilfe des Knotenschnittverfahrens ermittelt.

Wir bilden außerdem die Summe der Momente um den Knotenpunkt III und erhalten:

$$\sum M_{III} = 0: \quad S_5 \cdot l - F \cdot l = 0 \quad \rightarrow \quad S_5 = F. \tag{5.67}$$

Auch dieses Ergebnis wurde bereits in Aufgabe 5.1 bereitgestellt.

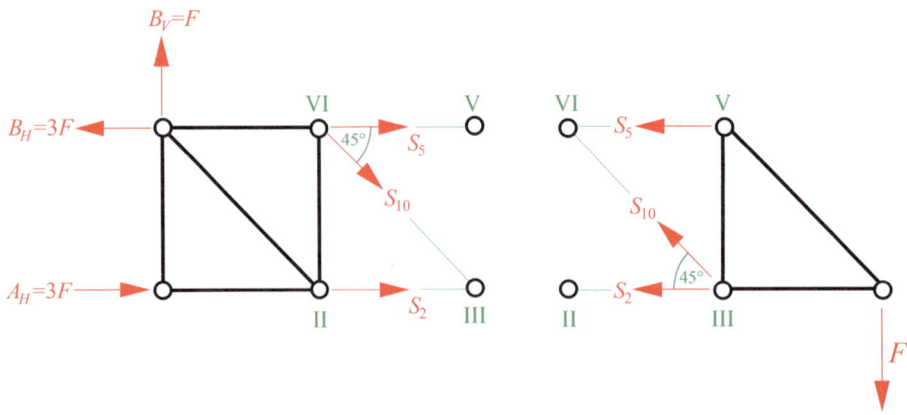

Abb. 5.22 Freikörperbild durch Schnitt durch die Stäbe 2, 5 und 10

5.3 Rittersches Schnittverfahren

Abschließend betrachten wir die Summe der vertikalen Kräfte:

$$\sum^{\uparrow} H = 0: \quad S_{10} \sin 45° - F = 0 \quad \rightarrow \quad S_{10} = \frac{F}{\sin 45°} = \sqrt{2}F. \tag{5.68}$$

Diese Stabkraft wurde ebenfalls schon in Beispiel 5.1 ermittelt.

Zur Probe betrachten wir noch die Summe der horizontalen Kräfte und erhalten:

$$\sum^{\leftarrow} H = 0: \quad S_2 + S_5 + S_{10} \cos 45° = 0. \tag{5.69}$$

Setzt man hierin die bereits ermittelten Stabkräfte S_2, S_5 und S_{10} ein, dann zeigt es sich, dass die linke Seite der Kräftegleichgewichtsbedingung zu Null wird. Gleichgewicht ist also gewährleistet.

Man kann auch für dieses Beispiel zeigen, dass man durch die Betrachtung des Freikörperbilds der Abb. 5.22, links, die gleichen Ergebnisse für die Stabkräfte erhält. Dies nachzuweisen sei an dieser Stelle der Leserschaft zu Übungszwecken überlassen. ◂

Beispiel 5.6

Wir betrachten erneut das Fachwerk aus Beispiel 5.4 und wollen nun die Stabkräfte S_3, S_9 und S_{13} mit Hilfe des Ritterschen Schnittverfahrens bestimmen.

Zur Lösung:

Wir führen einen Schnitt durch die Stäbe 3, 9 und 13 und erhalten das Freikörperbild der Abb. 5.23. Aus dem Momentengleichgewicht bezüglich des Knotens VII erhalten wir:

$$\sum^{\curvearrowleft} M_{VII} = 0: \quad S_3 \cdot \sqrt{3}l - F \cdot \sqrt{3}l = 0 \quad \rightarrow \quad S_3 = F. \tag{5.70}$$

Dieses Ergebnis wurde so auch schon in Beispiel 5.4 ermittelt.

Abb. 5.23 Freikörperbild durch Schnitt durch die Stäbe 3, 9 und 13

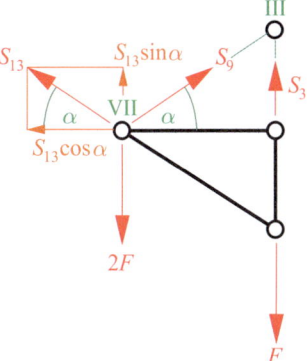

Wir betrachten außerdem die Summe der Momente bezüglich des Knotenpunkts III, der den Schnittpunkt der Wirkungslinien der Stabkräfte S_3 und S_9 darstellt. Wir teilen dazu die Stabkraft S_{13} in ihre horizontale und vertikale Komponente auf. Es folgt:

$$\overset{\curvearrowleft}{\sum} M_{\text{III}} = 0: \quad S_{13} \sin\alpha \cdot \sqrt{3}l + S_{13} \cos\alpha \cdot l - 2F \cdot \sqrt{3}l = 0. \tag{5.71}$$

Hieraus folgt das bereits aus Beispiel 5.4 bekannte Ergebnis

$$S_{13} = 2F. \tag{5.72}$$

Die noch verbleibende Stabkraft S_9 folgt aus der horizontalen Kräftesumme:

$$\overset{\rightarrow}{\sum} H = 0: \quad S_9 \cos\alpha - S_{13} \cos\alpha = 0, \tag{5.73}$$

woraus umgehend die schon in Beispiel 5.4 festgestellte Gleichheit der Stabkräfte S_9 und S_{13} folgt:

$$S_9 = 2F. \tag{5.74}$$

◀

5.4 Der Cremona-Plan

Neben den erläuterten Möglichkeiten der rechnerischen Ermittlung von Stabkräften in ebenen Fachwerken besteht auch die Möglichkeit, eine zeichnerische Ermittlung der Stabkräfte vorzunehmen. Man spricht in diesem Zusammenhang vom sog. Cremona-Plan[2], der in diesem Abschnitt erläutert wird.

Zur graphischen Ermittlung der Stabkräfte eines ebenen Fachwerks werden als erstes die Auflagerkräfte aus den Gleichgewichtsbedingungen am gesamten Fachwerk ermittelt. Der Cremona-Plan nutzt die Tatsache, dass an jeden Knoten eines Fachwerks die Gleichgewichtsbedingungen erfüllt sein müssen, so dass man für jeden Fachwerkknoten ein geschlossenes Krafteck zeichnen kann. Diese Kraftecke werden dann später zum Cremona-Plan zusammengefügt, so dass man über eine zeichnerische Darstellung der Stabkräfte nebst Auflagerkräften und äußeren Kräften in einem Diagramm verfügt.

Zur Illustration des Cremona-Plans betrachten wir erneut das Fachwerk der Abb. 5.1. Die Auflagerkräfte sind bekannt mit $A_H = 2F$ (also tatsächlich nach links weisend), $A_V = -\frac{1}{2}F$ (nach unten gerichtet) und $B_V = \frac{3}{2}F$ (nach oben gerichtet). Man legt nun eingangs einen positiven Umfahrungssinn für die Fachwerkknoten fest, wobei dieser Um-

---

[2] Antonio Luigi Gaudenzio Giuseppe Cremona, 1830–1903, italienischer Wissenschaftler.

5.4 Der Cremona-Plan

Abb. 5.24 Krafteck für Knoten I

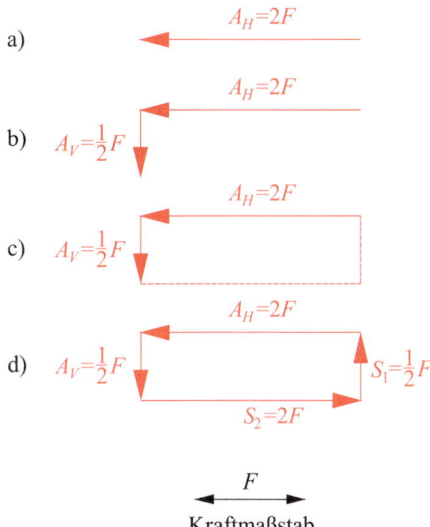

fahrungssinn beliebig ist, aber für alle Knoten identisch sein muss. Der Umfahrungssinn ist für die Behandlung des Gleichgewichts an den Fachwerkknoten wichtig, und wir einigen uns in allen weiteren Ausführungen für dieses Fachwerk für einen positiven Umfahrungssinn entgegen dem Uhrzeigersinn.

Für jeden Knotenpunkt werden nun die resultierenden geschlossenen Kraftecke konstruiert, wobei wir mit der Betrachtung von Knoten I beginnen (Abb. 5.24). Wir legen zunächst einen Maßstab für die auftretenden Kräfte fest und beginnen willkürlich mit der Betrachtung der Auflagerkraft A_H, die wir maßstabsgerecht mit ihrer tatsächlichen Wirkungsrichtung auftragen (Abb. 5.24, a)). Gemäß dem vereinbarten Umfahrungssinn tragen wir nun maßstabsgerecht die Auflagerkraft A_V mit ihrer tatsächlichen Wirkungsrichtung an (Abb. 5.24, b)). Nun betrachten wir die Stabkraft S_2, deren horizontal verlaufende Wirkungslinie den Kraftpfeil von A_V tangieren muss. Ebenso tragen wir die Wirkungslinie von S_1 auf, die an den Kraftpfeil der horizontalen Auflagerkraft A_H anschließen muss (Abb. 5.24, c)). Die tatsächliche Länge der Kraftpfeile von S_1 und S_2 wird einerseits durch die Kraftpfeile der Auflagerreaktionen A_H und A_V begrenzt und andererseits durch den Schnittpunkt zwischen den Wirkungslinien von S_1 und S_2 (Abb. 5.24, d)). Damit ist das gesuchte geschlossene Krafteck für Knoten I vollendet, und die Beträge der Kräfte S_1 und S_2 sowie ihre Wirkungsrichtungen lassen sich an der Skizze Abb. 5.24, d) ablesen. Damit das Krafteck geschlossen ist, muss $S_1 = \frac{1}{2}F$ nach oben und $S_2 = 2F$ nach rechts weisen. Man kann sich davon überzeugen, dass dies mit den bereits zuvor ermittelten Ergebnissen für S_1 und S_2 übereinstimmt.

Wir verfahren genauso für die anderen Kraftecke dieses Fachwerks, wobei es empfehlenswert ist, die Reihenfolge der zu behandelnden Knoten so zu wählen, dass eine möglichst einfache und damit wenig fehleranfällige Abfolge entsteht. Am Beispiel betrachten wir

Abb. 5.25 Krafteck für Knoten VI

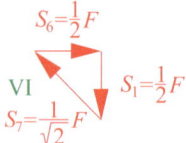

nun beispielsweise den Knoten VI. An diesem Knoten ist bereits die Stabkraft $S_1 = \frac{1}{2}F$ als eine Zugkraft bekannt, wobei man hier darauf zu achten hat, dass man diese Kraft aufgrund des Wechselwirkungsprinzips genau gegenläufig zum Bild des Knotens I anzuzeichnen hat. Zeichnet man nun das geschlossene Kräftedreieck, dann erhält man das Bild der Abb. 5.25.

Genauso wird für die verbleibenden Fachwerkknoten verfahren, wobei wir für das gegebene Fachwerk die Knotenreihenfolge I, VI, V, IV, III verwenden könnten und uns Knoten II abschließend zur Probe verbleibt. Die einzelnen Kraftecke sind in Abb. 5.26

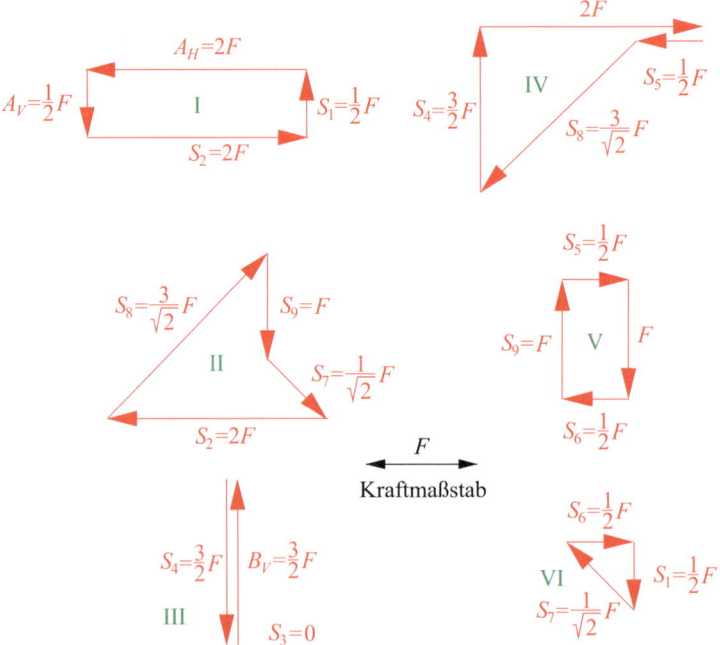

Abb. 5.26 Kraftecke für Knoten I-VI

5.4 Der Cremona-Plan

Abb. 5.27 Cremona-Plan

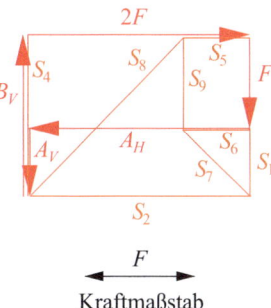

zusammenfassend dargestellt, wobei man das tatsächliche Vorzeichen einer Stabkraft aus der Richtung des Kraftpfeile folgern kann. So ist zum Beispiel am Knoten V die Stabkraft S_9 eine Druckkraft und damit negativ, sie zeigt auf den Knoten zu und übt Druck auf diesen aus. Zu beachten ist noch, dass das Krafteck im Falle des Knotens III zu einer Linie entartet, Stab 3 ist demnach ein Nullstab.

Der Cremona-Plan entsteht nun dadurch, dass man die vorher erstellten Kraftecke so zusammenfügt, dass jede Stabkraft nur noch einmal gezeichnet werden muss. Dies ist in Abb. 5.27 dargestellt. Hierin haben wir die Stabkräfte ohne Richtungspfeil angetragen, da sie ja in den hier beteiligten Kraftecken jeweils zweimal auftauchen. An diesem nun für das gesamte Fachwerk gültigen Krafteck lassen sich die Stabkräfte abmessen. Außerdem ergeben die äußeren Kräfte und die Auflagerreaktionen in sich ebenfalls ein geschlossenes Krafteck (in rot hervorgehoben).

Beispiel 5.7

Für das Fachwerk aus Beispiel 5.1 ist der Cremona-Plan zu ermitteln.

Zur Lösung:

Die Kraftecke der einzelnen Knoten sind in Abb. 5.28 dargestellt. Diese wurden in der Reihenfolge IV, V, III, VI, II, I, VII mit Umfahrungssinn entgegen dem Uhrzeigersinn erstellt. Bei diesem Fachwerk handelt es sich wiederum um ein Beispiel, bei dem die Auflagerreaktionen nicht vorab ermittelt werden müssen, sondern sich aus den Kraftecken ablesen lassen. Der hieraus erstellbare Cremona-Plan ist in Abb. 5.29 gezeigt. ◄

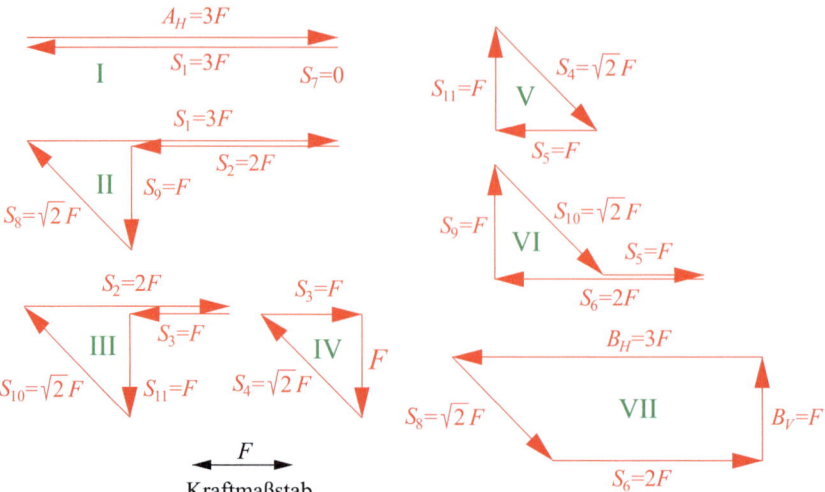

Abb. 5.28 Krafteck

Abb. 5.29 Cremona-Plan

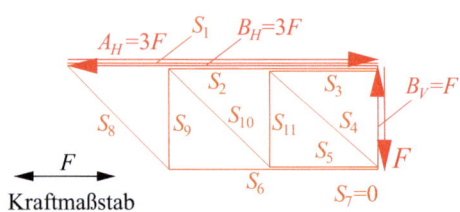

Schnittgrößen 6

Dieses Kapitel ist der Ermittlung von Schnittgrößen ebener und räumlicher Stäbe und Balken gewidmet. Nach einer grundlegenden Einführung werden Schnittgrößen, also Normal- und Querkräfte sowie Biegemomente, an geraden Balken unter Einzelkräften und -momenten sowie Streckenlasten ermittelt. Es wird außerdem ein grundlegender Zusammenhang zwischen Belastung und Schnittgrößen hergeleitet und dazu genutzt, um Schnittgrößen durch Integration zu ermitteln. Wir gehen außerdem auf Mehrfeldprobleme ein und ermöglichen damit die Ermittlung von Schnittgrößen für komplexere Systeme und betrachten darüber hinaus auch abgewinkelte und gekrümmte Balken. Das Kapitel schließt mit der Behandlung von räumlichen Balkenstrukturen.

6.1 Grundlegendes

In einem Balken oder einem System aus Balken unter äußeren Lasten werden sich innere Kräfte und auch Momente ausbilden (Abb. 6.1). Es ist dabei üblich, diese Kräfte auf eine Fläche zu beziehen, so dass man von den sog. Spannungen im Inneren eines Balkens spricht. Wie man diese Spannungen berechnet und wie sie sich über den Querschnitt eines Balkens verteilen wird in Band 2 ausführlich betrachtet und kann im vorliegenden Buch nicht behandelt werden. Wir werden uns in diesem Kapitel daher ausschließlich auf die Ermittlung dieser inneren Kräfte und Momente beschränken, die man als die sog. Schnittgrößen bezeichnet und die man durch das Schneiden eines Balkens gedanklich sichtbar macht. Handelt es sich um einen Balken, der beispielsweise durch die beiden Streckenlasten q_y und q_z sowie durch Einzelkräfte F_y und F_z belastet werde, dann ergeben sich i. Allg. sechs verschiedene Schnittgrößen. Dies sind zum Einen die sog. Normalkraft N, die in Balkenlängsrichtung zeigt, sowie die beiden sog. Querkräfte Q_z und Q_z, die tangential zum Querschnitt orientiert sind. Neben diesen inneren Kräften ergeben sich außerdem auch drei innere Schnittmomente. Dies ist einersejts das sog. Torsionsmoment M_x, das ein Moment bezüglich der Balkenlängsachse x darstellt und mit einer Torsion des Balkens

Abb. 6.1 Schnittgrößen am Balken

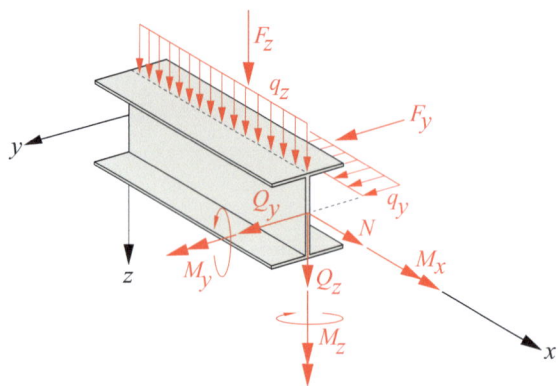

verbunden ist. Auf das Thema der Torsion wird in diesem Buch nicht eingegangen, dies wird in Band 2 noch ausführlich thematisiert. Andererseits treten die beiden sog. Biegemomente M_y und M_z auf, die mit einer Verdrehung des Querschnitts um die y-Achse bzw. die z-Achse verbunden sind. Wir werden uns in diesem Kapitel damit auseinandersetzen, wie man diese Schnittgrößen an Balken ermittelt. Die Ermittlung von Schnittgrößen ist für Ingenieur*innen in der Praxis eine besonders wichtige Aufgabe, denn sie erlauben eine Aussage über die Beanspruchung eines Bauteils/einer Struktur, was für die Auslegung und Nachweisführung maßgeblich ist.

Wir beginnen die Ausführungen dieses Kapitels mit Balken bzw. Balkensystemen, die durch Belastungen nur in einer Ebene belastet sind (Abb. 6.2). Dies sei im Folgenden stets die xz-Ebene. Wann eine Balkenstruktur in einer Ebene betrachtet werden darf kann in diesem Buch nicht erschöpfend ergründet werden, weswegen auch hier auf Band 2 verwiesen sei. Wir wollen an dieser Stelle aber davon ausgehen, dass diese Annahme gültig ist. Auf beliebig belastete Balken gehen wir an späterer Stelle noch ein. Liegt also ein Balken vor, der nur in seiner xz-Ebene belastet ist, dann treten als relevante Schnittgrößen nur die Normalkraft N, das Biegemoment $M_y = M$ und die Querkraft $Q_z = Q$ auf wie in

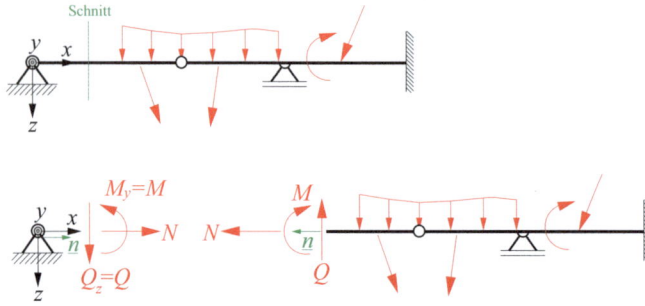

Abb. 6.2 Ebene Schnittgrößen

6.1 Grundlegendes

Abb. 6.2 dargestellt, wobei wir uns den Balken als ein eindimensionales Element denken, das durch seine Schwerpunktlinie repräsentiert wird. Die Schnittgrößen sind dementsprechend Kräfte und Momente, die auf den Schwerpunkt S des Balkenquerschnitts bezogen sind. Die Wahl des Ursprungs des Bezugssystems x, y, z auf der Schwerpunktachse des Balkens ist grundsätzlich beliebig und wird nach Gesichtspunkten der Zweckmäßigkeit getroffen. Im System der Abb. 6.2 wurde das Koordinatensystem willkürlich in das linke Auflager gelegt.

Abb. 6.2, unten, zeigt den geschnittenen Balken, wobei man an dieser Stelle auch von den sog. Schnittufern spricht. Dasjenige Schnittufer, das durch die x-Achse durchstoßen wird (oder präziser: dessen Normalenvektor $\underline{n}$ in die positive x-Richtung weist), wird als das sog. positive Schnittufer bezeichnet. Analog dazu ist dann das andere Schnittufer das sog. negative Schnittufer. Die Schnittgrößen an diesen beiden Schnittufern müssen aufgrund des Wechselwirkungsprinzips übereinstimmen. Zur Wahrung des Gleichgewichts müssen die derart freigeschnittenen Schnittgrößen mit den an den beiden Balkenteilen Kräften und Momenten im Gleichgewicht stehen. Man kann also nach Durchführen eines Schnitts die Schnittgrößen des Balkens an der Schnittstelle durch die bereits bekannten Gleichgewichtsbedingungen ermitteln. Dies sind die Summen der Kräfte in die horizontale x-Richtung und die vertikale z-Richtung sowie die Summe der Momente um die y-Achse, die in der dargestellten Perspektive aus der Blattebene herausweist. Es sei an dieser Stelle aber angemerkt, dass diese Vorgehensweise ohne Weiteres nur bei statisch bestimmten Systemen durchführbar ist. Bei statisch unbestimmten Balken und Balkensystemen sind weiterführende Betrachtungen notwendig, die wir in Band 2 ausführlich thematisieren werden. Entsprechend beschränken wir uns in diesem Kapitel ausschließlich auf die Bestimmung von Schnittgrößen in statisch bestimmten Balken und Balkensystemen.

Für die Schnittgrößen eines Balkens gilt die folgende Vorzeichenkonvention: An einem positivem Schnittufer weisen positive Schnittgrößen in positive Koordinatenrichtung. Analog dazu weisen an einem negativen Schnittufer positive Schnittgrößen in negative Koordinatenrichtung. Die in Abb. 6.2 gezeigten Schnittgrößen sind demnach positive Schnittgrößen: Die Normalkraft N weist am positiven Schnittufer in die positive x-Richtung, und ebenso weist die Querkraft Q in die positive z-Richtung. Das Schnittmoment M weist einen positiven Drehsinn um die y-Achse auf.

Häufig wird bei der ebenen Betrachtungen von Balken nur die horizontale x-Achse eingezeichnet und dabei stillschweigend angenommen, dass die z-Achse nach unten weist, so dass die y-Achse im Sinne eines rechtshändigen Koordinatensystems aus der Blattebene herauszeigt. Wir werden aber in allen folgenden Ausführungen auch stets die z-Achse einzeichnen, um Eindeutigkeit zu gewährleisten, aber auf die Kennzeichnung der y-Achse verzichten. Sie weist stets aus der Blattebene heraus.

6.2 Schnittgrößen an geraden Balken

6.2.1 Balken unter Einzelkräften

Als ein einführendes elementares Beispiel zur Ermittlung von Schnittgrößen sei der Balken der Abb. 6.3 betrachtet. Gegeben sei ein gerader Balken der Länge l, der an seinem linken Ende zweiwertig gelagert sei. Am rechten Ende liege eine einwertige Lagerung vor. Der Balken werde in Feldmitte durch eine senkrecht zur Balkenachse wirkende Einzelkraft F belastet. Wir wollen an diesem Balken die Schnittgrößen N, Q, M ermitteln.

Eingangs einer Berechnung von Schnittgrößen steht in vielen Fällen die Ermittlung der Lagerreaktionen, was im vorliegenden Falle elementar einfach ist: Die horizontale Auflagerkraft A_H wird unter dieser Belastung zu Null, und die beiden vertikalen Auflagerkräfte A_V und B_V betragen beide jeweils die Hälfte der Kraft F:

$$A_H = 0, \quad A_V = B_V = \frac{F}{2}. \tag{6.1}$$

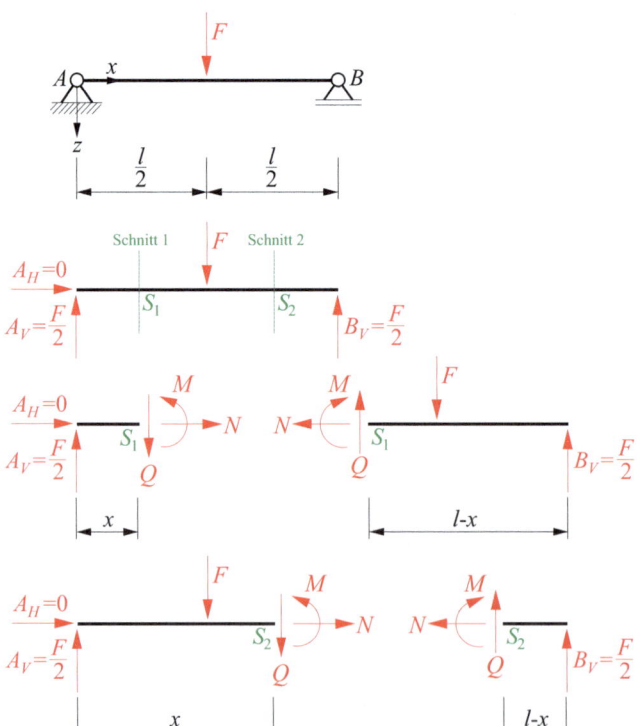

Abb. 6.3 Balken unter vertikal wirkender Einzelkraft F

6.2 Schnittgrößen an geraden Balken

Wir ermitteln nun die Schnittgrößen für diesen Balken durch das Führen der beiden Schnitte 1 und 2 beidseits der angreifenden Kraft F und betrachten zunächst Schnitt 1, der sich an einer beliebigen Stelle x befinde. Das entsprechende Freikörperbild ist ebenfalls in Abb. 6.3 gezeigt. Die beiden Balkensegmente weisen die Längen x bzw. $l - x$ auf, und wir betrachten zweckmäßig das linke freigeschnittene Balkensegment. Die Gleichgewichtsbedingungen lauten:

$$\overrightarrow{\sum} H = 0: \quad N + A_H = 0 \quad \rightarrow \quad N = 0,$$

$$\underset{\downarrow}{\sum} V = 0: \quad Q - A_V = 0 \quad \rightarrow \quad Q = A_V = \frac{F}{2},$$

$$\overset{\frown}{\sum} M_{S_1} = 0: \quad M - A_V x = 0 \quad \rightarrow \quad M = A_V x = \frac{F}{2} x. \quad (6.2)$$

Es zeigt sich, dass die Normalkraft N im linken Balkensegment für $0 \leq x \leq \frac{l}{2}$ verschwindet, unabhängig von der Lage x des Schnittpunkts S_1. Außerdem zeigt es sich, dass die Querkraft konstant ist mit dem Wert $Q = \frac{F}{2}$, dies ebenfalls unabhängig von der Lage x des Schnittpunkts S_1. Für das Biegemoment M hingegen ergibt sich ein linearer Verlauf $M(x) = \frac{F}{2}x$, wobei das Biegemoment an der Stelle $x = 0$ (Auflagerpunkt A) zu Null wird und am Kraftangriffspunkt $x = \frac{l}{2}$ den Maximalwert $M = \frac{Fl}{4}$ annimmt.

Man kann sich davon überzeugen, dass man die gleichen Ergebnisse erhält, würde man das rechte Balkensegment betrachten. Die Gleichgewichtsbedingungen lauten dann:

$$\overleftarrow{\sum} H = 0: \quad N = 0,$$

$$\underset{\uparrow}{\sum} V = 0: \quad Q - F + B_V = 0 \quad \rightarrow \quad Q = F - B_V = \frac{F}{2},$$

$$\overset{\frown}{\sum} M_{S_1} = 0: \quad M + F\left(\frac{l}{2} - x\right) - B_V(l - x) = 0 \quad \rightarrow \quad M = \frac{F}{2} x. \quad (6.3)$$

Man erkennt, dass die Betrachtung des rechten Balkensegments aufwendiger ist als bei der Behandlung des linken Balkensegments. Man wählt daher das zu betrachtende Schnittufer stets nach Gesichtspunkten der Zweckmäßigkeit.

Wir betrachten nun Schnitt 2 und wollen das so entstehende rechte Balkensegment für $\frac{l}{2} \leq x \leq l$ betrachten, so wie in Abb. 6.3 gezeigt. Die Gleichgewichtsbedingungen lauten hier:

$$\overleftarrow{\sum} H = 0: \quad N = 0,$$

$$\underset{\uparrow}{\sum} V = 0: \quad Q + B_V = 0 \quad \rightarrow \quad Q = -B_V = -\frac{F}{2},$$

$$\overset{\frown}{\sum} M_{S_2} = 0: \quad M - B_V(l - x) = 0 \quad \rightarrow \quad M = \frac{F}{2}(l - x). \quad (6.4)$$

Es zeigt sich, dass die Normalkraft N auch rechts von der angreifenden Kraft F zu Null wird, wohingegen die Querkraft Q hier ebenfalls konstant ist, nun aber als negative Kraft mit dem Wert $Q = -\frac{F}{2}$ auftritt. Das Biegemoment ist wieder eine lineare Funktion von x, wobei es im rechten Auflager B verschwindet. Man kann sich davon überzeugen, dass man die gleichen Ergebnisse erhält, wenn man das linke Balkensegment betrachtet. Das bleibt hier ohne weitere Ausführung.

Es ist üblich, die ermittelten Schnittgrößenverläufe graphisch darzustellen. Eine solche graphische Darstellung bezeichnet man als Zustandslinien für N, Q und M. Die Zustandslinien für das vorliegende Beispiel sind in Abb. 6.4 gezeigt. Üblicherweise trägt man die Schnittgrößen so über die Balkenlänge auf, dass Normalkraft N und Querkraft Q positiv nach oben angetragen werden, und man trägt das Biegemoment M positiv nach unten auf. Auch wenn in diesem Fall die Normalkraft beidseits der angreifenden Kraft zu Null wird sieht man hierfür eine eigene Zustandslinie vor und trägt dort den Wert Null ein, so wie in Abb. 6.4 gezeigt. An den Zustandslinien trägt man die wesentlichen Ordinaten an, wobei man diese stets ohne Vorzeichen vorsieht. Das Vorzeichen wird dafür üblicherweise innerhalb der Zustandslinie eingetragen.

Diskutiert man die so entstandenen Zustandslinien, dann zeigt es sich, dass die Querkraft Q beidseits der Kraft F konstant ist, aber genau an der Kraftangriffsstelle einen Sprung um den Wert F aufweist. Die Zustandslinie für das Biegemoment M hingegen ist beidseits der Kraft F linear und weist an der Kraftangriffsstelle einen Knick auf. Das maximale Biegemoment tritt an der Stelle der Einzelkraft F auf. Dies sind typische Beobachtungen an Balken unter Einzelkräften, eine genauere Erklärung dieser Sachverhalte folgt noch an späterer Stelle.

Abb. 6.4 Zustandslinien

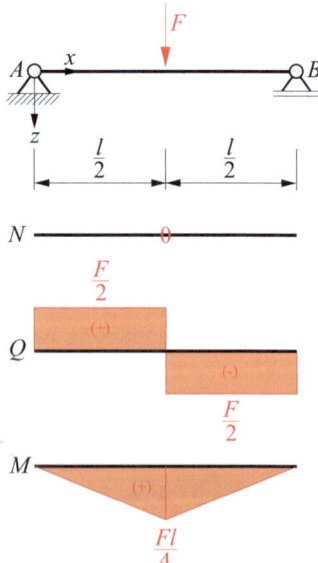

6.2 Schnittgrößen an geraden Balken

Abb. 6.5 Balken unter schräg angreifender Einzelkraft F

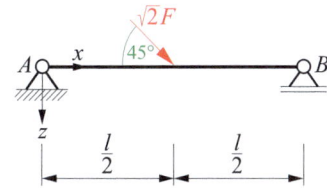

Beispiel 6.1

Betrachtet werde der in Abb. 6.5 gezeigte Balken der Länge l unter einer mittigen Einzelkraft $\sqrt{2}F$, die unter dem Winkel $\alpha = 45°$ zur Balkenachse angreife. Gesucht werden die Zustandslinien N, Q, M.

Zur Lösung:

Wir schneiden den Balken frei und zerlegen die angreifende Kraft in ihre horizontale Komponente F_H und ihre vertikale Komponente F_V, die sich mit $\sin 45° = \cos 45° = \frac{1}{\sqrt{2}}$ ergeben als $F_H = F_V = F$ (Abb. 6.6). Zunächst werden die Auflagerreaktionen ermittelt. Das Momentengleichgewicht bezüglich Auflager B ergibt die Auflagerkraft A_V wie folgt:

$$\overset{\curvearrowright}{\sum} M_B = 0: \quad A_V \cdot l - F_V \cdot \frac{l}{2} = 0 \quad \rightarrow \quad A_V = \frac{F}{2}. \tag{6.5}$$

Aus der Summe der vertikalen Kräfte folgt dann die Auflagerkraft B_V:

$$\overset{\uparrow}{\sum} V = 0: \quad B_V + A_V - F_V = 0 \quad \rightarrow \quad B_V = \frac{F}{2}. \tag{6.6}$$

Schließlich kann noch die horizontale Auflagerkraft A_H aus der Summe der horizontalen Kräfte ermittelt werden:

$$\overset{\rightarrow}{\sum} V = 0: \quad A_H + F_H = 0 \quad \rightarrow \quad A_H = -F. \tag{6.7}$$

Entsprechend weist diese Auflagerkraft also tatsächlich nach links.

Zur Ermittlung der Schnittgrößen N, Q und M führen wir nacheinander zwei Schnitte durch so wie in Abb. 6.7 gezeigt und betrachten zunächst das Freikörperbild für

Abb. 6.6 Freikörperbild

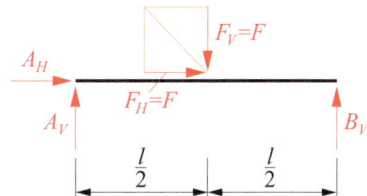

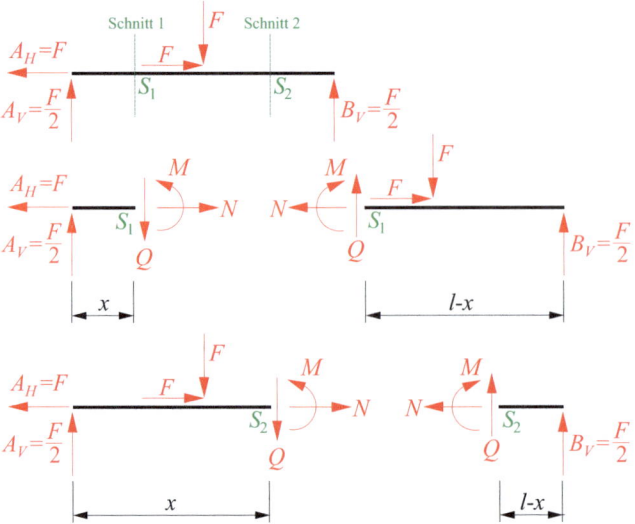

Abb. 6.7 Freikörperbilder für Schnitte 1 und 2

Schnitt 1 ($0 \leq x \leq \frac{l}{2}$). Da die Betrachtungen beider so entstandenen Freikörperbilder der beiden Balkensegmente äquivalent ist entscheiden wir uns der Einfachheit halber für die Betrachtung der linken Seite. Zu beachten ist, dass wir hier die Auflagerkraft A_H ihrer wahren Wirkrichtung entsprechend angetragen haben. Gleichgewicht der Kräfte und Momente ergibt:

$$\sum\nolimits^{\rightarrow} H = 0: \quad N - A_H = 0 \quad \rightarrow \quad N = F,$$

$$\sum\nolimits^{\downarrow} V = 0: \quad Q - A_V = 0 \quad \rightarrow \quad Q = A_V = \frac{F}{2},$$

$$\sum\nolimits^{\curvearrowleft} M_{S_1} = 0: \quad M - A_V x = 0 \quad \rightarrow \quad M = A_V x = \frac{F}{2} x. \tag{6.8}$$

Man kann sich davon überzeugen, dass man das gleiche Ergebnis erhält, wenn man das rechte Balkensegment betrachtet.

Wir betrachten nun Schnitt 2 ($\frac{l}{2} \leq x \leq l$) und erhalten bei Betrachtung des rechten Balkensegments:

$$\sum\nolimits^{\leftarrow} H = 0: \quad N = 0,$$

$$\sum\nolimits^{\uparrow} V = 0: \quad Q + B_V = 0 \quad \rightarrow \quad Q = -B_V = -\frac{F}{2},$$

$$\sum\nolimits^{\curvearrowright} M_{S_2} = 0: \quad M - B_V(l - x) = 0 \quad \rightarrow \quad M = \frac{F}{2}(l - x). \tag{6.9}$$

Abb. 6.8 Zustandslinien

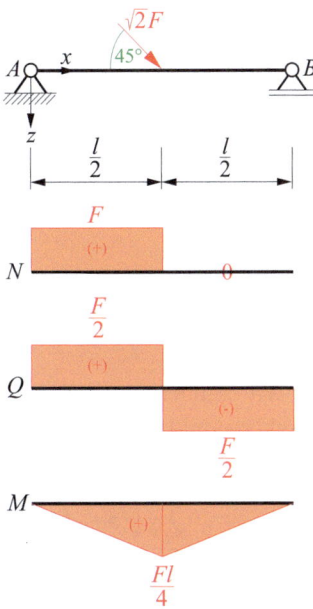

Die so ermittelten Schnittgrößen sind in Abb. 6.8 dargestellt. Man erkennt, dass die Zustandslinien Q und M genau denen des einführenden Beispiels dieses Abschnitts entsprechen. Außerdem zeigt es sich, dass die linke Balkenhälfte unter einer Zugnormalkraft steht, wohingegen die rechte Balkenhälfte frei von Normalkräften ist. ◀

Wir wollen nun untersuchen, wie man möglichst zielführend die Ermittlung von Schnittgrößen durchführt, wenn ein Balken unter eine Anzahl von Einzelkräften vorliegt. Hierzu betrachten wir als einführendes Beispiel den Balken der Abb. 6.9, der unter drei Einzelkräften F_1, F_2, F_3 steht, die sämtlich genau senkrecht zur Balkenachse wirken. Die Kräfte F_1, F_2, F_3 weisen die Abstände l_1, l_2, l_3 zum linken Auflagerpunkt A auf.

Abb. 6.9 Balken unter drei Einzelkräften F_1, F_2, F_3

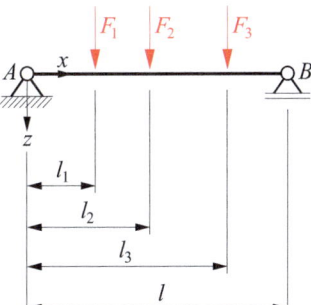

Abb. 6.10 Freikörperbild zur Ermittlung der Auflagerkräfte

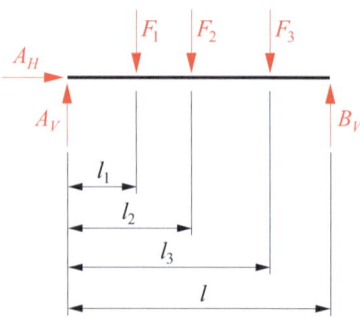

Wir ermitteln an diesem Beispiel zunächst die Auflagerreaktionen und betrachten das Freikörperbild der Abb. 6.10. Aus den Momentensummen bezüglich A und B folgt:

$$\overset{\curvearrowleft}{\sum} M_B = 0: \quad A_V l - F_1(l-l_1) - F_2(l-l_2) - F_3(l-l_3) = 0$$

$$\rightarrow \quad A_V = \frac{1}{l} \sum_{i=1}^{3} F_i(l-l_i),$$

$$\overset{\curvearrowright}{\sum} M_A = 0: \quad B_V l - F_1 l_1 - F_2 l_2 - F_3 l_3 = 0$$

$$\rightarrow \quad B_V = \frac{1}{l} \sum_{i=1}^{3} F_i l_i. \qquad (6.10)$$

Die horizontale Auflagerkraft A_H ist an diesem Balken identisch Null: $A_H = 0$.

Das obige Ergebnis kann auf den Fall von n vertikal wirkenden Einzelkräften erweitert werden, und es gilt:

$$A_H = 0, \quad A_V = \frac{1}{l} \sum_{i=1}^{n} F_i(l-l_i), \quad B_V = \frac{1}{l} \sum_{i=1}^{n} F_i l_i. \qquad (6.11)$$

Wir wollen nun die Schnittgrößen N, Q und M ermitteln, wobei an diesem Beispiel die Normalkraft N an jeder Stelle x zu Null wird, da keine der angreifenden Kräfte eine horizontale Komponente aufweist und demnach auch die horizontale Auflagerkraft A_H verschwindet. Wir führen nun insgesamt vier Schnitte durch den Balken, und zwar wie folgt:

- Schnitt 1 zwischen Auflager A und Kraft F_1 ($0 \leq x \leq l_1$)
- Schnitt 2 zwischen den Kräften F_1 und F_2 ($l_1 \leq x \leq l_2$)

6.2 Schnittgrößen an geraden Balken

Abb. 6.11 Freikörperbilder für die Schnitte 1–4 zur Ermittlung der Schnittgrößen

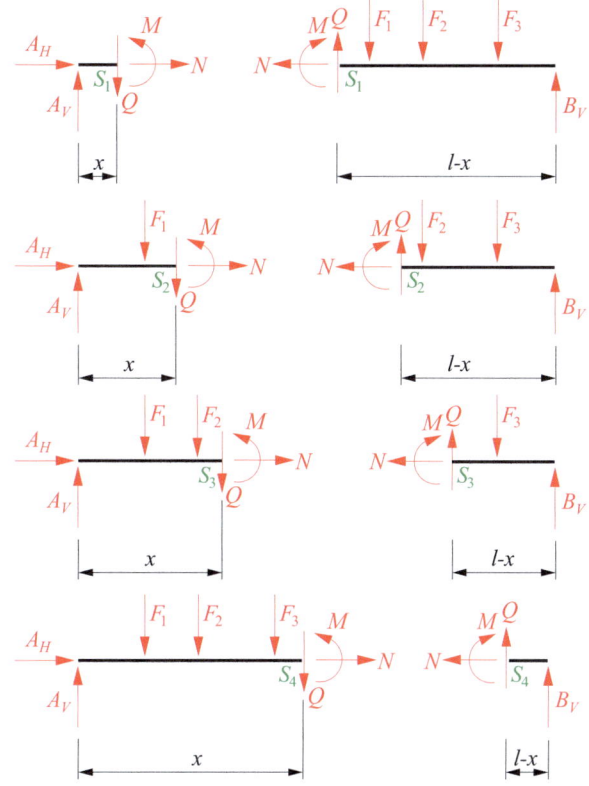

- Schnitt 3 zwischen den Kräften F_2 und F_3 ($l_2 \leq x \leq l_3$)
- Schnitt 4 zwischen Kraft F_3 und Auflager B ($l_3 \leq x \leq l$)

Die entsprechenden Freikörperbilder sind in Abb. 6.11 gezeigt.

Wir beginnen die Betrachtungen mit Schnitt 1 ($0 \leq x \leq l_1$) und betrachten das linke Balkensegment am entsprechenden Freikörperbild. Die Gleichgewichtsbedingungen lauten hier:

$$\sum \vec{H} = 0: \quad N = 0,$$

$$\sum {\downarrow} V = 0: \quad Q - A_V = 0 \quad \rightarrow \quad Q = \frac{1}{l}\sum_{i=1}^{3} F_i(l - l_i),$$

$$\sum \curvearrowleft M_{S_1} = 0: \quad M - A_V x = 0 \quad \rightarrow \quad M = \frac{x}{l}\sum_{i=1}^{3} F_i(l - l_i). \tag{6.12}$$

Für Schnitt 2 mit $l_1 \leq x \leq l_2$ folgt am linken Balkensegment:

$$\overset{\rightarrow}{\sum} H = 0: \quad N = 0,$$

$$\overset{\downarrow}{\sum} V = 0: \quad Q - A_V + F_1 = 0 \quad \rightarrow \quad Q = \frac{1}{l} \sum_{i=1}^{3} F_i(l - l_i) - F_1,$$

$$\overset{\curvearrowleft}{\sum} M_{S_3} = 0: \quad M - A_V x + F_1(x - l_1) = 0$$

$$\rightarrow \quad M = \frac{x}{l} \sum_{i=1}^{3} F_i(l - l_i) - F_1(x - l_1). \tag{6.13}$$

An Schnitt 3 mit $l_2 \leq x \leq l_3$ ergibt sich für das linke Balkensegment:

$$\overset{\rightarrow}{\sum} H = 0: \quad N = 0,$$

$$\overset{\downarrow}{\sum} V = 0: \quad Q - A_V + F_1 + F_2 = 0 \quad \rightarrow \quad Q = \frac{1}{l} \sum_{i=1}^{3} F_i(l - l_i) - F_1 - F_2,$$

$$\overset{\curvearrowleft}{\sum} M_{S_3} = 0: \quad M - A_V x + F_1(x - l_1) + F_2(x - l_2) = 0$$

$$\rightarrow \quad M = \frac{x}{l} \sum_{i=1}^{3} F_i(l - l_i) - F_1(x - l_1) - F_2(x - l_2). \tag{6.14}$$

Für Schnitt 4 mit $l_3 \leq x \leq l$ schließlich folgt am linken Balkensegment:

$$\overset{\rightarrow}{\sum} H = 0: \quad N = 0,$$

$$\overset{\downarrow}{\sum} V = 0: \quad Q - A_V + F_1 + F_2 + F_3 = 0$$

$$\rightarrow \quad Q = \frac{1}{l} \sum_{i=1}^{3} F_i(l - l_i) - F_1 - F_2 - F_3,$$

$$\overset{\curvearrowleft}{\sum} M_{S_4} = 0: \quad M - A_V x + F_1(x - l_1) + F_2(x - l_2) + F_3(x - l_3) = 0$$

$$\rightarrow \quad M = \frac{x}{l} \sum_{i=1}^{3} F_i(l - l_i) - F_1(x - l_1) - F_2(x - l_2) - F_3(x - l_2). \tag{6.15}$$

Abb. 6.12 Zustandslinien

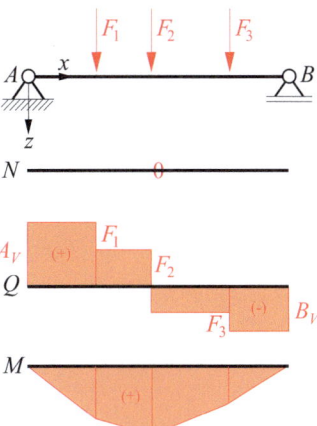

Die so ermittelten Schnittgrößen sind in den Zustandslinien der Abb. 6.12 dargestellt. Es zeigt sich, dass die Querkraftlinie eine abschnittsweise konstante Linie darstellt, die im Bereich $0 \leq x \leq l_1$ den Wert A_V und im Bereich $l_3 \leq x \leq l$ den Wert $-B_V$ aufweist. An den Angriffspunkten der Kräfte F_1, F_2 und F_3 treten jeweils Sprünge um genau den Betrag der angreifenden Kraft auf. Die Momentenlinie hingegen setzt sich aus abschnittsweise linearen Funktionen zusammen, die an den Kraftangriffspunkten Knicke aufweisen. An den beiden Lagerpunkten A und B nimmt die Momentenlinie den Wert Null an, es handelt sich um gelenkige Lagerungen.

Die oben ermittelten Ergebnisse für die Schnittgrößen lassen sich für den Fall eines Balkens der Länge l unter n senkrecht zur Balkenachse wirkenden Einzelkräften F_i ($i = 1, 2, \ldots, n$) an den Stellen $x_i = l_i$ verallgemeinern wie folgt. Im Schnitt i zwischen den Einzelkräften F_{i-1} und F_i an der Stelle x gilt:

$$N = 0,$$
$$Q = \frac{1}{l} \sum_{i=1}^{n} F_i(l - l_i) - F_1 - F_2 - \ldots - F_{i-1},$$
$$M = \frac{x}{l} \sum_{i=1}^{n} F_i(l - l_i) - F_1(x - l_1) - F_2(x - l_2) - \ldots - F_{i-1}(x - l_{i-1}). \tag{6.16}$$

Anzumerken ist noch, dass sich aufgrund des Freischneidens eines Balkens stets zwei Segmente ergeben, die beide gleichberechtigt für die Ermittlung der Schnittgrößen herangezogen werden können. Welches Segment man für das Aufstellen der Gleichgewichtsbedingungen verwendet entscheidet man stets nach Gesichtspunkten der Zweckmäßigkeit. Man wird daher immer bestrebt sein, dasjenige Segment zu verwenden, an dem weniger Kräfte angreifen.

Abb. 6.13 Kragarm

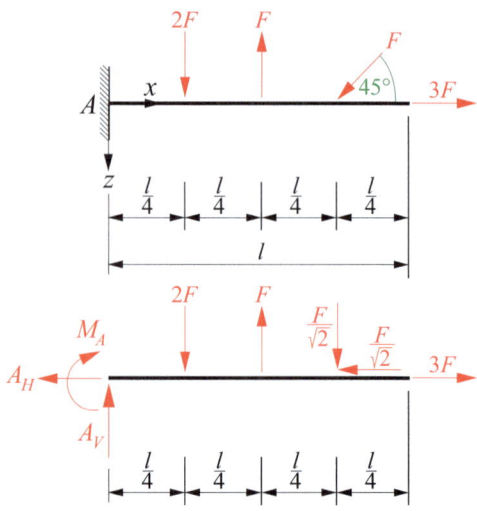

Beispiel 6.2

Gegeben sei ein Kragarm der Länge l, der durch mehrere Einzelkräfte belastet werde (Abb. 6.13). Gesucht werden die Zustandslinien N, Q, M.

Zur Lösung:

Wir haben die Auflagerreaktionen in der Einspannung A bereits in Beispiel 4.2 ermittelt. Sie lauten:

$$A_H = \left(3 - \frac{1}{\sqrt{2}}\right) F,$$
$$A_V = \left(1 + \frac{1}{\sqrt{2}}\right) F,$$
$$M_A = -\frac{3Fl}{4\sqrt{2}}. \tag{6.17}$$

Zur Ermittlung der Schnittgrößen führen wir insgesamt vier Schnitte am Balken durch so wie in Abb. 6.14 gezeigt. Die einzelnen Schnitte betreffen damit die folgenden Bereiche:

- Schnitt 1: $0 \leq x \leq \frac{l}{4}$
- Schnitt 2: $\frac{l}{4} \leq x \leq \frac{l}{2}$
- Schnitt 3: $\frac{l}{2} \leq x \leq \frac{3l}{4}$
- Schnitt 4: $\frac{3l}{4} \leq x \leq l$

6.2 Schnittgrößen an geraden Balken

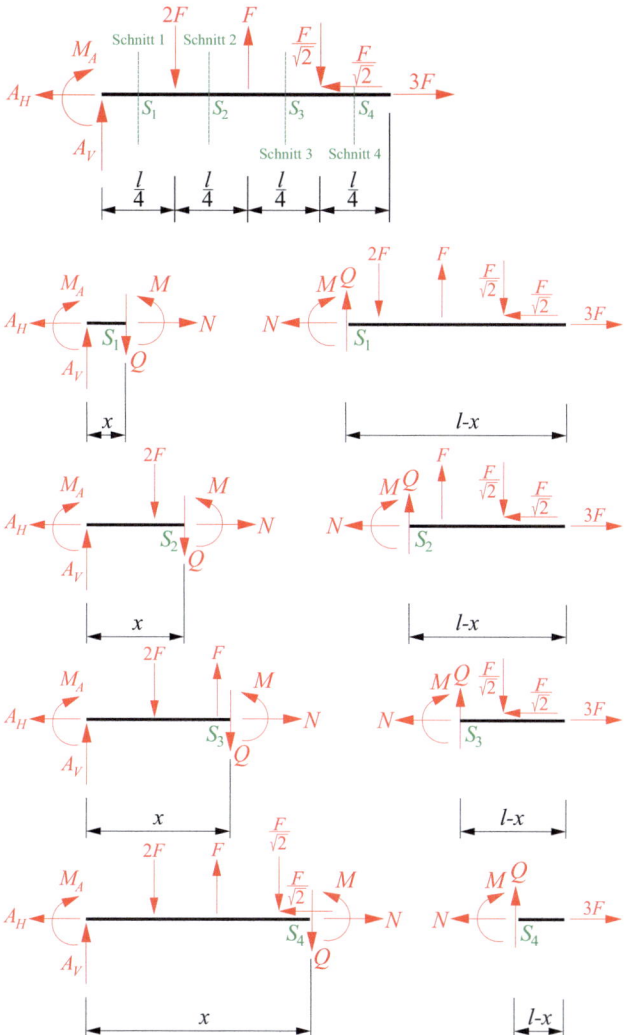

Abb. 6.14 Freikörperbilder

Wir beginnen die Betrachtungen mit Schnitt 1 und erhalten die folgenden Schnittgrößen aus den Gleichgewichtsbedingungen am linken Balkensegment:

$$\overset{\rightarrow}{\sum} H = 0: \quad N - A_H = 0 \quad \rightarrow \quad N = \left(3 - \frac{1}{\sqrt{2}}\right) F,$$

$$\overset{\downarrow}{\sum} V = 0: \quad Q - A_V = 0 \quad \rightarrow \quad Q = \left(1 + \frac{1}{\sqrt{2}}\right) F,$$

$$\overset{\curvearrowleft}{\sum} M_{S_1} = 0: \quad M - M_A - A_V x = 0 \quad \rightarrow \quad M = \left[\left(1 + \frac{1}{\sqrt{2}}\right) x - \frac{3l}{4\sqrt{2}}\right] F. \quad (6.18)$$

Während die Normalkraft N und die Querkraft Q im Bereich $0 \leq x \leq \frac{l}{4}$ konstante Werte annehmen, ergibt sich für das Biegemoment M ein linearer Verlauf mit dem Anfangswert $M(x = 0) = -\frac{3Fl}{4\sqrt{2}}$ und dem Endwert $M(x = \frac{l}{4}) = -(\sqrt{2} - 1)\frac{Fl}{4}$.

Anhand von Schnitt 2 ergeben sich die folgenden Schnittgrößen am linken Balkensegment:

$$\overset{\rightarrow}{\sum} H = 0: \quad N - A_H = 0 \quad \rightarrow \quad N = \left(3 - \frac{1}{\sqrt{2}}\right) F,$$

$$\overset{\downarrow}{\sum} V = 0: \quad Q - A_V + 2F = 0 \quad \rightarrow \quad Q = \left(\frac{1}{\sqrt{2}} - 1\right) F,$$

$$\overset{\curvearrowleft}{\sum} M_{S_2} = 0: \quad M - M_A - A_V x + 2F\left(x - \frac{l}{4}\right) = 0$$

$$\rightarrow \quad M = \left[\left(1 - \frac{3}{2\sqrt{2}}\right) l + \left(\frac{1}{\sqrt{2}} - 1\right) x\right] F. \quad (6.19)$$

Auch im Abschnitt $\frac{l}{4} \leq x \leq \frac{l}{2}$ sind die Normalkraftlinie und die Querkraftlinie konstant, während die Momentenlinie wieder einen linearen Verlauf zeigt mit dem Anfangswert $M(x = \frac{l}{4}) = -(\sqrt{2} - 1)\frac{Fl}{4}$ und dem Endwert $M(x = \frac{l}{2}) = -\frac{Fl}{4\sqrt{2}}$.

Für Schnitt 3 ergeben sich die Gleichgewichtsbedingungen wie folgt am linken Balkensegment:

$$\overset{\rightarrow}{\sum} H = 0: \quad N - A_H = 0 \quad \rightarrow \quad N = \left(3 - \frac{1}{\sqrt{2}}\right) F,$$

$$\overset{\downarrow}{\sum} V = 0: \quad Q - A_V + 2F - F = 0 \quad \rightarrow \quad Q = \frac{F}{\sqrt{2}},$$

$$\overset{\curvearrowleft}{\sum} M_{S_3} = 0: \quad M - M_A - A_V x + 2F\left(x - \frac{l}{4}\right) - F\left(x - \frac{l}{2}\right) = 0$$

$$\rightarrow \quad M = \frac{F}{\sqrt{2}} \left(x - \frac{3l}{4}\right). \quad (6.20)$$

6.2 Schnittgrößen an geraden Balken

Es ergeben sich also erneut konstante Verläufe für Normalkraft N und Querkraft Q sowie ein linearer Verlauf für die Momentenlinie mit dem Anfangswert $M(x = \frac{l}{2}) = -\frac{Fl}{4\sqrt{2}}$ und dem Endwert $M(x = \frac{3l}{4}) = 0$.

Abschließend betrachten wir noch Schnitt 4. Es folgt am linken Balkensegment:

$$\overrightarrow{\sum H} = 0: \quad N - A_H - \frac{F}{\sqrt{2}} = 0 \qquad \rightarrow \quad N = 3F,$$

$$\overset{\downarrow}{\sum} V = 0: \quad Q - A_V + 2F - F + \frac{F}{\sqrt{2}} = 0 \quad \rightarrow \quad Q = 0,$$

$$\overset{\frown}{\sum} M_{S_4} = 0: \quad M - M_A - A_V x + 2F\left(x - \frac{l}{4}\right) - F\left(x - \frac{l}{2}\right) + \frac{F}{\sqrt{2}}\left(x - \frac{3l}{4}\right) = 0$$

$$\rightarrow \quad M = 0.$$

(6.21)

Dementsprechend ergibt sich ein konstanter Normalkraftverlauf N, während sowohl die Querkraft Q als auch das Biegemoment M für $\frac{3l}{4} \leq x \leq l$ Null sind.

Die ermittelten Schnittgrößen sind in den Zustandslinien der Abb. 6.15 graphisch dargestellt. Es zeigt sich, dass die Normalkraftlinie N am Angriffspunkt der unter 45° wirkenden Kraft einen Sprung um genau die horizontale Kraftkomponente $\frac{F}{\sqrt{2}}$ aufweist. Ebenso weist die Querkraftlinie Q Sprüngen an den Kraftangriffspunkten um genau den Betrag der dort wirkenden vertikalen Kräfte auf und ändert ihr Vorzeichen zweimal über x, was sich aus der Wirkungsrichtung der angreifenden vertikalen Kräfte erklärt. Der Balkenabschnitt $\frac{3l}{4} \leq x \leq l$ ist querkraftfrei. Die Momentenlinie setzt sich aus bereichsweise linearen Funktionen zusammen und weist an den Angriffsstellen der vertikale wirkenden Kräfte Knicke auf, sie ist durchgehend negativ und nimmt im Bereich $\frac{3l}{4} \leq x \leq l$ den Wert Null an.

Anzumerken ist hier noch, dass die Verwendung der rechten Balkensegmente in den Freikörperbildern für die Schnitte 3 und 4 einfacher gewesen wäre als die Verwendung der linken Balkensegmente, was wir aber hier aus Illustrationsgründen nicht durchgeführt haben. Ebenso ist anzumerken, dass es sich hierbei um ein Beispiel handelt, das auch ohne die vorherige Ermittlung der Auflagerreaktionen zu lösen gewesen wäre. Hierzu hätte man sich bei der Ermittlung der Schnittgrößen ‚von rechts nach links‘, beginnend am Kragarmende, vorarbeiten können. Man wäre bei dieser Vorgehensweise natürlich wieder auf die gleichen Ergebnisse gekommen wie in Abb. 6.15 dargestellt. ◀

Abb. 6.15 Zustandslinien

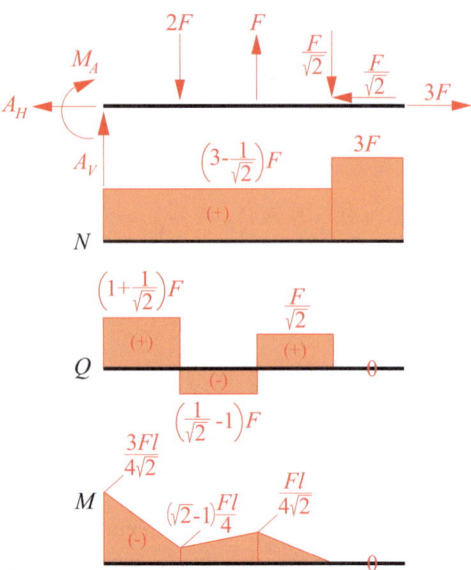

6.2.2 Balken unter Einzelkräften und -momenten

Die Vorgehensweise ist bei Vorliegen von äußeren Momenten ganz analog zu den Ausführungen in Abschn. 6.2.1. Wir betrachten das Beispiel der Abb. 6.16. Gegeben sei ein gelenkig gelagerter Balken der Länge l (Teillängen l_1 und l_2), der durch ein Einzelmoment M_0 belastet werde. Wir wollen für dieses Beispiel die Zustandslinien N, Q und M bestimmen.

Die Auflagerreaktionen wurden bereits in Beispiel 4.3 ermittelt als:

$$A_H = 0, \quad A_V = \frac{M_0}{l}, \quad B_V = -\frac{M_0}{l}. \tag{6.22}$$

Mit den bekannten Auflagerreaktionen können nun die Schnittgrößen des Balkens bestimmt werden. Am Freikörperbild der Abb. 6.17 ergeben sich die Schnittgrößenverläufe

Abb. 6.16 Balken unter Einzelmoment M_0

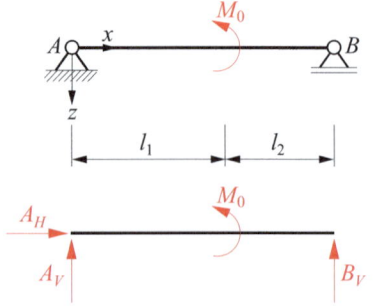

6.2 Schnittgrößen an geraden Balken

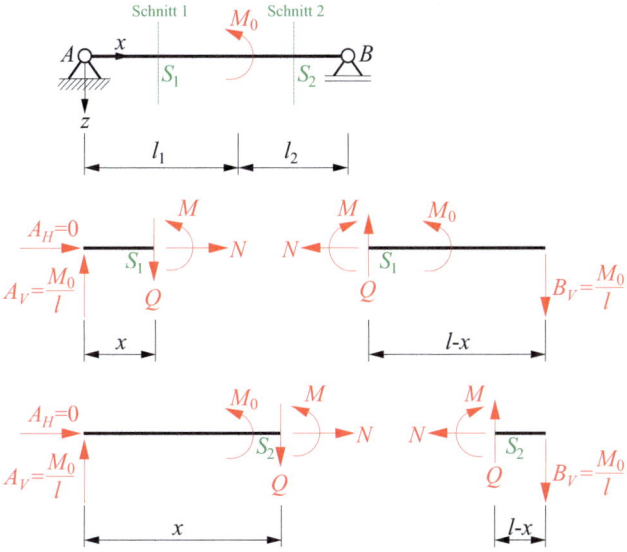

Abb. 6.17 Freikörperbilder

des Balkens linksseitig des Moments M_0 für Schnitt 1 wie folgt am linken Balkensegment:

$$\begin{aligned}
\overrightarrow{\sum} H = 0: &\quad N = 0, \\
\downarrow \sum V = 0: &\quad Q - A_V = 0 \quad \rightarrow \quad Q = \frac{M_0}{l}, \\
\curvearrowleft \sum M_{S_1} = 0: &\quad M - A_V x = 0 \quad \rightarrow \quad M = M_0 \frac{x}{l}.
\end{aligned} \qquad (6.23)$$

Während sich die Normalkraft N zu Null ergibt, zeigt die Querkraft Q einen konstanten Verlauf mit dem Wert $Q = \frac{M_0}{l}$. Das Biegemoment hingegen verläuft linear über x und weist die Randwerte $M(x = 0) = 0$ an der gelenkigen Lagerung im Punkt A und $M(x = l_1) = M_0 \frac{l_1}{l}$ links neben dem Einzelmoment M_0 auf.

Für Schnitt 2 ergeben sich die folgenden Gleichgewichtsbedingungen:

$$\begin{aligned}
\overrightarrow{\sum} H = 0: &\quad N = 0, \\
\downarrow \sum V = 0: &\quad Q - A_V = 0 \quad \rightarrow \quad Q = \frac{M_0}{l}, \\
\curvearrowleft \sum M_{S_1} = 0: &\quad M + M_0 - A_V x = 0 \quad \rightarrow \quad M = M_0 \left(\frac{x}{l} - 1\right).
\end{aligned} \qquad (6.24)$$

Abb. 6.18 Zustandslinien

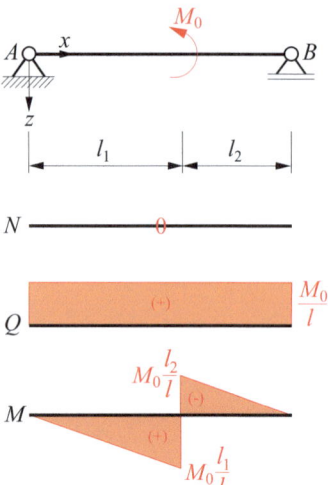

Auch hier ergeben sich eine verschwindende Normalkraft N, eine konstante Querkraft $Q = \frac{M_0}{l}$ sowie ein linear verlaufendes Biegemoment mit den Randwerten $M(x = l_1) = -M_0 \frac{l_2}{l}$ und $M(x = l) = 0$.

Die Zustandslinien für dieses Beispiel sind in Abb. 6.18 dargestellt. Es zeigt sich, dass die Normalkraft N über die gesamte Balkenlänge den Wert Null annimmt, wohingegen die Querkraft Q konstant ist mit dem Wert $Q = \frac{M_0}{l}$. Das Biegemoment verläuft beidseits des Moments M_0 linear und weist am Angriffspunkt von M_0 einen Sprung auf, der genau dem Betrag von M_0 entspricht.

Beispiel 6.3

Betrachtet werde der Kragarm der Abb. 6.19 mit der Länge $2l$, der durch zwei vertikal wirkende Kräfte F, eine horizontal wirkende Kraft $2F$ und ein Moment $M_0 = 2Fl$ belastet werde. Gesucht werden die Zustandslinien.

Zur Lösung:

Es handelt sich hierbei um ein Beispiel, bei dem es nicht zwingend notwendig ist, vorab die Auflagerreaktionen zu ermitteln. Wir betrachten die Schnitte 1 und 2 wie in Abb. 6.19 angedeutet und arbeiten uns von links nach rechts vor. An Schnitt 1 ergeben

6.2 Schnittgrößen an geraden Balken

Abb. 6.19 Kragarm

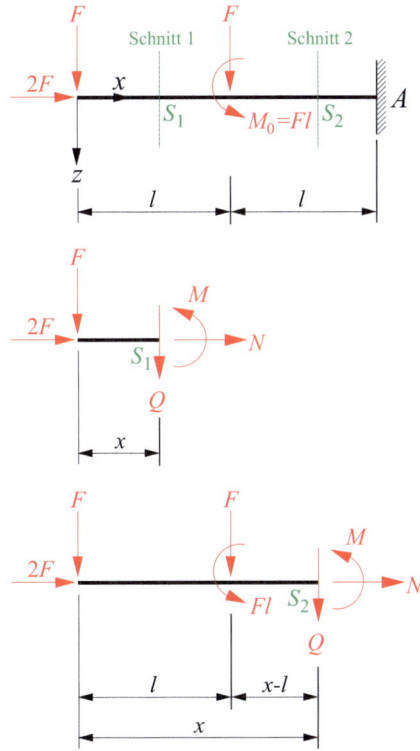

sich die folgenden Gleichgewichtsbedingungen:

$$\overrightarrow{\sum} H = 0: \quad N + 2F = 0 \quad \rightarrow \quad N = -2F,$$

$$\underset{\downarrow}{\sum} V = 0: \quad Q + F = 0 \quad \rightarrow \quad Q = -F,$$

$$\overset{\curvearrowright}{\sum} M_{S_1} = 0: \quad M + Fx = 0 \quad \rightarrow \quad M = -Fx. \qquad (6.25)$$

Die Normalkraft N und die Querkraft Q nehmen beide konstante Werte an, wohingegen das Biegemoment einen linearen Verlauf aufweist mit den Randwerten $M(x = 0) = 0$ (freies Kragarmende) und $M(x = l) = -Fl$ linksseitig vom angreifenden Moment M_0.

Für Schnitt 2 erhält man:

$$\sum \vec{H} = 0: \quad N + 2F = 0 \quad \rightarrow \quad N = -2F,$$

$$\sum \downarrow V = 0: \quad Q + F + F = 0 \quad \rightarrow \quad Q = -2F,$$

$$\sum \curvearrowleft M_{S_2} = 0: \quad M + Fx + F(x-l) + 2Fl = 0 \quad \rightarrow \quad M = -Fl\left(2\frac{x}{l} + 1\right). \tag{6.26}$$

Hier treten ebenfalls konstante Verläufe für N und Q auf sowie ein linearer Verlauf für M mit den Randwerten $M(x = l) = -3Fl$ rechtsseitig vom angreifenden Moment M_0 und $M(x = 2l) = -5Fl$ an der Einspannstelle.

Die Zustandslinien sind in Abb. 6.20 dargestellt. Es zeigt sich, dass die Querkraftlinie Q an der Kraftangriffsstelle $x = l$ einen Sprung um genau den Wert F der dort wirkenden Kraft aufweist. Ganz analog dazu zeigt die Momentenlinie M am Angriffspunkt des Moments $M_0 = 2Fl$ einen Sprung um genau diesen Wert. ◀

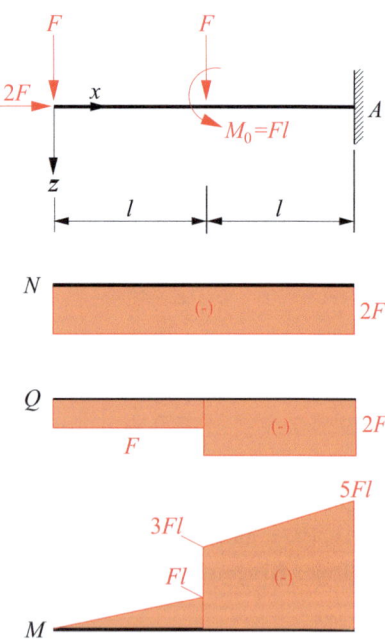

Abb. 6.20 Zustandslinien

6.2.3 Balken unter Streckenlasten

Die bisherigen Überlegungen wollen wir nun auf solche Balken ausweiten, die durch Streckenlasten belastet werden. Zur Einführung betrachten wir den Balken der Abb. 6.21 unter der Gleichstreckenlast q_0.

Die Auflagerreaktionen können ohne weitere Angabe des Rechenwegs als $A_V = B_V = \frac{q_0 l}{2}$ und $A_H = 0$ ermittelt werden (vgl. Beispiel 4.4). Um nun die Schnittgrößen zu bestimmen schneiden wir den Balken an einer beliebigen Stelle x frei und betrachten das Freikörperbild, so wie in Abb. 6.21, Mitte, gezeigt. Zu beachten ist dabei, dass man hier im Gegensatz zur Ermittlung der Auflagerreaktionen die Streckenlast q_0 nicht durch ihre Gesamtresultierende $R = q_0 l$ ersetzen darf, sondern vielmehr die Resultierende $R = q_0 x$

Abb. 6.21 Balken unter Gleichstreckenlast

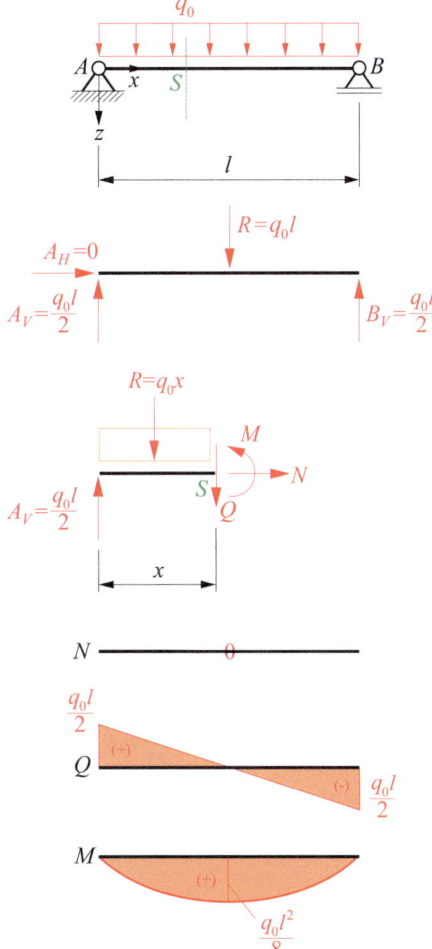

auf dem Teilstück der Länge x zu betrachten hat. Die Gleichgewichtsbedingungen lauten hier:

$$\overrightarrow{\sum H} = 0: \quad N = 0,$$

$$\downarrow\sum V = 0: \quad Q + q_0 x - \frac{q_0 l}{2} = 0 \quad \rightarrow \quad Q = \frac{q_0 l}{2}\left(1 - 2\frac{x}{l}\right),$$

$$\overset{\frown}{\sum} M_{S_2} = 0: \quad M + q_0 x \cdot \frac{x}{2} - \frac{q_0 l}{2} \cdot x = 0 \quad \rightarrow \quad M = \frac{q_0 l^2}{2}\frac{x}{l}\left(1 - \frac{x}{l}\right). \quad (6.27)$$

Die Normalkraft N nimmt über die gesamte Balkenlänge den Wert Null an, wohingegen sich die Querkraft Q als eine lineare Funktion über die Balkenlänge l mit den Randwerten $Q(x=0) = \frac{q_0 l}{2}$ und $Q(x=l) = -\frac{q_0 l}{2}$ ergibt. Das Biegemoment ist eine quadratische Funktion über x und verschwindet in den beiden Auflagern A und B (gelenkige Lagerung). Der Maximalwert tritt in Balkenmitte an der Stelle $x = \frac{l}{2}$ auf, wie man aus der Betrachtung der Ableitung $\frac{dM}{dx} = 0$ folgern kann. Der Maximalwert beträgt $M_{\max} = M(x = \frac{l}{2}) = \frac{q_0 l^2}{8}$. Die Zustandslinien sind ebenfalls in Abb. 6.21 dargestellt.

Als weiteres Beispiel betrachten wir den Balken der Abb. 6.22, der unter einer linear verteilten Streckenlast $q(x) = q_0 \frac{x}{l}$ steht. Zur Ermittlung der Zustandslinien für dieses Beispiel werden zunächst die Auflagerreaktionen ermittelt, die sich als $A_H = 0$, $A_V = \frac{q_0 l}{6}$ und $B_V = \frac{q_0 l}{3}$ ergeben (s. Beispiel 6.5). Die Schnittgrößen N, Q und M folgen aus dem Freikörperbild der Abb. 6.22, unten. Die Gleichgewichtsbedingungen ergeben mit der Resultierenden der Streckenlast $R = q_0 \frac{x}{l} \cdot \frac{1}{2} x = \frac{q_0 x^2}{2l}$:

$$\overrightarrow{\sum H} = 0: \quad N = 0,$$

$$\downarrow\sum V = 0: \quad Q + \frac{q_0 x^2}{2l} - \frac{q_0 l}{6} = 0 \quad \rightarrow \quad Q = \frac{q_0 l}{6}\left(1 - 3\frac{x^2}{l^2}\right),$$

$$\overset{\frown}{\sum} M_{S_2} = 0: \quad M + \frac{q_0 x^2}{2l} \cdot \frac{x}{3} - \frac{q_0 l}{6} \cdot x = 0 \quad \rightarrow \quad M = \frac{q_0 l^2}{6}\frac{x}{l}\left(1 - \frac{x^2}{l^2}\right).$$
$$(6.28)$$

Demnach ergibt sich unter einer linear verlaufenden Streckenlast ein quadratischer Verlauf der Querkraftlinie Q, wohingegen das Biegemoment eine kubische Abhängigkeit von x zeigt. Die Zustandslinien für dieses Beispiel sind in Abb. 6.22, unten, gezeigt. Den Maximalwert $M_{\max}$ für das Biegemoment erhält man durch Nullsetzen der ersten Ableitung $\frac{dM}{dx}$, was genau der Querkraft entspricht. Nullsetzen ergibt:

$$x = \frac{l}{\sqrt{3}}. \quad (6.29)$$

Der Wert für $M = M_{\max}$ an dieser Stelle lautet $M_{\max} = \frac{2 q_0 l^2}{9\sqrt{3}}$.

6.2 Schnittgrößen an geraden Balken

Abb. 6.22 Balken unter linear verlaufender Streckenlast

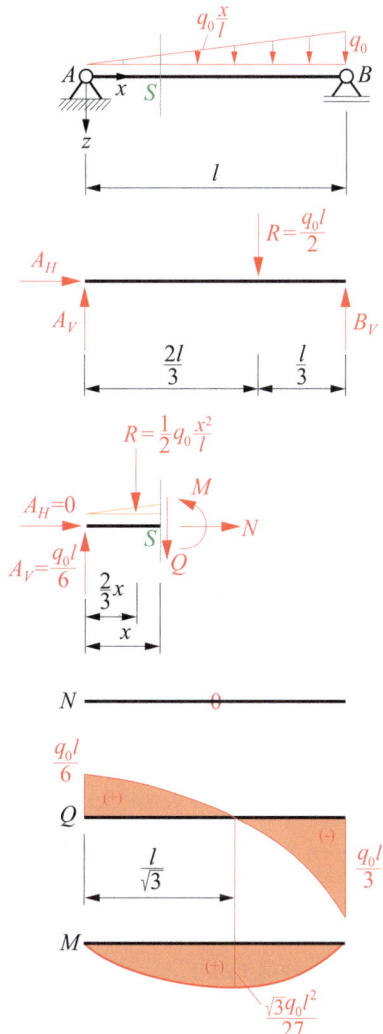

6.2.4 Zusammenhang zwischen Belastung und Schnittgrößen

Es bestehen zwischen den Balkenbelastungen $n(x)$ und $q(x)$ einerseits und den Schnittgrößen $N(x)$, $Q(x)$ und $M(x)$ andererseits Zusammenhänge, die wir nachfolgend betrachten wollen. Hierzu untersuchen wir den Balken der Abb. 6.23, links, aus dem wir ein infinitesimal kleines Schnittelement gedanklich heraustrennen (Abb. 6.23, rechts). An diesem Schnittelement tragen wir am negativen Schnittufer die Schnittgrößen $N(x)$, $Q(x)$, $M(x)$ an. Am positiven Schnittufer an der Stelle $x + dx$ treten diese Schnittgrößen mit ihren infinitesimalen Zuwächsen auf, d. h. $N(x+dx) = N + \frac{dN}{dx}dx$, $Q(x+dx) = Q + \frac{dQ}{dx}dx$,

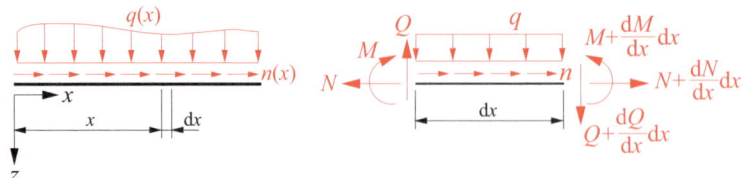

Abb. 6.23 Gleichgewicht am infinitesimalen Balkenelement

$M(x+\mathrm{d}x) = M + \frac{\mathrm{d}M}{\mathrm{d}x}\mathrm{d}x$. Da es sich hierbei um ein infinitesimal kleines Schnittelement handelt dürfen wir die beiden ja eigentlich beliebig veränderlichen Streckenlasten $n(x)$ und $q(x)$ über die Strecke $\mathrm{d}x$ als konstant annehmen. Das Gleichgewicht der Kräfte in x-Richtung ergibt:

$$\sum \vec{H} = 0: \quad N + \frac{\mathrm{d}N}{\mathrm{d}x}\mathrm{d}x - N + n\,\mathrm{d}x = 0. \tag{6.30}$$

Nach Herauskürzen von N und $\mathrm{d}x$ verbleibt:

$$\frac{\mathrm{d}N}{\mathrm{d}x} = N' = -n. \tag{6.31}$$

Demnach entspricht die erste Ableitung der Normalkraft N der negativen anliegenden Streckenlast n.

Die Summe der vertikalen Kräfte ergibt:

$$\sum\nolimits^{\downarrow} V = 0: \quad Q + \frac{\mathrm{d}Q}{\mathrm{d}x}\mathrm{d}x - Q + q\,\mathrm{d}x = 0, \tag{6.32}$$

bzw. nach Kürzen:

$$\frac{\mathrm{d}Q}{\mathrm{d}x} = Q' = -q. \tag{6.33}$$

Die erste Ableitung der Querkraft und damit ihre Änderung entspricht dementsprechend der negativen anliegenden Streckenlast q.

Wir betrachten nun außerdem noch die Summe der Momente um das positive Schnittufer und erhalten:

$$\sum \curvearrowright M = 0: \quad M + \frac{\mathrm{d}M}{\mathrm{d}x}\mathrm{d}x - M - Q\,\mathrm{d}x + q\,\mathrm{d}x \cdot \frac{\mathrm{d}x}{2} = 0. \tag{6.34}$$

Dies lässt sich zusammenfassen zu:

$$\frac{\mathrm{d}M}{\mathrm{d}x} - Q + q\frac{\mathrm{d}x}{2} = 0. \tag{6.35}$$

Der dritte in dieser Gleichung auftretende Term ist klein gegenüber den beiden anderen Ausdrücken, so dass dieser vernachlässigt werden kann. Es verbleibt:

$$\frac{dM}{dx} = M' = Q. \tag{6.36}$$

Offenbar entspricht die Ableitung des Biegemoments M der Querkraft Q. Wir leiten diesen Ausdruck einmal ab und erhalten:

$$\frac{d^2M}{dx^2} = M'' = Q'. \tag{6.37}$$

Mit $Q' = -q$ (s. Gl. (6.33)) folgt:

$$\frac{d^2M}{dx^2} = M'' = -q. \tag{6.38}$$

Aus den so hergeleiteten Zusammenhängen lassen sich einige wichtige Schlussfolgerungen für die Ermittlung von Schnittgrößen in Balken herleiten:

- Die Streckenlast $q(x)$ stellt die Steigung der Querkraftlinie $Q(x)$ und die Krümmung der Momentenlinie $M(x)$ dar, wie sich an Gl. (6.33) und (6.38) ablesen lässt. Der Verlauf der Querkraft $Q(x)$ stellt die Steigung des Biegemomentenverlaufs dar. Liegt zum Beispiel eine konstante Streckenlast q_0 vor, dann ist der Querkraftverlauf linear und der Momentenverlauf parabelförmig (s. auch Abb. 6.21). Liegt hingegen eine linear veränderliche Streckenlast vor, dann ist der Querkraftverlauf quadratisch und der Momentenverlauf kubisch (Abb. 6.22). Liegt hingegen keine Streckenlast $q(x)$ vor, dann ist der Querkraftverlauf konstant.
- Analog beschreibt der Verlauf der Streckenlast $n(x)$ die Steigung des Verlaufs der Normalkraft $N(x)$. Liegt keine Streckenlast $n(x)$ vor, dann ist der Normalkraftverlauf konstant.
- Zeigt der Querkraftverlauf $Q(x)$ eine Nullstelle, dann hat das Biegemoment $M(x)$ an dieser Stelle einen Extremwert (s. z. B. Abb. 6.22).
- Greift an einem Balken eine Einzelkraft F in z-Richtung an, dann weist die Querkraftlinie $Q(x)$ an dieser Stelle einen Sprung um genau den Wert der angreifenden Kraft F auf. Die Momentenlinie $M(x)$ zeigt an einer solchen Stelle einen Knick. Analog weist die Normalkraftlinie $N(x)$ dort einen Sprung auf, wo eine Einzelkraft F in x-Richtung angreift, und zwar genau um den Betrag der angreifenden Kraft F. Diese Gesetzmäßigkeiten gelten auch an solchen Orten, an denen Lagerkräfte auftreten.
- An einem Ort x, an dem ein Einzelmoment angreift, weist der Biegemomentenverlauf $M(x)$ einen Sprung um genau den Betrag des angreifenden Einzelmoments auf.

Wir wollen im Folgenden davon ausgehen, dass keine Streckenlast n vorliegt. Aus Gl. (6.33) folgt, dass bei Vorliegen einer Streckenlast $q(x)$ die Querkraft durch Integration der negativen Streckenlast folgt:

$$Q = -\int q\,dx + C_1. \tag{6.39}$$

Aus Gl. (6.36) und (6.38) folgt zudem, dass sich das Biegemoment $M(x)$ durch zweifache Integration der negativen Streckenlast $q(x)$ bzw. durch einfache Integration der Querkraft $Q(x)$ ergibt:

$$\begin{aligned} M &= -\int\int q\,dx\,dx + C_1 x + C_2 \\ &= \int Q\,dx + C_2. \end{aligned} \tag{6.40}$$

Die beiden Integrationskonstanten C_1 und C_2 sind aus Randbedingungen zu ermitteln. Eine Auswahl typischer Lagerungsarten ist in Abb. 6.24 gezeigt. Man beachte dabei, dass sich Bedingungen der Art $Q \neq 0$ bzw. $M \neq 0$ nicht zur Ermittlung der Konstanten C_1 und C_2 anwenden lassen. Möchte man die Schnittgrößen eines Balkens durch Integration der anliegenden Belastung ermitteln, dann müssen die Lagerreaktionen nicht vorab ermittelt werden. Sie fallen vielmehr als Ergebnis der Berechnung mit an, wie wir noch zeigen werden.

Als Beispiel betrachten wir erneut den Balken der Abb. 6.21 unter der Gleichstreckenlast q_0. Für die Querkraft Q und das Biegemoment M folgt durch Integration der Streckenlast q_0:

$$\begin{aligned} Q &= -q_0 x + C_1, \\ M &= -\frac{1}{2} q_0 x^2 + C_1 x + C_2. \end{aligned} \tag{6.41}$$

Die beiden Konstanten C_1 und C_2 folgen aus den Randbedingungen, dass an den beiden Auflagerpunkten $x = 0$ und $x = l$ das Biegemoment zu Null werden muss:

$$M(x=0) = 0, \quad M(x=l) = 0. \tag{6.42}$$

Abb. 6.24 Typische Randbedingungen

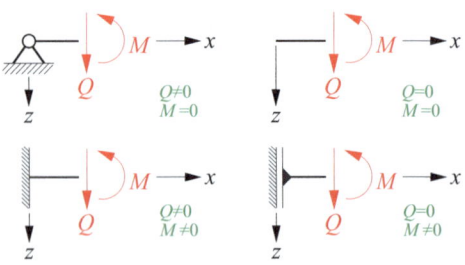

6.2 Schnittgrößen an geraden Balken

Verwendet man hierin den Ausdruck für das Biegemoment M gemäß Gl. (6.41), dann folgt:

$$M(x=0) = \quad \rightarrow \quad C_2 = 0,$$
$$M(x=l) = 0 \quad \rightarrow \quad -\frac{1}{2}q_0 l^2 + C_1 l = 0 \quad \rightarrow \quad C_1 = \frac{1}{2}q_0 l. \tag{6.43}$$

Die Querkraft Q und das Biegemoment M lassen sich dementsprechend angeben als:

$$Q = -q_0 x + \frac{1}{2} q_0 l = \frac{q_0 l}{2}\left(1 - 2\frac{x}{l}\right),$$
$$M = -\frac{1}{2} q_0 x^2 + \frac{1}{2} q_0 l x = \frac{1}{2} q_0 l^2 \frac{x}{l}\left(1 - \frac{x}{l}\right). \tag{6.44}$$

Man erkennt, dass dies den bereits mit Gl. (6.27) bereitgestellten Ergebnissen entspricht.

Die Auflagerkräfte A_V und B_V (Abb. 6.21) folgen direkt aus dem Querkraftverlauf (Die Auflagerkraft A_H ist identisch Null). Es gilt:

$$A_V = Q(x=0) = \frac{q_0 l}{2}, \quad B_V = -Q(x=l) = \frac{q_0 l}{2}. \tag{6.45}$$

Beispiel 6.4

Wir betrachten den Balken der Abb. 6.22 unter einer linear veränderlichen Streckenlast $q(x) = q_0 \frac{x}{l}$ erneut und wollen die Schnittgrößen $Q(x)$ und $M(x)$ durch Integration ermitteln.

Zur Lösung:

Die Streckenlast liegt in der Form $q(x) = q_0 \frac{x}{l}$ vor. Damit ergibt sich die Querkraft $Q(x)$ durch Integration als:

$$Q = -\int q \, dx + C_1 = -q_0 \int \frac{x}{l} dx + C_1 = -\frac{q_0 x^2}{2l} + C_1. \tag{6.46}$$

Für das Biegemoment $M(x)$ folgt dann:

$$M = \int Q \, dx + C_2 = -\int \left(\frac{q_0 x^2}{2l} + C_1\right) dx + C_2 = -\frac{q_0 x^3}{6l} + C_1 x + C_2. \tag{6.47}$$

Die beiden Integrationskonstanten C_1 und C_2 folgen wieder aus der Betrachtung der Randbedingungen:

$$M(x=0) = \quad \rightarrow \quad C_2 = 0,$$
$$M(x=l) = 0 \quad \rightarrow \quad -\frac{q_0 l^3}{6l} + C_1 l = 0 \quad \rightarrow \quad C_1 = \frac{q_0 l}{6}. \tag{6.48}$$

Daraus lassen sich der Querkraft- und der Momentenverlauf ermitteln als:

$$Q = \frac{q_0 l}{6}\left(1 - 3\frac{x^2}{l^2}\right),$$
$$M = \frac{q_0 l^2}{6}\frac{x}{l}\left(1 - \frac{x^2}{l^2}\right). \tag{6.49}$$

Man erkennt, dass dieses Ergebnis mit den bereits vorher aus Gleichgewichtsbetrachtungen ermittelten Schnittgrößen (6.28) übereinstimmt.

Die Auflagerkräfte A_V und B_V folgen aus dem Querkraftverlauf als:

$$A_V = Q(x = 0) = \frac{q_0 l}{6}, \quad B_V = -Q(x = l) = \frac{q_0 l}{3}. \tag{6.50}$$

◀

Beispiel 6.5

Für den Kragarm der Abb. 6.25 werden die Zustandslinien N, Q, M gesucht.

Zur Lösung:

Die Streckenlast $q(x)$ kann dargestellt werden als $q(x) = q_0(1 - \frac{x}{l})$. Dann folgen Querkraft Q und Biegemoment M als (die Normalkraft N ist für dieses Beispiel identisch Null):

$$Q = -\int q \, dx + C_1 = -q_0 \int \left(1 - \frac{x}{l}\right) dx + C_1 = -\frac{q_0 x}{2}\left(2 - \frac{x}{l}\right) + C_1,$$
$$M = \int Q \, dx + C_2 = \int\left[-\frac{q_0 x}{2}\left(2 - \frac{x}{l}\right) + C_1\right] dx = -\frac{q_0 x^2}{6}\left(3 - \frac{x}{l}\right) + C_1 x + C_2.$$
(6.51)

Abb. 6.25 Kragarm unter linear veränderlicher Streckenlast

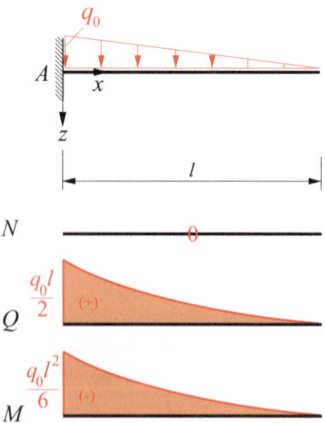

6.2 Schnittgrößen an geraden Balken

Die hier nutzbaren Randbedingungen lauten:

$$Q(x = l) = 0, \quad M(x = l) = 0. \tag{6.52}$$

Auswerten der Randbedingungen ergibt nach kurzer Rechnung die folgenden Integrationskonstanten C_1 und C_2:

$$C_1 = \frac{q_0 l}{2}, \quad C_2 = -\frac{q_0 l^2}{6}. \tag{6.53}$$

Damit lassen sich die Querkraft Q und das Biegemoment M darstellen als:

$$Q = \frac{q_0 l}{2}\left(1 - 2\frac{x}{l} + \frac{x^2}{l^2}\right),$$
$$M = -\frac{q_0 l^2}{6}\left(1 - 3\frac{x}{l} + 3\frac{x^2}{l^2} - \frac{x^3}{l^3}\right). \tag{6.54}$$

Die Zustandslinien, die durch diese beiden Funktionen beschrieben werden, sind in Abb. 6.25 graphisch dargestellt. ◄

Beispiel 6.6

Für den Kragarm der Abb. 6.26 sind die Zustandslinien N, Q, M zu ermitteln.

Abb. 6.26 Kragarm unter Gleichstreckenlast

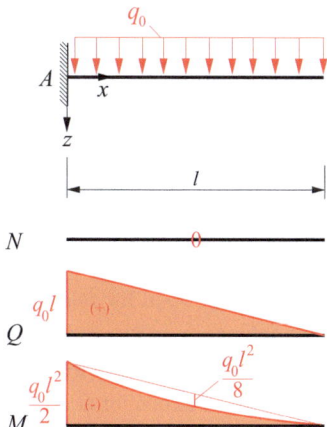

Zur Lösung:

Querkraft Q und Biegemoment M folgen hier als (die Normalkraft N ist für diesen Kragarm Null):

$$Q = -\int q \, dx + C_1 = -q_0 x + C_1,$$

$$M = \int Q \, dx + C_2 = \int (-q_0 x + C_1) dx = -\frac{q_0 x^2}{2} + C_1 x + C_2. \tag{6.55}$$

Die Randbedingungen lauten für dieses Beispiel:

$$Q(x = l) = 0, \quad M(x = l) = 0. \tag{6.56}$$

Die Integrationskonstanten C_1 und C_2 folgen hiermit zu:

$$C_1 = q_0 l, \quad C_2 = -\frac{q_0 l^2}{2}. \tag{6.57}$$

Querkraft Q und Biegemoment M können dann angegeben werden als:

$$Q = q_0 l \left(1 - \frac{x}{l}\right),$$

$$M = -\frac{q_0 l^2}{2}\left(1 - 2\frac{x}{l} + \frac{x^2}{l^2}\right). \tag{6.58}$$

Die Zustandslinien sind in Abb. 6.26 dargestellt. ◄

6.3 Superposition von Lastfällen

Für die Ermittlung der Schnittgrößen bei den hier betrachteten linearen Problemen gilt das Superpositionsprinzip. Wir betrachten zur Illustration den Kragarm der Abb. 6.27 mit der Länge $2l$, der durch zwei Einzelkräfte F sowie durch die Streckenlast q belastet werde. Es sei die Momentenlinie M gesucht. Es erweist sich in vielen Fällen als vorteilhaft, nicht die Schnittgrößen für alle simultan wirkenden Lasten zu berechnen, sondern es kann die Betrachtungen in vielen Fällen sehr vereinfachen, wenn jede anliegende Last zunächst für sich selbst betrachtet wird und die sich daraus ergebenden Schnittgrößen am Ende überlagert, also miteinander addiert werden. Am Beispiel der Abb. 6.27 bedeutet das, dass man zunächst die Momentenlinien infolge der beiden Einzelkräfte F ermittelt und hiernach die Momentenlinie infolge der Streckenlast q. Die letztlich gesuchte Momentenlinie M ergibt sich dann aus der Addition der drei Teilmomentenflächen.

Es wird sich außerdem für manche Anwendungszwecke (s. dazu Band 2) als zweckmäßig erweisen, die Momentenflächen soweit wie möglich in elementare Fälle zu zerlegen. Am Beispiel der Abb. 6.27 bedeutet das für die dreieckförmige Momentenfläche

6.3 Superposition von Lastfällen

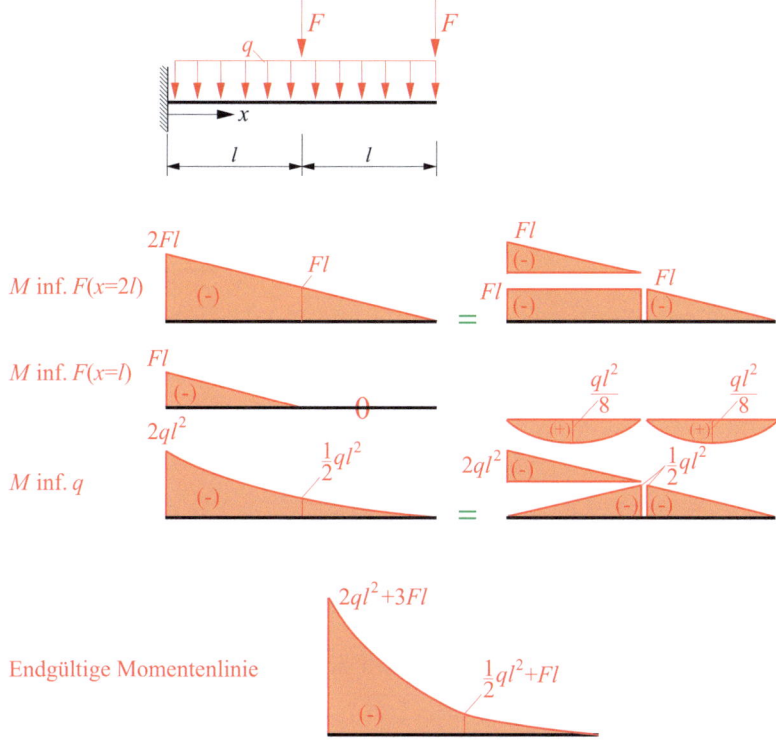

Abb. 6.27 Balken unter Streckenlast q und Einzellasten F (*oben*), zugehörige Momentenlinien (*unten*)

infolge der Einzelkraft F an der Stelle $x = 2l$, dass sie in ein Rechteck und zwei Dreiecke mit den Grundlängen l und jeweils dem Betrag Fl zerlegt werden kann. Ganz analog kann die Teilmomentenfläche infolge der Streckenlast q in Rechtecke, Dreiecke und parabelförmige Flächen zerlegt werden wie in Abb. 6.27, unten, gezeigt.

Beispiel 6.7

Für den Kragarm der Abb. 6.28 werden die Zustandslinien N, Q, M gesucht.

Zur Lösung:

Die Streckenlast $q(x)$ kann angegeben werden als $q(x) = q_0(3 - 2\frac{x}{l})$. Dann folgen die Querkraft und das Biegemoment als:

$$Q = -\int q\,dx + C_1 = -q_0 x\left(3 - \frac{x}{l}\right) + C_1,$$
$$M = \int Q\,dx + C_2 = -\frac{3}{2}q_0 x^2\left(1 - \frac{2}{9}\frac{x}{l}\right) + C_1 x + C_2. \tag{6.59}$$

Abb. 6.28 Kragarm unter linear veränderlicher Streckenlast

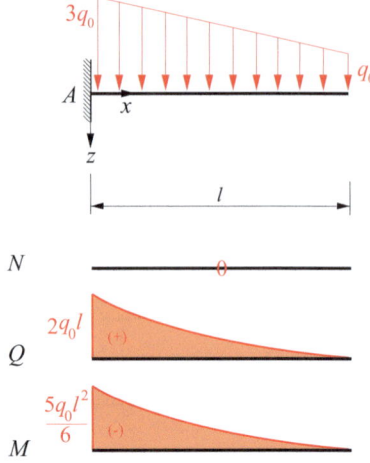

Die Randbedingungen lauten für die gegebene Situation:

$$Q(x = l) = 0, \quad M(x = l) = 0. \tag{6.60}$$

Die Integrationskonstanten C_1 und C_2 lassen sich daraus ermitteln als:

$$C_1 = 2q_0 l, \quad C_2 = -\frac{5q_0 l^2}{6}. \tag{6.61}$$

Die Querkraft Q und das Biegemoment M lassen sich dann anschreiben als:

$$\begin{aligned} Q &= q_0 l \left(2 - 3\frac{x}{l} + \frac{x^2}{l^2}\right), \\ M &= -\frac{5}{6} q_0 l^2 \left(1 - \frac{12}{5}\frac{x}{l} + \frac{9}{5}\frac{x^2}{l^2} - \frac{2}{5}\frac{x^3}{l^3}\right). \end{aligned} \tag{6.62}$$

Die Zustandslinien sind in Abb. 6.28 dargestellt.

Es kann leicht gezeigt werden, dass sich die Querkraft Q und das Biegemoment M aus der Superposition der Ergebnisse der Beispiele 6.5 und 6.6 beschaffen lassen. Es folgt:

$$\begin{aligned} Q &= q_0 l \left(1 - \frac{x}{l}\right) + 2\frac{q_0 l}{2}\left(1 - 2\frac{x}{l} + \frac{x^2}{l^2}\right) = q_0 l \left(2 - 3\frac{x}{l} + \frac{x^2}{l^2}\right), \\ M &= -\frac{q_0 l^2}{2}\left(1 - 2\frac{x}{l} + \frac{x^2}{l^2}\right) - 2\frac{q_0 l^2}{6}\left(1 - 3\frac{x}{l} + 3\frac{x^2}{l^2} - \frac{x^3}{l^3}\right) \\ &= -\frac{5}{6}q_0 l^2 \left(1 - \frac{12}{5}\frac{x}{l} + \frac{9}{5}\frac{x^2}{l^2} - \frac{2}{5}\frac{x^3}{l^3}\right). \end{aligned} \tag{6.63}$$

◀

6.4 Mehrfeldprobleme

In vielen Fällen sind weder die Belastung q des Balkens noch die sich einstellenden Zustandslinien stetige Funktionen über die gesamte Balkenlänge. Vielmehr sorgen Einzelkräfte und -momente sowie Gelenke und Auflager, aber auch unstetige Wechsel in der anliegenden Streckenlast q für Unstetigkeiten in den Zustandslinien Q und M. Man spricht dann auch von einem sog. Mehrfeldproblem, und zur Ermittlung der Zustandslinien Q und M ist der betrachtete Balken dann in Teilfelder zu unterteilen, innerhalb derer die Zustandslinien stetige Funktionen sind und die Beziehungen (6.39) und (6.40) zur Ermittlung von Q und M durch Integration genutzt werden können. Dies sei an dem Balken der Abb. 6.29 illustriert, der durch eine Einzelkraft F_0, ein Einzelmoment M_0 und eine Streckenlast q_0 belastet werde. Der Balken kann in vier Teilbereiche der Längen $l_1, \ldots, l_4$ aufgeteilt werden, und wir führen zweckmäßig die lokalen Achsen $x_1, \ldots, x_4$ ein so wie angedeutet (Abb. 6.29, oben). Die Integration der Belastung wird dann abschnittsweise durchgeführt wie folgt. Für $0 \leq x_1 \leq l_1$ erhalten wir:

$$Q_1 = -\int q \mathrm{d}x_1 + C_{1,1},$$

$$M_1 = \int Q_1 \mathrm{d}x_1 + C_{2,1} = \int \left(-\int q \mathrm{d}x_1 + C_{1,1}\right) \mathrm{d}x_1 + C_{2,1}$$

$$= -\int \int q \mathrm{d}x_1 \mathrm{d}x_1 + C_{1,1} x_1 + C_{2,1}. \tag{6.64}$$

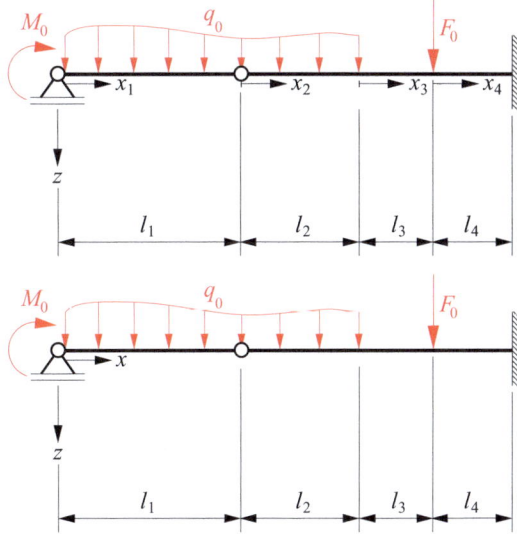

Abb. 6.29 Balken unter Einzelkraft F_0, Einzelmoment M_0 und Streckenlast q_0

Im Teilbereich $0 \leq x_2 \leq t_2$ ergibt sich:

$$Q_2 = -\int q \mathrm{d}x_2 + C_{1,2},$$

$$M_2 = \int Q_2 \mathrm{d}x_2 + C_{2,2} = \int \left(-\int q \mathrm{d}x_2 + C_{1,2}\right) \mathrm{d}x_2 + C_{2,2}$$

$$= -\int\int q \mathrm{d}x_2 \mathrm{d}x_2 + C_{1,2} x_2 + C_{2,2}. \tag{6.65}$$

Für $0 \leq x_3 \leq t_3$ folgt:

$$Q_3 = -\int q \mathrm{d}x_3 + C_{1,3} = C_{1,3},$$

$$M_3 = \int Q_3 \mathrm{d}x_3 + C_{2,3} = C_{1,3} x_3 + C_{2,3}. \tag{6.66}$$

Im Bereich $0 \leq x_4 \leq t_4$ schließlich erhält man:

$$Q_4 = -\int q \mathrm{d}x_4 + C_{1,4} = C_{1,4},$$

$$M_4 = \int Q_4 \mathrm{d}x_4 + C_{2,4} = C_{1,4} x_4 + C_{2,4}. \tag{6.67}$$

Damit sind insgesamt acht Integrationskonstanten zu bestimmen, für die geeignete Bedingungen zu ihrer Berechnung gefunden werden müssen. Hierzu sind neben den Randbedingungen die sog. Übergangsbedingungen zu formulieren, die Zusammenhänge zwischen den Schnittgrößen benachbarter Teilbereiche herstellen. Am konkreten Beispiel der Abb. 6.29 lauten die ansetzbaren Bedingungen wie folgt.

Am linken Auflager $x_1 = 0$ entspricht das Biegemoment M_1 dem anliegenden Moment M_0:

$$M_1(x_1 = 0) = M_0. \tag{6.68}$$

Am Gelenkpunkt $x_1 = l_1$ bzw. $x_2 = 0$ verläuft die Querkraft stetig, so dass Q_1 und Q_2 an dieser Stelle identisch sind:

$$Q_1(x_1 = l_1) = Q_2(x_2 = 0). \tag{6.69}$$

Im Gelenkpunkt $x_1 = l_1$ bzw. $x_2 = 0$ müssen die beiden Biegemomente M_1 und M_2 zu Null werden:

$$M_1(x_1 = l_1) = 0, \quad M_2(x_2 = 0) = 0. \tag{6.70}$$

Am Endpunkt der Streckenlast $q(x)$ stimmen sowohl die Querkräfte als auch die Biegemomente der beiden Teilbereiche 2 und 3 überein:

$$Q_2(x_2 = l_2) = Q_3(x_3 = 0), \quad M_2(x_2 = l_2) = M_3(x_3 = 0). \tag{6.71}$$

6.4 Mehrfeldprobleme

Am Angriffspunkt der Kraft F_0 bei $x_3 = l_3$ bzw. $x_4 = 0$ weist die Querkraft einen Sprung um genau den Wert F_0 auf:

$$Q_3(x_3 = l_3) = Q_4(x_4 = 0) + F_0. \tag{6.72}$$

Außerdem ist das Biegemoment beidseits der Kraft F_0 identisch:

$$M_3(x_3 = l_3) = M_4(x_4 = 0). \tag{6.73}$$

Damit stehen insgesamt acht Rand- und Übergangsbedingungen bereit, aus denen sich die acht Integrationskonstanten ermitteln lassen. Grundsätzlich stehen bei einem Balken, der in n Teilbereiche zu unterteilen ist, 2 Randbedingungen und $2(n-1)$ Übergangsbedingungen bereit.

Anzumerken ist noch, dass es nicht zwingend notwendig ist, lokale Achsen $x_1, \ldots, x_4$ wie in Abb. 6.29, oben, dargestellt einzuführen. Ebenso lässt sich die Ermittlung der Zustandsgrößen durchführen, indem eine einzige Bezugsachse x wie in Abb. 6.29, unten, gezeigt verwendet wird. Die Wahl des Bezugssystems bzw. der Bezugssysteme erfolgt stets nach Gesichtspunkten der Zweckmäßigkeit. Die Rand- und Übergangsbedingungen für das Beispiel der Abb. 6.29, unten, lauten dann:

$$\begin{aligned}
M_1(x = 0) &= M_0, \\
Q_1(x = l_1) &= Q_2(x = l_1), \\
M_1(x = l_1) &= 0, \\
M_2(x = l_1) &= 0, \\
Q_2(x = l_1 + l_2) &= Q_3(x = l_1 + l_2), \\
M_2(x = l_1 + l_2) &= M_3(x = l_1 + l_2), \\
Q_3(x = l_1 + l_2 + l_3) &= Q_4(x = l_1 + l_2 + l_3) + F_0, \\
M_3(x = l_1 + l_2 + l_3) &= M_4(x = l_1 + l_2 + l_3).
\end{aligned} \tag{6.74}$$

Die Abb. 6.30 zeigt einige typische Übergange zwischen Teilbereichen i und $i+1$, in denen die Streckenlasten q_i und q_{i+1} auftreten.

Liegen zwei Teilbereiche i und $i+1$ eines Balkens vor, die durch ein Auflager mit vertikal wirkender Auflagerkraft getrennt werden (Abb. 6.30, links oben), dann sind die beiden Biegemomente M_i und M_{i+1} beidseits des Auflagers identisch:

$$M_i = M_{i+1}. \tag{6.75}$$

Die Querkraftlinie wird aufgrund der dort wirkenden Auflagerreaktion einen Sprung um genau die Auflagerkraft aufweisen. Da aber die Auflagerkraft unbekannt ist und vielmehr ein Resultat der Berechnungen sein wird, kann diese Bedingung nicht als Übergangsbedingung verwendet werden. Die Momentenlinie weist an dieser Stelle einen Knick auf, hat also eine Unstetigkeit in ihrer Steigung.

Abb. 6.30 Übergangsbedingungen am Mehrfeldbalken

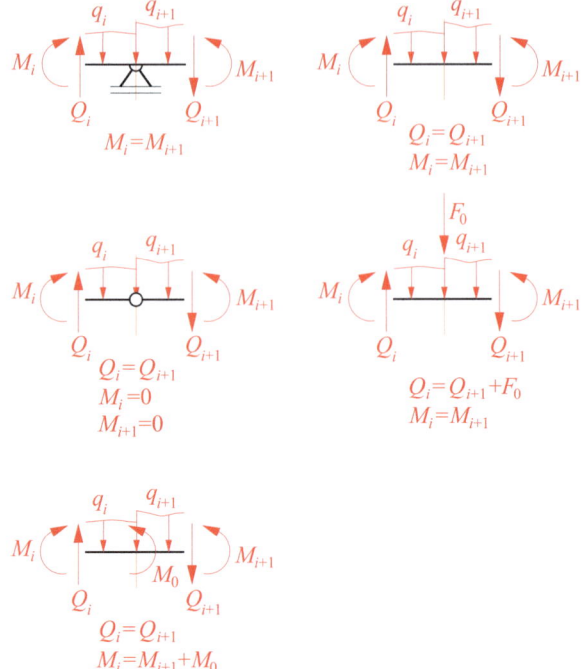

Am Übergang der Abb. 6.30, rechts oben, gilt, dass sowohl die Querkräfte als auch die Biegemomente beidseits der Übergangsstelle identisch sind:

$$Q_i = Q_{i+1}, \quad M_i = M_{i+1}. \tag{6.76}$$

Die Querkraftlinie weist an dieser Stelle aufgrund der unterschiedlichen Streckenlasten q_i und q_{i+1} einen Knick auf, wohingegen die Momentenlinie stetig ist.

Liegt am Übergang zwischen den Bereichen i und $i + 1$ ein Gelenk vor (Abb. 6.30, Mitte links), dann sind die beiden Biegemomente beidseits des Gelenks identisch Null, wohingegen die Querkraft beidseits des Gelenks identisch ist:

$$Q_i = Q_{i+1}, \quad M_i = 0, \quad M_{i+1} = 0. \tag{6.77}$$

Ein Sonderfall liegt dann vor, wenn die Streckenlast beidseits des Gelenks identisch ist, wenn also $q_i = q_{i+1}$ gilt. Sofern an diesem Gelenk keine Einzelkraft und kein Einzelmoment angreift sind die Schnittgrößen dort stetig, und eine Bereichseinteilung ist nicht nötig.

Greift am Balken eine Einzelkraft F_0 an (Abb. 6.30, Mitte rechts), dann weist die Querkraftlinie einen Sprung um genau diese Kraft auf. Das Biegemoment hingegen ist beidseits des Kraftangriffspunkts identisch, die Momentenlinie weist allerdings einen Knick auf:

$$Q_i = Q_{i+1} + F_0, \quad M_i = M_{i+1}. \tag{6.78}$$

6.4 Mehrfeldprobleme

Für den Fall, dass ein Einzelmoment M_0 am Balken angreift (Abb. 6.30, unten), weist die Momentenlinie einen Sprung um genau dieses Einzelmoment auf. Die Querkraftlinie verläuft an diesem Punkt stetig:

$$Q_i = Q_{i+1}, \quad M_i = M_{i+1} + M_0. \tag{6.79}$$

Anzumerken ist noch, dass die Berechnung der Schnittgrößen mittels Integration sehr schnell sehr aufwendig wird, wenn Balken mit vielen Teilbereichen vorliegen. Diese Methode eignet sich daher nur für recht einfache Balkensituationen. Eine deutlich praxisrelevantere Methode werden wir noch an späterer Stelle kennenlernen.

Beispiel 6.8

Für den Balken der Abb. 6.31 formuliere man alle Rand- und Übergangsbedingungen.

Zur Lösung:

Wir teilen den Balken in insgesamt vier Teilbereiche ein und führen die lokalen Bezugsachsen $x_1, \ldots, x_4$ ein wie dargestellt. Wir können für diesen Balken insgesamt acht Rand- und Übergangsbedingungen formulieren.

Im Gelenk am Übergang zwischen Bereich 1 und 2 müssen die Biegemomente beidseits des Gelenks zu Null werden. Die Querkraft hingegen verläuft stetig an dieser Stelle:

$$M_1(x_1 = 2l) = 0,$$
$$M_2(x_2 = 0) = 0,$$
$$Q_1(x_1 = 2l) = Q_2(x_2 = 0). \tag{6.80}$$

Am Übergang zwischen den Bereichen 2 und 3 weisen die Querkraft und das Biegemoment Sprünge um genau die angreifende Kraft $2F_0$ bzw. das angreifende Moment M_0 auf:

$$Q_2(x_2 = l) = Q_3(x_3 = 0) - 2F_0,$$
$$M_2(x_2 = l) = M_3(x_3 = 0) + M_0. \tag{6.81}$$

Abb. 6.31 Mehrfeldbalken

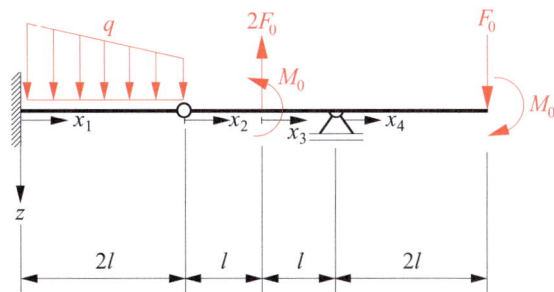

Am Auflagerpunkt zwischen den Bereichen 3 und 4 verläuft die Momentenlinie stetig, wird aber einen Knick aufweisen:

$$M_3(x_3 = l) = M_4(x_4 = 0). \tag{6.82}$$

Die Querkraftlinie wird an dieser Stelle einen Sprung um genau die wirkende Auflagerkraft aufweisen. Da aber die Auflagerkraft unbekannt ist und sich vielmehr erst aus der Berechnung ergeben wird, ist dies als Übergangsbedingung nicht nutzbar.

Am freien Ende des Balkens entspricht die Querkraft Q der dort angreifenden Einzelkaft F_0. Das Biegemoment nimmt dort den Wert des negativen Einzelmoments M_0 an. Es gilt:

$$Q_4(x_4 = 2l) = F_0,$$
$$M_4(x_4 = 2l) = -M_0. \tag{6.83}$$

◀

Beispiel 6.9

Für den in Abb. 6.32 gezeigten Balken auf zwei Stützen unter Einzelkraft F werden die Zustandslinien gesucht.

Zur Lösung:

Wir unterteilen den Balken in zwei Teilbereiche mit den Bezugsachsen x_1 und x_2 und ermitteln die Querkräfte Q_1 und Q_2 sowie die Biegemomente M_1 und M_2 durch

Abb. 6.32 Balken auf zwei Stützen unter Einzelkraft F

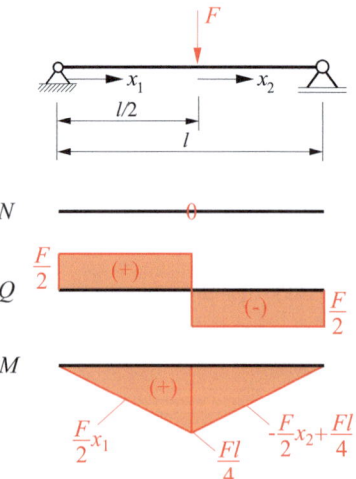

6.4 Mehrfeldprobleme

Integration (die Normalkraft N ist unter dieser Belastung über die gesamte Balkenlänge identisch Null):

$$Q_1 = -\int q\,dx_1 + C_{1,1} = C_{1,1},$$

$$M_1 = \int Q_1\,dx_1 + C_{2,1} = C_{1,1}x_1 + C_{2,1},$$

$$Q_2 = -\int q\,dx_2 + C_{1,2} = C_{1,2},$$

$$M_2 = \int Q_2\,dx_2 + C_{2,2} = C_{1,2}x_2 + C_{2,2}. \tag{6.84}$$

Für die Ermittlung der Integrationskonstanten nutzen wir die vorliegenden Rand- und Übergangsbedingungen wie folgt:

$$M_1(x_1 = 0) = 0 \quad\rightarrow\quad C_{2,1} = 0,$$

$$Q_1\left(x_1 = \frac{l}{2}\right) = Q_2(x_2 = 0) + F_0 \quad\rightarrow\quad C_{1,1} = C_{1,2} + F_0,$$

$$M_1\left(x_1 = \frac{l}{2}\right) = M_2(x_2 = 0) \quad\rightarrow\quad C_{1,1}\frac{l}{2} = C_{2,2},$$

$$M_2\left(x_2 = \frac{l}{2}\right) = 0 \quad\rightarrow\quad C_{1,2}\frac{l}{2} + C_{2,2} = 0. \tag{6.85}$$

Während sich die Integrationskonstante $C_{2,1}$ aus der ersten Bedingung zu Null ergibt, stellen die verbleibenden drei Bedingungen ein lineares Gleichungssystem für die drei Konstanten $C_{1,1}, C_{1,2}, C_{2,2}$ dar, das sich leicht lösen lässt. Es folgt:

$$C_{1,1} = \frac{F_0}{2}, \quad C_{1,2} = -\frac{F_0}{2}, \quad C_{2,2} = \frac{F_0 l}{4}. \tag{6.86}$$

Damit lassen sich die Schnittgrößen Q und M angeben wie folgt:

$$Q_1 = \frac{F_0}{2},$$

$$M_1 = \frac{F_0}{2}x_1,$$

$$Q_2 = -\frac{F_0}{2},$$

$$M_2 = \frac{F_0 l}{4}\left(1 - 2\frac{x_2}{l}\right). \tag{6.87}$$

Die Schnittgrößen sind in Abb. 6.32, unten, dargestellt. ◂

Abb. 6.33 Balken

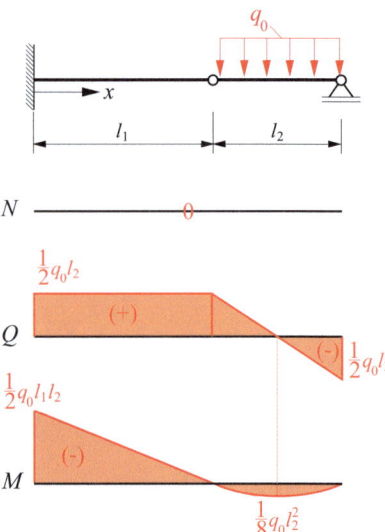

Beispiel 6.10

Für den Balken der Abb. 6.33 sind die Schnittgrößen zu bestimmen.

Zur Lösung:

Der Balken wird in zwei Teilbereiche mit den Bezugsachsen x_1 und x_2 unterteilt. Wir bestimmen die Querkräfte Q_1 und Q_2 und die Biegemomente M_1 und M_2 mittels Integration. Die Normalkraft N ist unter der gegebenen Belastung Null. Es folgt:

$$Q_1 = -\int q \, dx_1 + C_{1,1} = C_{1,1},$$

$$M_1 = \int Q_1 \, dx_1 + C_{2,1} = C_{1,1} x_1 + C_{2,1},$$

$$Q_2 = -\int q \, dx_2 + C_{1,2} = -q_0 x_2 + C_{1,2},$$

$$M_2 = \int Q_2 \, dx_2 + C_{2,2} = -\frac{1}{2} q_0 x_2^2 + C_{1,2} x_2 + C_{2,2}. \tag{6.88}$$

Als Rand- und Übergangsbedingungen können wir ansetzen:

$$M_1(x_1 = l_1) = 0: \quad \rightarrow \quad C_{1,1} l_1 + C_{2,1} = 0,$$

$$M_2(x_2 = 0) = 0: \quad \rightarrow \quad C_{2,2} = 0,$$

$$M_2(x_2 = l_2) = 0: \quad \rightarrow \quad C_{1,2} = \frac{1}{2} q_0 l_2,$$

$$Q_1(x_1 = l_1) = Q_2 x_2 = 0: \quad \rightarrow \quad C_{1,1} = \frac{1}{2} q_0 l_2. \tag{6.89}$$

6.4 Mehrfeldprobleme

Aus der ersten Gleichung in (6.89) lässt sich dann schließlich noch $C_{2,1} = -\frac{1}{2}q_0 l_1 l_2$ folgern. Die Schnittgrößen können angegeben werden als:

$$Q_1 = \frac{1}{2}q_0 l_2,$$
$$M_1 = \frac{1}{2}q_0 l_1 l_2 \left(\frac{x_1}{l_1} - 1\right),$$
$$Q_2 = -q_0 x_2 + \frac{1}{2}q_0 l_2,$$
$$M_2 = \frac{1}{2}q_0 l_2 x_2 \left(1 - \frac{x_2}{l_2}\right). \tag{6.90}$$

Die Schnittgrößen sind in Abb. 6.33 dargestellt. ◀

Beispiel 6.11

Betrachtet werde der Balken der Abb. 6.34, für den die Schnittgrößen gesucht werden.

Zur Lösung:

Der Balken wird in insgesamt zwei Teilbereiche eingeteilt. Am mittleren Auflagerpunkt wird eine Unstetigkeit der Querkraft und des Biegemoments vorliegen, so dass an dieser Stelle eine neue Bezugsachse eingeführt wird. Hingegen ist für diesen Balken am Gelenkpunkt keine neue Bereichseinteilung notwendig, da hier weder Einzelkräfte oder -momente angreifen und außerdem die anliegende Streckenlast q_0 stetig über das

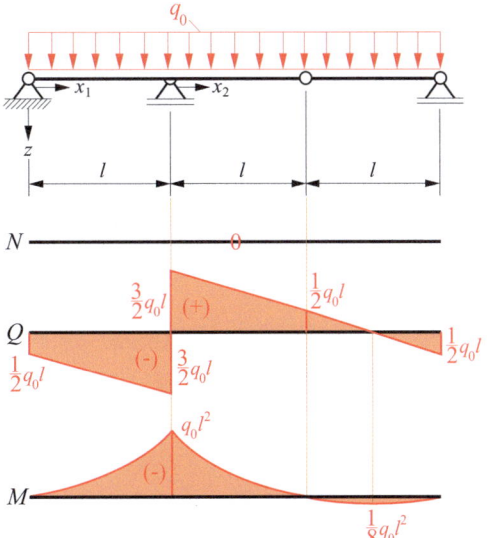

Abb. 6.34 Balken

Gelenk hinweg verläuft. Für die Schnittgrößen in den beiden Bereichen 1 und 2 folgt:

$$Q_1 = -\int q\,\mathrm{d}x_1 + C_{1,1} = -q_0 x_1 + C_{1,1},$$

$$M_1 = \int Q_1\,\mathrm{d}x_1 + C_{2,1} = -\frac{1}{2}q_0 x_1^2 + C_{1,1} x_1 + C_{2,1},$$

$$Q_2 = -\int q\,\mathrm{d}x_2 + C_{1,2} = -q_0 x_2 + C_{1,2},$$

$$M_2 = \int Q_2\,\mathrm{d}x_2 + C_{2,2} = -\frac{1}{2}q_0 x_2^2 + C_{1,2} x_2 + C_{2,2}. \tag{6.91}$$

Die hier anzusetzenden Rand- und Übergangsbedingungen lauten:

$$\begin{aligned} M_1(x_1 = 0) &= 0, \\ M_2(x_2 = 2l) &= 0, \\ M_1(x_1 = l) &= M_2(x_2 = 0), \\ M_2(x_2 = l) &= 0. \end{aligned} \tag{6.92}$$

Daraus lassen sich die Integrationskonstanten beschaffen wie folgt:

$$C_{1,1} = -\frac{1}{2}q_0 l, \quad C_{2,1} = 0, \quad C_{1,2} = \frac{3}{2}q_0 l, \quad C_{2,2} = -q_0 l^2. \tag{6.93}$$

Die Schnittgrößen lassen sich dann angeben wie folgt (die Normalkraft ist für diesen Balken identisch Null):

$$\begin{aligned} Q_1 &= -\frac{1}{2}q_0 l\left(2\frac{x_1}{l} + 1\right), \\ M_1 &= -\frac{1}{2}q_0 l x_1\left(\frac{x_1}{l} + 1\right), \\ Q_2 &= \frac{3}{2}q_0 l\left(1 - \frac{2}{3}\frac{x_2}{l}\right), \\ M_2 &= q_0 l^2\left(-\frac{1}{2}\frac{x_2^2}{l^2} + \frac{3}{2}\frac{x_2}{l} - 1\right). \end{aligned} \tag{6.94}$$

Die Schnittgrößen sind in Abb. 6.34 dargestellt. ◄

6.5 Schnittgrößen für Stäbe

Wir haben uns bislang mit Balken beschäftigt, also mit Tragwerken, die vornehmlich auf Biegung beansprucht werden. Hingegen können auch Tragwerke vorliegen, für die eine reine Normalkraftwirkung vorliegt. Wir sprechen dann von sog. Stäben bzw. von einer sog. Stabwirkung. Eine Stabwirkung liegt immer dann vor, wenn die axiale Belastung in Form von Einzelkräften oder Streckenlasten zentrisch angreift, ihre Wirkungslinie also mit der Schwerpunktlinie des Stabes identisch ist. Das infinitesimale Gleichgewicht wurde bereits mit Gl. (6.31) angegeben als $\frac{dN}{dx} = N' = -n$. Die erste Ableitung der Stabnormalkraft ergibt demnach die negative anliegende axiale Streckenlast n. Die Normalkraft N kann daher durch Integration der negativen Belastung ermittelt werden wie folgt:

$$N = -\int n\,dx + C. \tag{6.95}$$

Die Integrationskonstante C folgt aus einer geeigneten Randbedingung. Wir betrachten das Beispiel der Abb. 6.35. Es handelt sich dabei um einen geraden Stab der Länge l, der durch die konstante Streckenlast n sowie durch eine Einzelkraft F an seinem freien Ende belastet wird. Die Integration (6.95) lautet hier:

$$N = -\int n\,dx + C = -nx + C. \tag{6.96}$$

Die hier anzusetzende Randbedingung lautet:

$$N(x = l) = F. \tag{6.97}$$

Die Integrationskonstant C folgt daraus als:

$$C = F + nl. \tag{6.98}$$

Damit kann der Normalkraftverlauf $N(x)$ angegeben werden als:

$$N(x) = F + n(l - x). \tag{6.99}$$

Der Normalkraftverlauf ist in Abb. 6.35 dargestellt. Es ergibt sich aufgrund der anliegenden Streckenlast n ein linearer Verlauf der Normalkraft.

Abb. 6.35 Ermittlung der Stabnormalkraft N an einem einseitig eingespannten geraden Stab unter Streckenlast und Einzelkraft

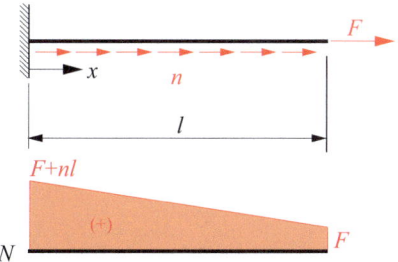

6.6 Praktische Ermittlung von Schnittgrößen

In vielen praktisch relevanten Fällen besteht kein Interesse daran, die Schnittgrößen N, Q und M durch konkrete Funktionen zu beschreiben. Vielmehr wird man in vielen Fällen bestrebt sein, die Schnittgrößen an ausgewählten Punkten eines Tragwerks zu bestimmen und für die restliche Verteilung allgemeine Gesetzmäßigkeiten heranzuziehen, die wir in diesem Kapitel bereits eingehend untersucht haben. Diese Vorgehensweise bewährt sich vor allem dann, wenn eine Vielzahl von Unstetigkeiten in einem Tragwerk auftreten und die bisher verwendeten Vorgehensweisen an ihre Grenzen stoßen.

Zur Illustration betrachten wir erneut den Balken auf zwei Stützen unter Einzelkraft F, so wie in Abb. 6.3 dargestellt. Die Auflagerkräfte haben wir bereits bestimmt als $A_H = 0$, $A_V = \frac{F}{2}$, $B_V = \frac{F}{2}$. Da auf diesen Balken ausschließlich eine Einzelkraft F genau in Feldmitte senkrecht zum Balken wirkt wissen wir ohne Rechnung, dass die Normalkraft N über die gesamte Balkenlänge zu Null wird. Da keinerlei Streckenlast q wirkt, können wir sofort folgern, dass die Querkraftlinie bereichsweise konstant sein wird, wobei wir den Balken in zwei Teilbereiche einzuteilen haben, da am Kraftangriffspunkt die Querkraft einen Sprung aufweisen wird, wohingegen die Momentenlinie einen Knick zeigen wird. Zudem wissen wir ohne Rechnung, dass die Momentenlinie in den Auflagern Nullwerte aufweist. Folglich ist es ausreichend, zwei Schnitte zu betrachten und in diesen beiden Schnitten die Schnittgrößen zu bestimmen, wobei ein Schnitt unmittelbar links in infinitesimaler Entfernung neben der Einzelkraft geführt wird, wohingegen der zweite Schnitt unmittelbar rechts in infinitesimaler Entfernung neben der Einzelkraft zu setzen ist (Abb. 6.36). Wir bilden die Gleichgewichtsbedingungen für den Schnitt S_1 linksseitig der Einzelkraft und betrachten das so entstehende Freikörperbild der linken Seite:

$$\begin{aligned} \overrightarrow{\sum} H = 0: &\quad N = 0, \\ \overset{\downarrow}{\sum} V = 0: &\quad Q - A_V = 0 \quad \rightarrow \quad Q = \frac{F}{2}, \\ \overset{\frown}{\sum} M_{S_1} = 0: &\quad M - A_V \cdot \frac{l}{2} = 0 \quad \rightarrow \quad M = \frac{Fl}{4}. \end{aligned} \quad (6.100)$$

Außerdem betrachten wir Schnitt S_2 rechts neben der Einzelkraft und erhalten die folgenden Gleichgewichtsbedingungen für das so entstandene rechte Freikörperbild:

$$\begin{aligned} \overleftarrow{\sum} H = 0: &\quad N = 0, \\ \overset{\uparrow}{\sum} V = 0: &\quad Q + B_V = 0 \quad \rightarrow \quad Q = -\frac{F}{2}, \\ \overset{\frown}{\sum} M_{S_2} = 0: &\quad M - B_V \cdot \frac{l}{2} = 0 \quad \rightarrow \quad M = \frac{Fl}{4}. \end{aligned} \quad (6.101)$$

6.6 Praktische Ermittlung von Schnittgrößen

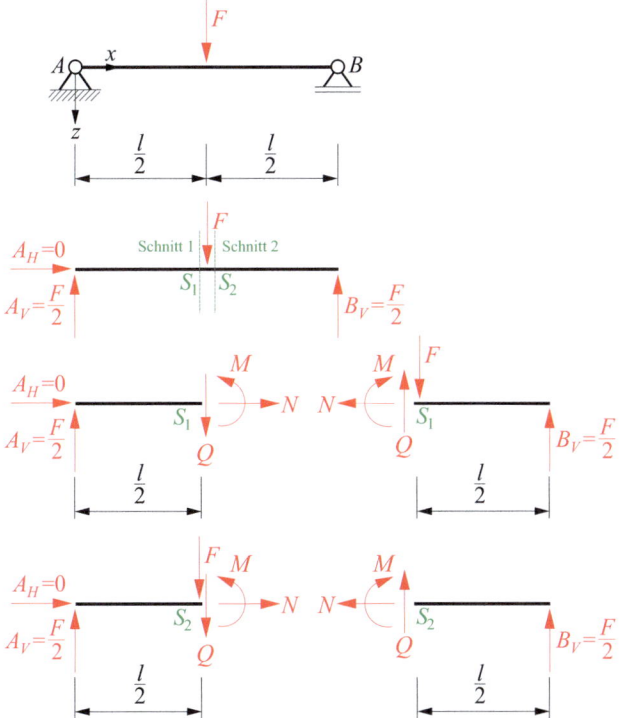

Abb. 6.36 Balken auf zwei Stützen unter Einzelkraft

Mit den so bekannten Werten für die Querkraft Q links und rechts neben der Einzelkraft können wir folgern, dass in der linken Balkenhälfte für $0 \leq x \leq \frac{l}{2}$ die Querkraftlinie konstant ist mit dem Wert $Q = \frac{F}{2}$, wohingegen sich in der rechten Balkenhälfte für $\frac{l}{2} \leq x \leq l$ ein konstanter Wert $Q = -\frac{F}{2}$ findet. Damit ist auch der sich einstellende Sprung in der Querkraftlinie um genau den Betrag F eindeutig festgelegt. Das Biegemoment hingegen verläuft in den beiden Balkenhälften linear und nimmt genau am Kraftangriffspunkt den Wert $M = \frac{Fl}{4}$ an, während in den Auflagern der Wert Null auftritt (gelenkige Lagerung). Damit können die Zustandslinien eindeutig erstellt werden und ergeben sich so wie bereits in Abb. 6.4 gezeigt.

Beispiel 6.12

Betrachtet werde der Balken der Abb. 6.27. Gesucht werden die Schnittgrößen N, Q, M an allen relevanten Stellen sowie die Zustandslinien.

Zur Lösung:

Aufgrund der anliegenden Belastung wird die Querkraftlinie linear verlaufen, wohingegen die Momentenlinie einen parabelförmigen Verlauf zeigen wird. Zudem ist

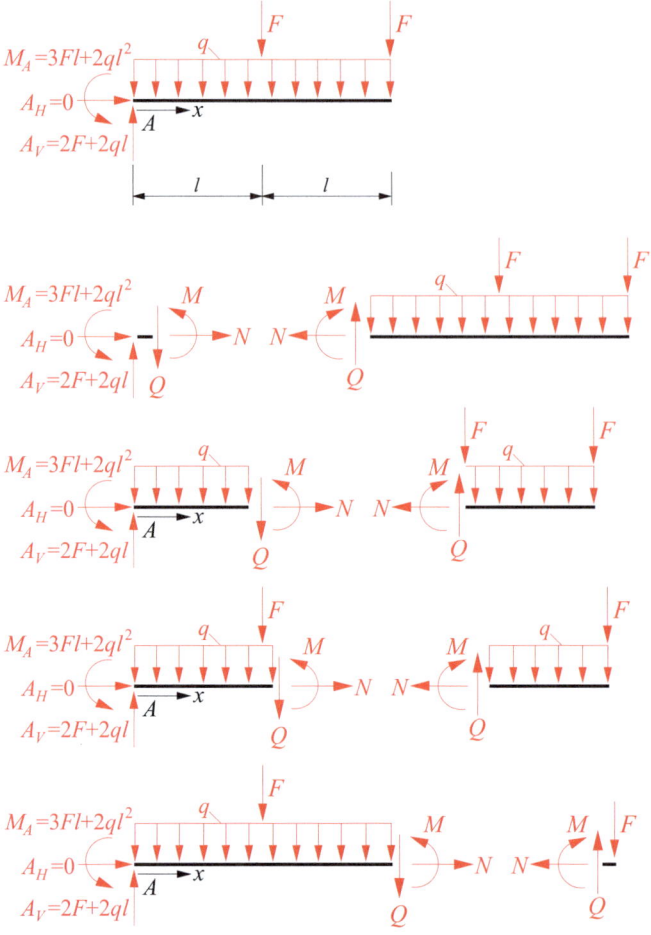

Abb. 6.37 Bestimmung der Auflagerreaktionen und Schnittgrößen

sofort einzusehen, dass die Querkraftlinie am Angriffspunkt der Einzelkraft in Balkenmitte einen Sprung um ebendiese Einzelkraft zeigen wird, und das Biegemoment wird an dieser Stelle einen Knick aufweisen. Die Normalkraft ist an jeder Stelle des Balkens identisch Null. Der Balken ist also aufgrund der anliegenden Belastung in zwei Teilbereiche zu unterteilen, und wir wollen die Schnittgrößen an relevanten Stellen ermitteln.

Wir ermitteln zunächst die Auflagerreaktionen anhand des Freikörperbilds der Abb. 6.37, oben, und erhalten:

$$A_H = 0, \quad A_V = 2F + 2ql, \quad M_A = 3Fl + 2ql^2. \tag{6.102}$$

Wir führen an dem Balken nun insgesamt vier Schnitte, und zwar bei $x = 0$, bei $x = l$ links neben der Einzelkraft, bei $x = l$ rechts neben der Einzelkraft und bei $x = 2l$. Die

6.6 Praktische Ermittlung von Schnittgrößen

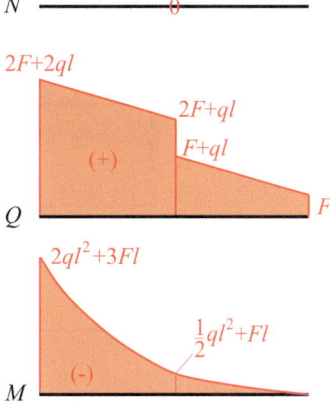

Abb. 6.38 Zustandslinien

so entstehenden Freikörperbilder sind ebenfalls in Abb. 6.37 gezeigt. Wir erhalten an diesen Schnitten die folgenden Schnittgrößen:

$$Q(x=0) = 2F + 2ql,$$

$$Q(x=l) = \begin{cases} 2F + ql & \text{links neben } F \\ F + ql & \text{rechts neben } F, \end{cases}$$

$$Q(x=2l) = F,$$

$$M(x=0) = -3Fl - 2ql^2,$$

$$M(x=l) = -Fl - \frac{1}{2}ql^2,$$

$$M(x=2l) = 0. \tag{6.103}$$

Die Zustandslinien sind in Abb. 6.38 dargestellt. ◄

Beispiel 6.13

Für den Balken der Abb. 6.39 werden die Zustandslinien gesucht.

Zur Lösung:

Die Auflager- und Gelenkreaktionen für diesen Balken wurden bereits in Beispiel 4.8 ermittelt wie folgt:

$$A_H = 0 \quad A_V = \frac{4}{3}F_0, \quad M_A = -\frac{1}{3}F_0 l,$$

$$G_H = 0, \quad G_V = -\frac{2}{3}F_0, \quad B_V = \frac{19}{6}F_0. \tag{6.104}$$

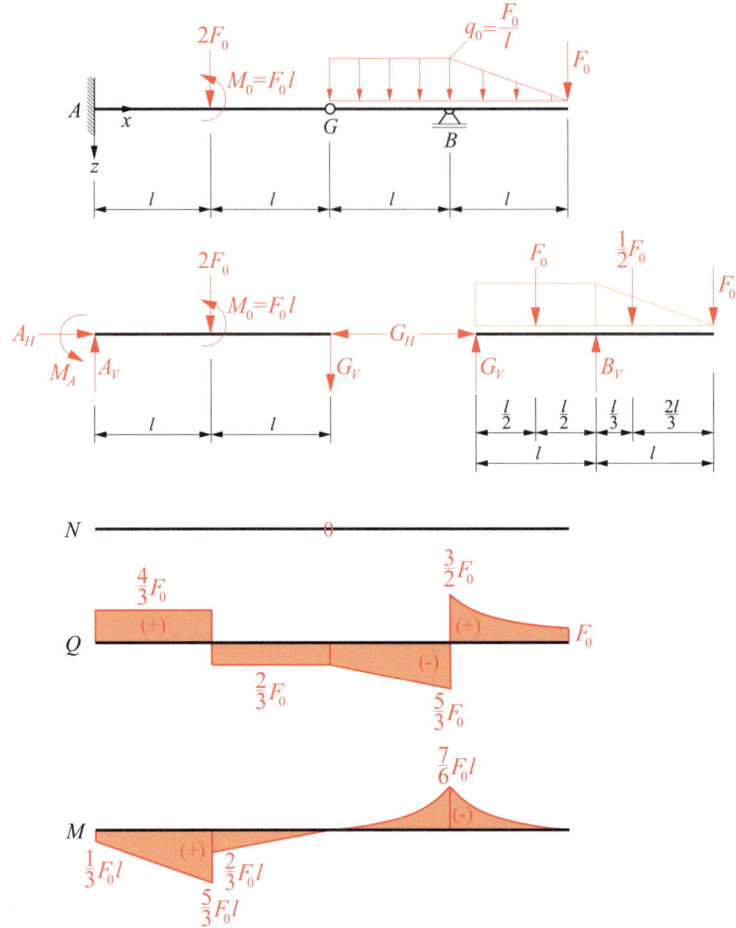

Abb. 6.39 Balken (*oben*), Ermittlung von Auflager- und Gelenkreaktionen (*Mitte*), Zustandslinien (*unten*)

Wir ermitteln die Schnittgrößen an relevanten Punkten dieses Balkens, wobei wir die Stellen $x = 0$, $x = l$, $x = 2l$, $x = 3l$ und $x = 4l$ betrachten wollen. An der Stelle $x = 0$ ergeben sich die Schnittgrößen aus den Auflagerreaktionen, und es folgt:

$$Q(x=0) = A_V = \frac{4}{3}F_0,$$
$$M(x=0) = -M_A = \frac{1}{3}F_0 l. \qquad (6.105)$$

Da im Bereich $0 \leq x \leq l$ keine äußere Belastung anliegt wird die Zustandslinie der Querkraft Q einen konstanten Verlauf zeigen. Analog ist der Momentenverlauf M in diesem Bereich linear.

6.6 Praktische Ermittlung von Schnittgrößen

An der Stelle $x = l$ wird die Querkraftlinie Q einen Sprung um genau die anliegende Kraft $2F_0$ aufweisen, wohingegen die Momentenlinie M einen Sprung um das angreifende Einzelmoment $M_0 = F_0 l$ zeigen wird. Wir müssen daher sowohl Q als auch M unmittelbar beidseits dieses Punkts bestimmen. Es folgt:

$$Q(x = l) = \begin{cases} \frac{4}{3}F_0 & \text{links neben } 2F_0 \\ -\frac{2}{3}F_0 & \text{rechts neben } 2F_0, \end{cases}$$

$$M(x = l) = \begin{cases} \frac{5}{3}F_0 l & \text{links neben } M_0 \\ \frac{2}{3}F_0 l & \text{rechts neben } M_0. \end{cases} \tag{6.106}$$

Da auch im Bereich $l \leq x \leq 2l$ keine Belastung angreift ist die Querkraftlinie Q in diesem Bereich konstant mit dem Wert $Q = -\frac{2}{3}F_0$. Die Momentenlinie verläuft linear und weist im Gelenk $x = 2l$ einen Nulldurchgang auf. Es gilt:

$$Q(x = 2l) = -\frac{2}{3}F_0,$$
$$M(x = 2l) = 0. \tag{6.107}$$

Wir betrachten nun den Bereich $2l \leq x \leq 3l$, in dem die konstante Streckenlast $q_0 = \frac{F_0}{l}$ anliegt. Aufgrund dieser Belastung ist der Querkraftverlauf Q linear, während der Momentenverlauf M parabelförmig ist. Am Auflagerpunkt B greift zudem die Auflagerkraft B_V an, so dass die Querkraftlinie an dieser Stelle einen Sprung um genau die Auflagerkraft B_V aufweist. Wir erhalten:

$$Q(x = 3l) = \begin{cases} -\frac{5}{3}F_0 & \text{links neben } B \\ \frac{3}{2}F_0 & \text{rechts neben } B, \end{cases}$$

$$M(x = 3l) = -\frac{7}{6}F_0 l. \tag{6.108}$$

Im Bereich $3l \leq x \leq 4l$ schließlich liegt eine linear verlaufende Streckenlast an, so dass der Querkraftverlauf Q in diesem Bereich parabelförmig ist. Der Momentenverlauf hingegen ist kubisch. Am freien Ende des Balkens ist das Biegemoment M identisch Null. Die Querkraft Q ist an dieser Stelle identisch mit der angreifenden Einzelkraft F_0:

$$Q(x = 4l) = F_0,$$
$$M(x = 4l) = 0. \tag{6.109}$$

Die so ermittelten Zustandslinien für diesen Balken sind in Abb. 6.39, unten, dargestellt. ◄

6.7 Abgewinkelte Balken/Rahmen

Bislang haben wir uns in diesem Kapitel mit der Ermittlung von Schnittgrößen in geraden Balken und Balkensystemen befasst. In vielen technischen Anwendungen hat man es allerdings mit abgewinkelten Balken bzw. mit sog. Rahmen zu tun, die wir in diesem Abschnitt untersuchen wollen. Schnittgrößen an Rahmen ermittelt man ebenso wie in Balkensystemen abschnittsweise, wobei man üblicherweise für jeden Bereich, in dem die Schnittgrößen stetig verlaufen, ein eigenes Koordinatensystem einführt. Die Abb. 6.40 zeigt ein Beispiel dazu. Es handelt sich dabei um einen Kragarm der Länge l, an dem an seinem rechten Ende mittels einer biegesteifen Ecke ein vertikal stehendes Segment der Länge h angeschlossen ist. Am freien Ende dieses Segments greift eine horizontal wirkende Einzelkraft F an.

Zweckmäßigerweise werden lokale Bezugsachsen x_1, z und x_2, z wie in Abb. 6.40, links, gezeigt eingeführt und darauf basierend die Schnittgrößen in den beiden Balkenbereichen ermittelt. Wir verzichten hier auf die Anwendung der Integrationsmethode und ermitteln die Schnittgrößen durch gezieltes Freischneiden. Es handelt sich bei diesem abgewinkelten Balken um ein Beispiel, bei dem wir vorab nicht die Auflagerreaktionen ermitteln müssen und betrachten zunächst den Abschnitt $0 \leq x_2 \leq h$. Das entsprechen-

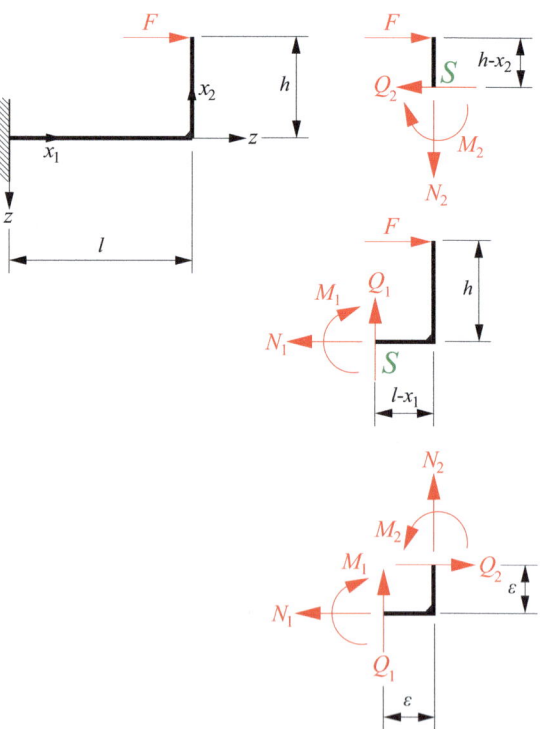

Abb. 6.40 Abgewinkelter Balken

6.7 Abgewinkelte Balken/Rahmen

de Freikörperbild, das durch einen Schnitt an einer beliebigen Stelle x_2 entsteht, ist in Abb. 6.40, rechts oben, gezeigt. Die Gleichgewichtsbedingungen lauten hier:

$$\overset{\leftarrow}{\sum} H = 0: \quad Q_2 - F = 0 \quad \rightarrow \quad Q_2 = F,$$

$$\overset{\downarrow}{\sum} V = 0: \quad N_2 = 0,$$

$$\overset{\curvearrowleft}{\sum} M_S = 0: \quad M_2 + F(h - x_2) = 0 \quad \rightarrow \quad M_2 = F(x_2 - h). \tag{6.110}$$

Offenbar ist die Normalkraft N_2 in diesem Balkensegment identisch Null, und die Querkraft Q_2 ist konstant mit dem Wert $Q_2 = F$. Das Biegemoment M_2 verläuft linear über x_2, verschwindet am freien Ende $x_2 = h$ und nimmt den Wert $M_2(x_2 = 0) = -Fh$ an der biegesteifen Ecke an.

Wir schneiden außerdem an einer beliebigen Stelle x_1 im horizontalen Segment des Balkens frei (Abb. 6.40, Mitte rechts) und erhalten:

$$\overset{\leftarrow}{\sum} H = 0: \quad N_1 - F = 0 \quad \rightarrow \quad N_1 = F,$$

$$\overset{\uparrow}{\sum} V = 0: \quad Q_1 = 0,$$

$$\overset{\curvearrowleft}{\sum} M_S = 0: \quad M_1 + Fh = 0 \quad \rightarrow \quad M_1 = -Fh. \tag{6.111}$$

Entsprechend ist die Normalkraft N_1 konstant mit dem Wert $N_1 = F$, und die Querkraft Q_1 verschwindet. Das Biegemoment M_1 ist konstant mit dem Wert $M_1 = -Fh$. Die Zustandslinien sind in Abb. 6.41 dargestellt.

Abb. 6.41 Zustandslinien

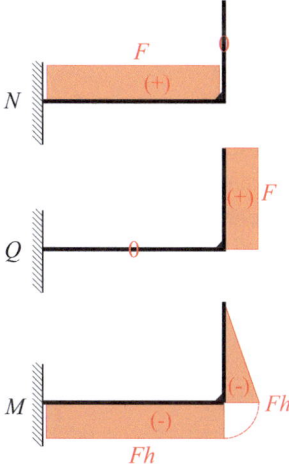

Besondere Beachtung ist den Gegebenheiten an einer biegesteifen Ecke zu schenken, an der die Schnittgrößen von einem Bereich in den nächsten übertragen werden. Aus den Gleichgewichtsbedingungen am Freikörperbild mit den Segmentlängen $\varepsilon \to 0$ der Abb. 6.40, unten rechts, erhalten wir:

$$N_2 = -Q_1, \quad Q_2 = N_1, \quad M_2 = M_1. \tag{6.112}$$

Als eine allgemeingültige Schlussfolgerung kann festgehalten werden, dass an einer rechtwinkligen biegesteifen Ecke das Biegemoment unverändert vom einen in den anderen Bereich übertragen wird (in der Zustandslinie M der Abb. 6.41 durch einen gestrichelten Kreisbogen angedeutet), wohingegen die Normalkraft des einen Bereichs in die Querkraft des anderen Bereichs übergeht.

Im Folgenden werden wir uns ausschließlich darauf beschränken, die Schnittgrößen an relevanten Punkten zu ermitteln und auf die Verläufe zwischen diesen ausgewählten Punkten durch geeignete Überlegungen zu schließen.

Beispiel 6.14

Gegeben sei der Rahmen der Abb. 6.42, der aus zwei Stielen der Höhe h und einem Riegel der Länge l besteht und durch eine Gleichstreckenlast q auf dem Riegel belastet wird. Der Riegel wird genau in seiner Mitte im Punkt G durch ein Momentengelenk unterbrochen. Gesucht werden die Zustandslinien N, Q, M.

Zur Lösung:

Zur Ermittlung der Schnittgrößen werden die lokalen Bezugsachsen x_1, z, x_2, z und x_3, z eingeführt wie in Abb. 6.42 angedeutet. Die Auflagerreaktionen für diesen Rahmen wurden bereits in Beispiel 4.9 ermittelt und werden an dieser Stelle der Übersichtlichkeit halber erneut angegeben. Sie lauten:

$$A_V = B_V = \frac{ql}{2}, \quad A_H = B_H = G_H = \frac{ql^2}{8h}, \quad G_V = 0. \tag{6.113}$$

Wir betrachten zunächst Bereich 1 mit $0 \leq x_1 \leq h$. Am Auflagerpunkt A weist die Momentenlinie $M_1(x_1 = 0)$ einen Nulldurchgang auf (gelenkige Lagerung), wohingegen die Auflagerkraft $A_V = \frac{ql}{2}$ eine Drucknormalkraft $N_1(x_1 = 0) = -\frac{ql}{2}$ hervorruft. Aus der horizontalen Auflagerkraft A_H ergibt sich eine negative Querkraft $Q_1(x_1 = 0)$ mit dem Wert $Q_1(x_1 = 0) = -\frac{ql^2}{8h}$:

$$N_1(x_1 = 0) = -\frac{ql}{2}, \quad Q_1(x_1 = 0) = -\frac{ql^2}{8h}, \quad M_1(x_1 = 0) = 0. \tag{6.114}$$

6.7 Abgewinkelte Balken/Rahmen

Abb. 6.42 Rahmen (*oben*), Ermittlung der Auflagerreaktionen (*Mitte*), Freikörperbilder zur Ermittlung der Schnittgrößen (*unten*)

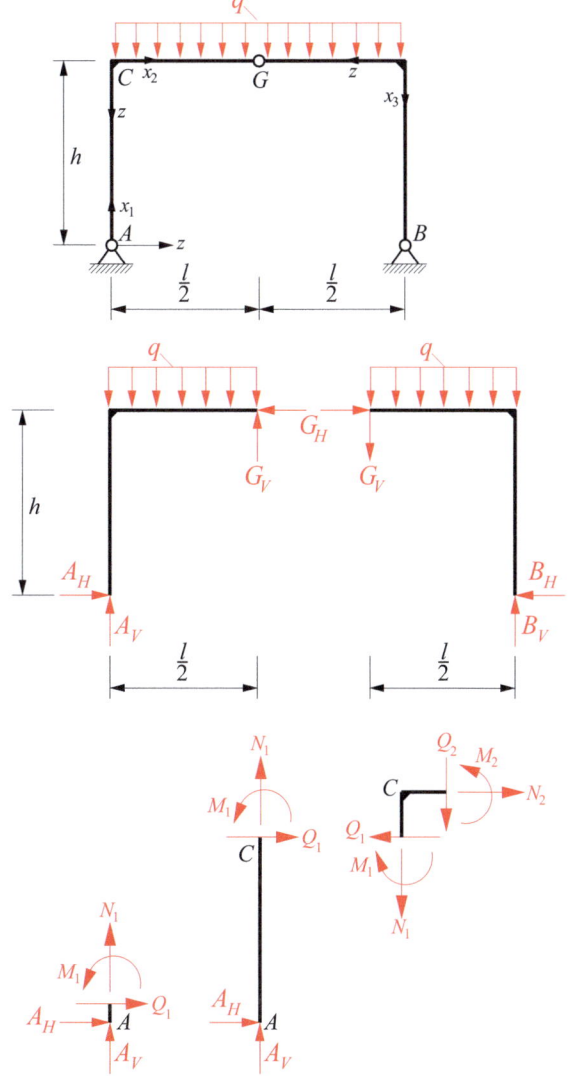

Da in Bereich 1 keinerlei äußere Belastung anliegt, sind sowohl die Normalkraftlinie $N(x_1)$ als auch die Querkraftlinie $Q(x_1)$ konstant mit den oben ermittelten Werten. Die Momentenlinie $M(x_1)$ hingegen verläuft linear und nimmt am oberen Ende des Bereichs 1 bei $x_1 = h$ den Wert $M_1(x_1 = h) = -\frac{ql^2}{8}$ an, wie man sich aus der Momentenbilanz bezüglich des Punkts C bei $x_1 = h$ unmittelbar unterhalb der biegesteifen

Ecke klarmachen kann:

$$N_1(x_1 = h) = -\frac{ql}{2},$$

$$Q_1(x_1 = h) = -\frac{ql^2}{8h},$$

$$M_1(x_1 = h) = -\frac{ql^2}{8}. \tag{6.115}$$

Im Bereich 2, also dem horizontalen Riegel mit $0 \leq x_2 \leq l$, liegt die Gleichstreckenlast q an. Entsprechend wird die Querkraftlinie $Q_2(x_2)$ linear verlaufen, und das Biegemoment wird eine parabelförmige Verteilung zeigen. Die Normalkraftlinie hingegen zeigt einen konstanten Wert $N_2(x_2)$. Aus dem Freikörperbild der biegesteifen Ecke im Punkt C gemäß Abb. 6.42, unten rechts, ergeben sich die folgenden Werte der Schnittgrößen N_2, Q_2, M_2 für $x_2 = 0$:

$$N_2(x_2 = 0) = Q_1(x_1 = h) = -\frac{ql^2}{8h},$$

$$Q_2(x_2 = 0) = -N_1(x_1 = h) = \frac{ql}{2},$$

$$M_2(x_2 = 0) = M_1(x_1 = h) = -\frac{ql^2}{8}. \tag{6.116}$$

Im Gelenkpunkt G verschwindet sowohl die Querkraft $Q_2(x_2 = \frac{l}{2})$ (die vertikale Gelenkkraft G_V ist identisch Null) als auch das Biegemoment $M_2(x_2 = \frac{l}{2})$ (in einem Momentengelenk kann kein Biegemoment auftreten). Die Normalkraft ist über die gesamte Riegellänge konstant mit dem Wert $N_2(x_2 = \frac{l}{2}) = -\frac{ql^2}{8h}$:

$$N_2\left(x_2 = \frac{l}{2}\right) = -\frac{ql^2}{8h},$$

$$Q_2\left(x_2 = \frac{l}{2}\right) = 0,$$

$$M_2\left(x_2 = \frac{l}{2}\right) = 0. \tag{6.117}$$

Der weitere Verlauf der Schnittgrößen kann analog gefolgert werden, wobei es sich zeigt, dass die Normalkraftlinie N und die Momentenlinie M symmetrisch bezüglich des Gelenkpunkts sind, wohingegen die Querkraftlinie antimetrisch ist. Die Zustandslinien sind in Abb. 6.43 graphisch dargestellt. ◀

Abb. 6.43 Zustandslinien

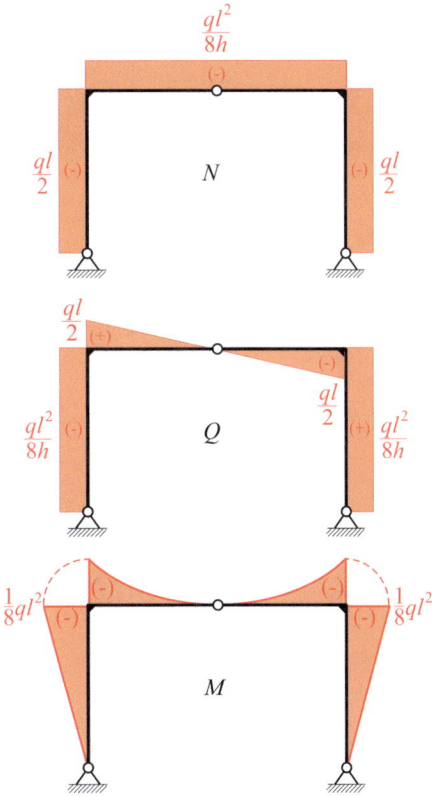

Beispiel 6.15

Für den eingespannten abgewinkelten Balken der Abb. 6.44 unter der Einzelkraft F_0 werden die Zustandslinien N, Q, M gesucht.

Zur Lösung:

Für diesen Balken lassen sich die Zustandslinien ermitteln, ohne vorab die Auflagerreaktionen in der Einspannung A zu bestimmen. An der Stelle $x_3 = l$ im Punkt D verschwinden sowohl die Normalkraft $N_3(x = l)$ als auch das Biegemoment $M_3(x_3 = l)$. Die Querkraft $Q_3(x_3 = l)$ entspricht der angreifenden Kraft F_0:

$$N_3(x_3 = l) = 0,$$
$$Q_3(x_3 = l) = F_0,$$
$$M_3(x_3 = l) = 0. \tag{6.118}$$

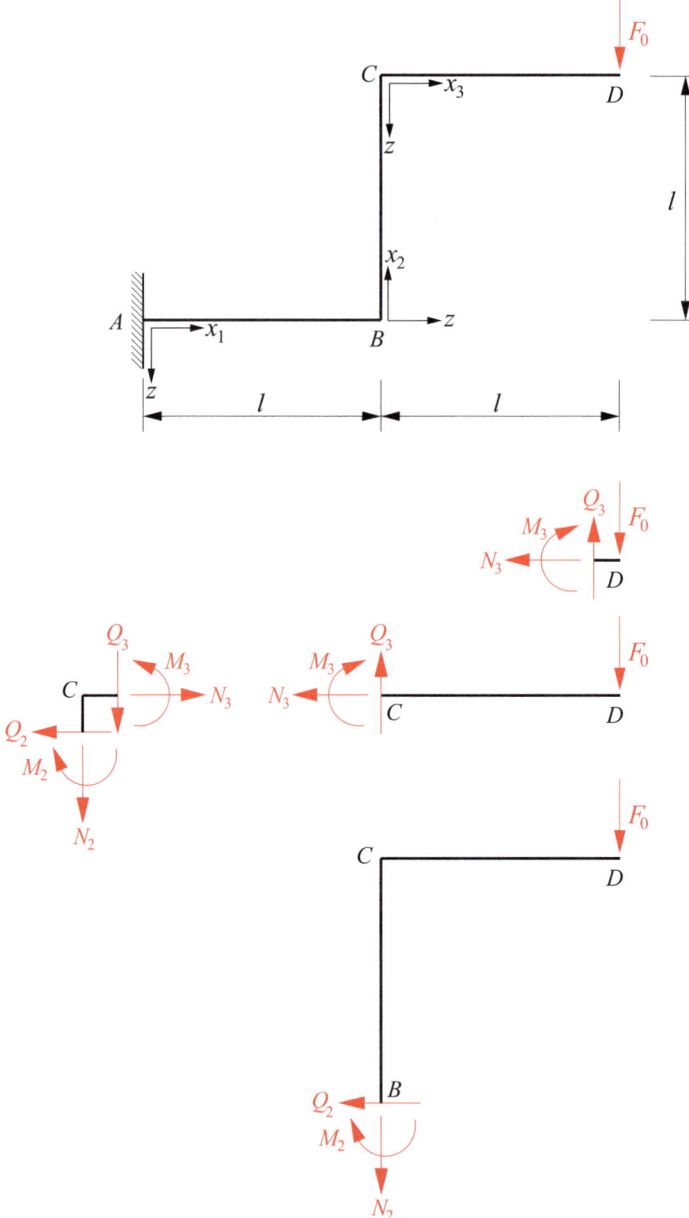

Abb. 6.44 Abgewinkelter Balken (*oben*), Freikörperbilder zur Ermittlung der Schnittgrößen (*unten*)

Am Punkt C an der Stelle $x_3 = 0$ ergeben sich aus dem entsprechenden Freikörperbild der Abb. 6.44, unten, die folgenden Schnittgrößen:

$$N_3(x_3 = 0) = 0,$$
$$Q_3(x_3 = 0) = F_0,$$
$$M_3(x_3 = 0) = -F_0 l. \tag{6.119}$$

Die Querkraftlinie Q_3 ist konstant, wohingegen M_3 linear über x_3 verteilt ist.

Am Freikörperbild der biegesteifen Ecke C lassen sich die Schnittgrößen in Bereich 2 für $x_2 = l$ bestimmen. Es gilt:

$$N_2(x_2 = l) = -Q_3(x_3 = 0) = -F_0,$$
$$Q_2(x_2 = l) = N_3(x_3 = 0) = 0,$$
$$M_2(x_2 = l) = M_3(x_3 = 0) = -F_0 l. \tag{6.120}$$

Auf analoge Art und Weise folgen die Schnittgrößen an der biegesteifen Ecke B bei $x_2 = 0$.

Entsprechend sind alle Zustandslinien im Bereich 2 konstant über x_2 verteilt.

Abb. 6.45 Zustandslinien

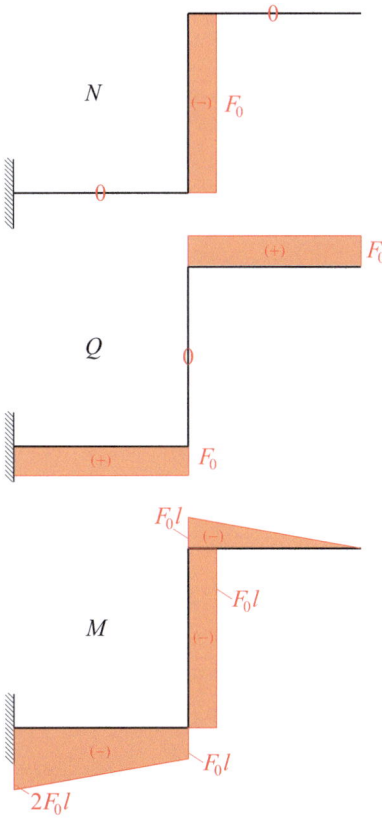

Beispiel 6.16

Für den abgewinkelten Balken der Abb. 6.46 (vgl. Beispiel 4.6) wird die Momentenlinie gesucht.

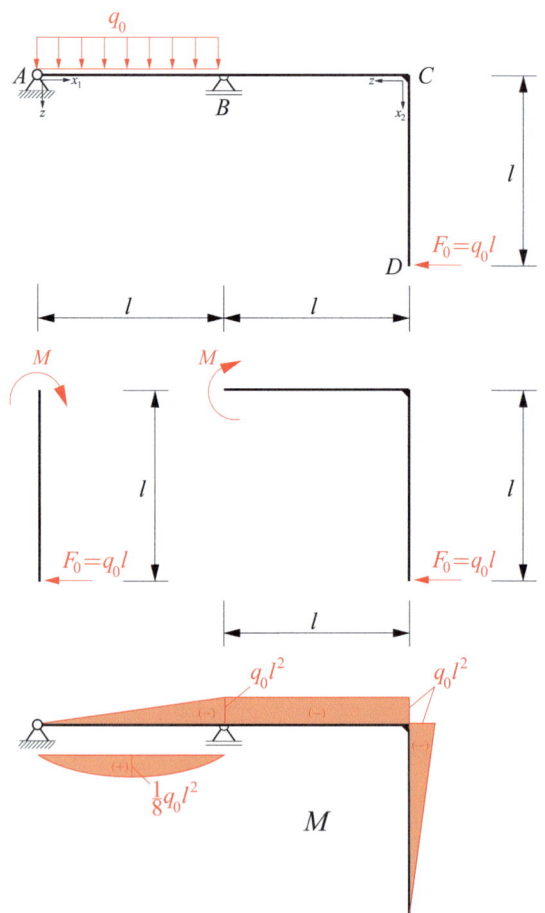

Abb. 6.46 Abgewinkelter Balken (*oben*), Freikörperbilder (*Mitte*), Momentenlinie (*unten*)

6.7 Abgewinkelte Balken/Rahmen

Zur Lösung:

Wir wollen zeigen, dass man für dieses Beispiel die Momentenlinie M auf sehr einfachem Wege ohne vorherige Berechnung der Auflagerkräfte ermitteln kann. Wir beginnen dazu die Betrachtungen am freien Ende des Balkens an der Stelle $x_2 = l$ im Punkt D. An diesem Ende liegt kein Moment an, so dass das Biegemoment dort zu Null werden muss:

$$M_2(x_2 = l) = 0. \tag{6.121}$$

Da im Bereich $0 \leq x_2 \leq l$ keine äußere Belastung in Form einer Streckenlast anliegt, wird die Momentenlinie in diesem Bereich linear verlaufen. Es ist daher zur Ermittlung der Momentenlinie M ausreichend, das Biegemoment an der Stelle C bei $x_2 = 0$ zu ermitteln und die beiden so ermittelten Werte in diesem Bereich mit einer Geraden zu verbinden. Den Wert für $M(x_2 = 0)$ erhalten wir aus dem Freikörperbild der Abb. 6.46, Mitte links. Es folgt:

$$M_2(x_2 = 0) = -q_0 l^2. \tag{6.122}$$

An der biegesteifen Ecke C wird das Biegemoment zwischen den beiden Bereichen 1 und 2 unverändert übertragen, so dass wir direkt folgern können, dass $M_1(x_1 = 2l) = M_2(x_2 = 0)$ gilt:

$$M_1(x_2 = 2l) = -q_0 l^2. \tag{6.123}$$

Anhand des Freikörperbilds in Abb. 6.46, Mitte rechts, können wir folgern, dass die Kraft $F_0 = q_0 l$ für sämtliche Werte $l \leq x_2 \leq 2l$ einen konstanten Hebelarm l aufweist, so dass das Biegemoment in diesem Bereich konstant ist mit dem Wert $M = -q_0 l^2$. Es gilt daher insbesondere über dem Auflager B:

$$M_1(x_2 = l) = -q_0 l^2. \tag{6.124}$$

Im Auflager A schließlich muss das Biegemoment M verschwinden, so dass gilt:

$$M_1(x_2 = 0) = 0. \tag{6.125}$$

Zwischen den Auflagern A und B wird die Momentenlinie M aufgrund der anliegenden Gleichstreckenlast q_0 einen parabelförmigen Verlauf zeigen.

Mit den so ermittelten Werten für das Biegemoment sowie den gezogenen Schlussfolgerungen lässt sich die Momentenlinie zeichnen so wie in Abb. 6.46, unten, dargestellt. Wir haben hierbei im Bereich $0 \leq x_1 \leq l$ Gebraucht davon gemacht, dass die Momentenlinie sich zerlegen lässt in ein Dreieck mit dem Wert $-q_0 l^2$ und eine Parabel mit dem Wert $\frac{q_0 l^2}{8}$. ◀

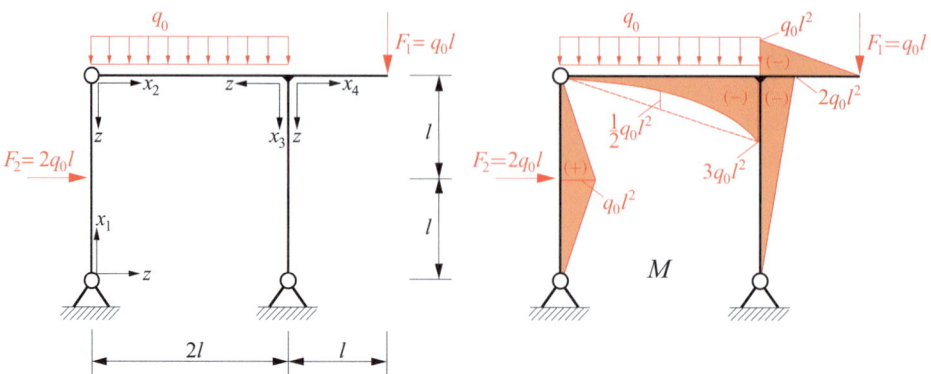

Abb. 6.47 Rahmen (*links*), Momentenlinie (*rechts*)

Beispiel 6.17

Für den Rahmen der Abb. 6.47 (vgl. Beispiel 4.10) wird die Momentenlinie gesucht.

Zur Lösung:

Die Momentenlinie lässt sich ähnlich zu den vorherigen Beispielen durch eine punktweise Ermittlung von einzelnen Werten unter Zuhilfenahme der bereits in Beispiel 4.10 ermittelten Auflager- und Gelenkreaktionen konstruieren, wobei hier beachtet werden muss, dass sich in denjenigen Bereichen ohne Streckenlast ein linearer Verlauf für M ergibt, wohingegen im Bereich $0 \leq x_2 \leq 2l$ ein parabelförmiger Verlauf resultiert. Auf die Wiedergabe der Berechnungsschritte wird an dieser Stelle verzichtet. Die Momentenlinie M ist in Abb. 6.47, rechts, dargestellt ◄

6.8 Bogenträger

Unter einem Bogenträger verstehen wir einen gekrümmten Balken, wobei es sich hierbei sowohl um in einer Ebene gekrümmte als auch räumlich gekrümmte Träger handeln kann. Wir wollen unsere Betrachtungen an dieser Stelle auf solche Bogenträger beschränken, deren Krümmung sich auf eine Ebene beschränkt. Der betrachtete Bogenträger (s. Abb. 6.48) sei durch die in Normalenrichtung (ausgezeichnet durch den Normalenvektor $\underline{n}$) wirkende Streckenlast q belastet. Darüber hinaus möge auch eine tangential wirkende Streckenlast n zugelassen sein. Desweiteren können auch Einzelkräfte F_i und Einzelmomente M_j wirken. Als Bezugsachse führen wir die tangential verlaufende Umlaufkoordinate s ein wie angedeutet. Der Krümmungsradius des Bogenträgers sei r, wobei r durchaus örtlich veränderlich sein kann, d. h. $r = r(s)$. Für spätere Zwecke wird es hilfreich sein, eine weitere Bezugskoordinate in Normalenrichtung einzuführen, nämlich die z-Achse, die ihren Ursprung in der Trägermittellinie aufweist.

6.8 Bogenträger

Abb. 6.48 Beispielhafter Bogenträger

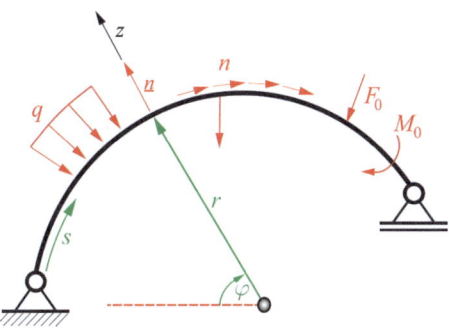

Aufgrund der Krümmung sowie der generell beliebigen Belastung des Bogenträgers ergibt sich hier eine Kombination aus Stab- und Balkenwirkung. Folglich wird neben der Querkraft Q und dem Biegemoment M auch die Normalkraft N auftreten. Wir betrachten nun das lokale Gleichgewicht an einem infinitesimalen Schnittelement eines Bogenträgers, wobei der zugehörige Öffnungswinkel $d\varphi$ sei. Die Länge dieses Schnittelements sei ds. Das infinitesimale Schnittelement ist nebst den auftretenden Schnittgrößen in Abb. 6.49 gezeigt, wobei hier aus Gründen der Übersichtlichkeit eine Aufteilung in drei Teilabbildungen vorgenommen wurde. Während am negativen Schnittufer die Schnittgrößen N, Q und M auftreten, sind am positiven Schnittufer die Schnittgrößen N, Q und M nebst ihren Zuwächsen dN, dQ und dM zu verzeichnen. Für die nachfolgenden Gleichgewichtsbetrachtungen wollen wir anstelle der Umlaufachse s den Winkel φ als Bezugsgröße verwenden. Zwischen s und φ besteht dabei der Zusammenhang $ds = r\,d\varphi$. Die Kräftesumme in Normalenrichtung ergibt dann:

$$-Q\cos\frac{d\varphi}{2} + (Q+dQ)\cos\frac{d\varphi}{2} - N\sin\frac{d\varphi}{2} - (N+dN)\sin\frac{d\varphi}{2} + q\,ds = 0, \quad (6.126)$$

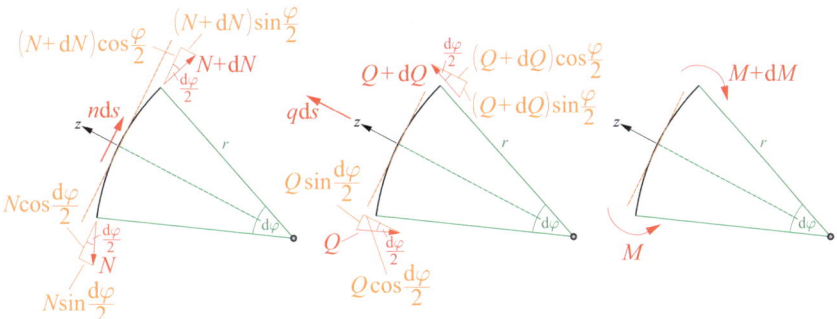

Abb. 6.49 Freikörperbilder des infinitesimalen Schnittelements

bzw. bei Vernachlässigung von Termen höherer Ordnung und der Näherung, dass $\cos \frac{d\varphi}{2} \simeq 1$ und $\sin \frac{d\varphi}{2} \simeq \frac{d\varphi}{2}$:

$$dQ - N d\varphi + q ds = 0. \tag{6.127}$$

Analog erhalten wir die Kräftesumme in tangentialer Richtung:

$$(N + dN) \cos \frac{d\varphi}{2} - N \cos \frac{d\varphi}{2} + (Q + dQ) \sin \frac{d\varphi}{2} + Q \sin \frac{d\varphi}{2} + n ds = 0, \tag{6.128}$$

bzw.

$$dN + Q d\varphi + n ds = 0. \tag{6.129}$$

Die beiden Gleichungen (6.127) und (6.129) lassen sich mit $d\varphi = \frac{ds}{r}$ auch schreiben als:

$$\begin{aligned} \frac{dQ}{ds} - \frac{N}{r} + q &= 0, \\ \frac{dN}{ds} + \frac{Q}{r} + n &= 0. \end{aligned} \tag{6.130}$$

Die Momentensumme um den in Abb. 6.49 angedeuteten Ursprung der z-Achse ergibt schließlich:

$$Q \frac{ds}{2} + (Q + dQ) \frac{ds}{2} + M - (M + dM) = 0, \tag{6.131}$$

was sich zu dem Ausdruck

$$\frac{dM}{ds} = Q \tag{6.132}$$

zusammenfassen lässt. Die Gleichungen (6.130) und (6.132) stellen drei miteinander gekoppelt Differentialgleichungen dar, aus denen sich bei vorgegebenen Belastung q und n die drei Schnittgrößenverläufe N, Q und M berechnen lassen.

Die Gleichungen (6.130) und (6.132) beinhalten den geraden Stab bzw. den geraden Balken als Sonderfälle. Diese erreicht man, indem $r \to \infty$ und $ds = dx$ gesetzt wird. Es folgt:

$$\frac{dQ}{dx} + q = 0, \quad \frac{dN}{dx} + n = 0, \quad \frac{dM}{dx} = Q. \tag{6.133}$$

Ein interessanter und recht einfach handhabbarer Sonderfall ist der Kreisbogenträger mit konstantem Radius R, bei dem die beiden Streckenlasten q und n nicht auftreten. Die Gleichungen (6.130) und (6.132) lauten dann:

$$\begin{aligned} \frac{dQ}{ds} - \frac{N}{R} &= 0, \\ \frac{dN}{ds} + \frac{Q}{R} &= 0, \\ \frac{dM}{ds} &= Q. \end{aligned} \tag{6.134}$$

6.8 Bogenträger

Setzen wir hierin $ds = Rd\varphi$, dann erhalten wir:

$$\frac{dQ}{d\varphi} - N = 0,$$
$$\frac{dN}{d\varphi} + Q = 0,$$
$$\frac{dM}{d\varphi} = QR. \tag{6.135}$$

Ableiten der ersten Gleichung in (6.135) nach φ und darauffolgendes Eliminieren von N aus der zweiten Gleichung ergibt:

$$\frac{d^2Q}{d\varphi^2} + Q = 0. \tag{6.136}$$

Dies ist eine lineare gewöhnliche homogene Differentialgleichung 2. Ordnung mit konstanten Koeffizienten für die Querkraft Q, die elementar lösbar ist:

$$Q = C_1 \cos\varphi + C_2 \sin\varphi. \tag{6.137}$$

Aus der ersten Gleichung in (6.135) kann dann der Normalkraftverlauf N ermittelt werden als:

$$N = \frac{dQ}{d\varphi} = -C_1 \sin\varphi + C_2 \cos\varphi. \tag{6.138}$$

Aus der dritten Gleichung in (6.135) folgt dann auch der Momentenverlauf zu:

$$M = \int_\varphi QR d\varphi = C_1 R \sin\varphi - C_2 R \cos\varphi + C_3. \tag{6.139}$$

Die hierin auftauchenden Konstanten C_1, C_2 und C_3 werden an gegebene Randbedingungen angepasst.

Wir illustrieren die Vorgehensweise an den beiden in Abb. 6.50 dargestellten Kreisbogenträgern (Radius R) mit dem Öffnungswinkel 90°. Der erste Fall sieht ein Randmoment M_0 wie dargestellt vor. Die entsprechenden Randbedingungen lauten damit:

$$N\left(\varphi = \frac{\pi}{2}\right) = 0, \quad Q\left(\varphi = \frac{\pi}{2}\right) = 0, \quad M\left(\varphi = \frac{\pi}{2}\right) = -M_0. \tag{6.140}$$

Auswerten der Lösungen

$$N = -C_1 \sin\varphi + C_2 \cos\varphi,$$
$$Q = C_1 \cos\varphi + C_2 \sin\varphi,$$
$$M = C_1 R \sin\varphi - C_2 R \cos\varphi + C_3 \tag{6.141}$$

Abb. 6.50 Einseitig eingespannter Kreisbogenträger unter Einzelmoment M_0 (*oben links*) und Einzelkraft F_0 (*oben rechts*); resultierende Schnittgrößenverläufe (*unten*)

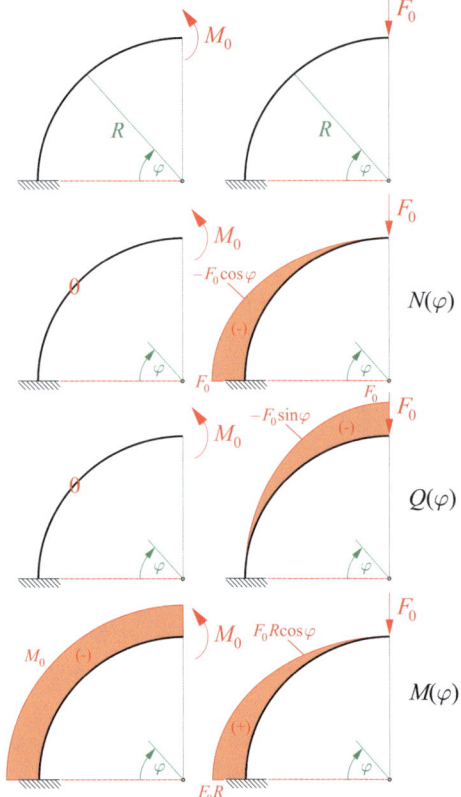

ergibt:
$$C_1 = 0, \quad C_2 = 0, \quad C_3 = -M_0, \tag{6.142}$$

so dass:
$$N = 0, \quad Q = 0, \quad M = -M_0. \tag{6.143}$$

Der gekrümmte Träger unter Einzelmoment am freien Rand ist demnach frei von Normal- und Querkräften, und das wirkende Biegemoment ist konstant über den gesamten Träger.

Der zweite Fall besteht aus einem identischen Kreisbogenträger, wobei die Belastung nun aus einer vertikalen Einzelkraft F_0 am Trägerende besteht. Auswerten der Randbedingungen

$$N\left(\varphi = \frac{\pi}{2}\right) = 0, \quad Q\left(\varphi = \frac{\pi}{2}\right) = F_0, \quad M\left(\varphi = \frac{\pi}{2}\right) = 0 \tag{6.144}$$

ergibt die Konstanten C_1, C_2 und C_3 als:

$$C_1 = 0, \quad C_2 = F_0, \quad C_3 = 0, \tag{6.145}$$

6.8 Bogenträger

Abb. 6.51 Einseitig eingespannter Kreisbogenträger unter Einzelkraft F_0

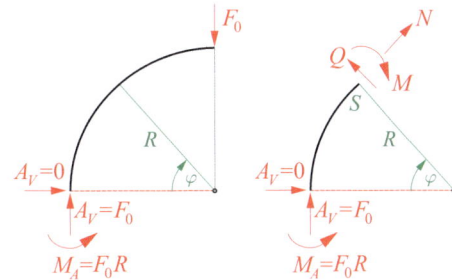

so dass:
$$N = -F_0 \cos\varphi,$$
$$Q = -F_0 \sin\varphi,$$
$$M = F_0 R \cos\varphi. \tag{6.146}$$

Wir zeigen abschließend kurz, dass man die Schnittgrößen am Kreisbogenträger auch durch Freischneiden erhält wie schon für den geraden Balken gezeigt. Dazu betrachten wir das Beispiel der Abb. 6.50, rechts, erneut und ermitteln zunächst die Auflagerreaktionen in der Festeinspannung, so wie in Abb. 6.51, links, gezeigt. Es folgt:

$$A_H = 0, \quad A_V = F_0, \quad M_A = F_0 R. \tag{6.147}$$

Wir schneiden nun den Balken an einer beliebigen Stelle φ frei und ermitteln die Schnittgrößen. Es ergeben sich dabei die folgenden Gleichgewichtsbedingungen. Die Summe aller Kräfte in Richtung der Normalkraft N ergibt:

$$N + A_V \cos\varphi = 0 \quad \rightarrow \quad N = -F_0 \cos\varphi. \tag{6.148}$$

Für die Summe aller Kräfte in Richtung der Querkraft Q folgt:

$$Q + A_V \sin\varphi = 0 \quad \rightarrow \quad Q = -F_0 \sin\varphi. \tag{6.149}$$

Das Momentengleichgewicht bezüglich des Schnittpunkts S schließlich ergibt:

$$M - M_a + A_V R(1 - \cos\varphi) = 0 \quad \rightarrow \quad M = F_0 R \cos\varphi. \tag{6.150}$$

Man erkennt, dass diese so ermittelten Schnittgrößen mit den Ergebnissen der Abb. 6.50, rechts, übereinstimmen.

Beispiel 6.18

Für den Halbkreisbogenträger auf zwei Stützen mit dem Radius R unter der Einzelkraft F_0 (Abb. 6.52) werden die Zustandslinien gesucht.

Zur Lösung:

Wir schneiden den Kreisbogenträger an einer beliebigen Stelle φ frei und erhalten das Freikörperbild der Abb. 6.52, rechts. Die vertikale Auflagerreaktion A_V ist unter dem gegebenen Lastfall identisch Null. Die Gleichgewichtsbedingungen lassen sich hieran wie folgt anschreiben. Die Summe aller Kräfte in Richtung der Normalkraft N ergibt:

$$N - F_0 \sin\varphi = 0 \quad \rightarrow \quad N = F_0 \sin\varphi. \tag{6.151}$$

Für die Kräftesumme in Richtung der Querkraft Q folgt:

$$Q + F_0 \cos\varphi = 0 \quad \rightarrow \quad Q = -F_0 \cos\varphi. \tag{6.152}$$

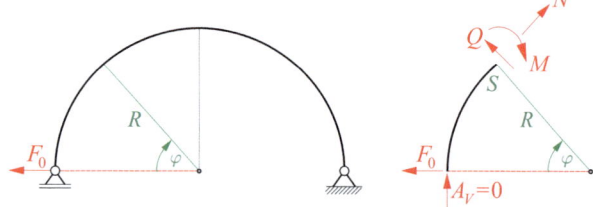

Abb. 6.52 Kreisbogenträger auf zwei Stützen unter Einzelkraft F_0

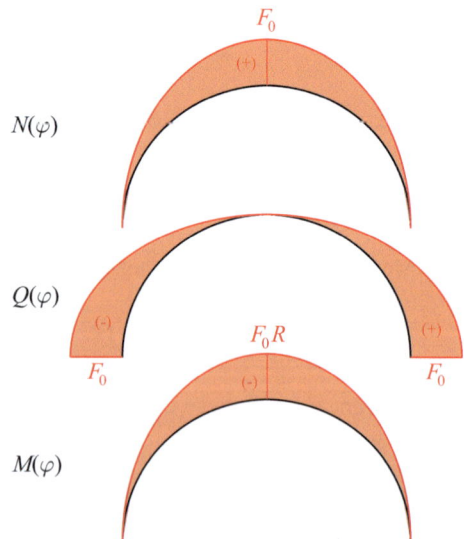

Abb. 6.53 Zustandslinien

6.8 Bogenträger

Die Momentensumme bezüglich des Schnittpunkts S ergibt:

$$M + F_0 R \sin\varphi = 0 \quad \to \quad M = -F_0 R \sin\varphi. \tag{6.153}$$

Die Schnittgrößenverläufe sind in Abb. 6.53 gezeigt. ◄

Wir wollen nun noch den Fall betrachten, dass der gegebene gekrümmte Träger unter einer Streckenlast q stehe. Die achsparallele Belastung n sei hier ausgeschlossen. Die Gleichgewichtsbedingungen (6.130) und (6.132) lauten dann:

$$\frac{dQ}{ds} = \frac{N}{r} - q,$$
$$\frac{dN}{ds} = -\frac{Q}{r},$$
$$\frac{dM}{ds} = Q. \tag{6.154}$$

Leitet man die dritte Gleichung einmal ab, so erhält man daraus

$$\frac{d^2 M}{ds^2} = \frac{dQ}{ds}, \tag{6.155}$$

was sich mit der ersten Gleichung in (6.154) darstellen lässt als:

$$\frac{d^2 M}{ds^2} = \frac{N}{r} - q. \tag{6.156}$$

Aus der ersten Gleichung in (6.154) erhält man außerdem:

$$N = r\frac{dQ}{ds} + qr. \tag{6.157}$$

Differenzieren nach s ergibt dann (man beachte, dass hier die Produktregel der Differentialrechnung anzuwenden ist, handelt es sich um einen gekrümmten Träger, bei dem $r = r(s)$):

$$\frac{dN}{ds} = \frac{d}{ds}\left(r\frac{dQ}{ds} + qr\right) = \frac{dr}{ds}\left(\frac{dQ}{ds} + q\right) + r\left(\frac{d^2 Q}{ds^2} + \frac{dq}{ds}\right). \tag{6.158}$$

Einsetzen in die zweite Gleichung in (6.154) ergibt:

$$\frac{dr}{ds}\left(\frac{dQ}{ds} + q\right) + r\left(\frac{d^2 Q}{ds^2} + \frac{dq}{ds}\right) = -\frac{Q}{r}. \tag{6.159}$$

Setzt man hierin die Zusammenhänge $\frac{d^2M}{ds^2} = \frac{dQ}{ds}$ und $\frac{dM}{ds} = Q$ an und berücksichtigt nachfolgend Kreisbogenträger mit $R =$ const. so dass $\frac{dR}{ds} = 0$, dann erhält man:

$$R\frac{d^3M}{ds^3} + R\frac{dq}{ds} = -\frac{1}{R}\frac{dM}{ds}. \tag{6.160}$$

Integrieren über s ergibt:

$$\frac{d^2M}{ds^2} + \frac{M}{R^2} = -q. \tag{6.161}$$

Dies ist eine lineare gewöhnliche inhomogene Differentialgleichung 2. Ordnung zur Bestimmung des Momentenverlaufs $M(s)$. Sie lässt sich mit $ds = Rd\varphi$ in die folgende Form überführen:

$$\frac{d^2M}{d\varphi^2} + M = -R^2q. \tag{6.162}$$

Liegt die Momentenverteilung erst einmal vor, dann können die Normalkraft- und Querkraftverläufe des Bogenträgers ermittelt werden als:

$$Q = \frac{dM}{ds}, \quad N = -\frac{M}{R}. \tag{6.163}$$

Es kann gezeigt werden, dass ein Bogenträger bei gegebener Form unter einer spezifischen Belastung seine Lasten ausschließlich über Normalkräfte abträgt und keinerlei Querkräfte oder Momente auftreten. Es ist daher eine relevante Aufgabe für Ingenieur*innen, bei einer vorgegeben Belastung die Form des Bogenträgers so zu wählen, dass eben diese Art der Tragwirkung ausschließlich über Normalkräfte und damit momentenfrei erreicht wird. Diese spezifische Form des Bogenträgers wird als die sog. Stützlinie bezeichnet. Wir wollen dieser Fragestellung in diesem Abschnitt nachgehen und gehen bei der Ermittlung der Stützlinie von einem kartesischen Koordinatensystem x, y aus. Wir betrachten hier als Sonderfall ausschließlich eine vertikal wirkende Streckenlast $q(x)$. Die Form der Stützlinie sei durch die Funktion $y(x)$ beschrieben. Eine wichtige Voraussetzung bei einer momentenfreien Lastabtragung ist eine entsprechende Lagerung, bei der die Auflagerkräfte genau tangential in den Bogenträger eingeleitet werden (Abb. 6.54, links). Bei Einleitung z. B. von Querkräften (Abb. 6.54, rechts) kann eine momentenfreie Lastabtragung nicht gewährleistet werden.

Wir untersuchen nun ein infinitesimales Schnittelement der Länge dx (Abb. 6.55) und betrachten als einzige gemäß Voraussetzung hier auftretende Schnittgröße die Drucknormalkraft N_D, die wir als Druckkraft positiv annehmen wollen. Sie weise die Horizontalkomponente H sowie die Vertikalkomponente V auf. Ebenfalls ist hier die Resultierende $q dx$ der Streckenlast $q(x)$ eingezeichnet. Die Summe der horizontalen Kräfte ergibt

$$dH = 0, \tag{6.164}$$

6.8 Bogenträger

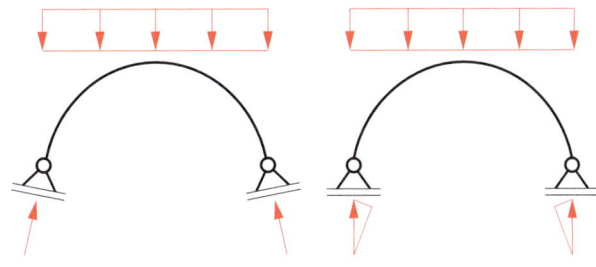

Abb. 6.54 Geeignete Lagerung für eine momentenfreie Lastabtragung (*links*), nicht geeignete Lagerung (*rechts*)

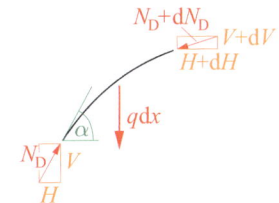

Abb. 6.55 Infinitesimales Schnittelement des Bogenträgers bei momentenfreier Lastabtragung

woraus sich folgern lässt, dass die horizontale Komponente der Drucknormalkraft N_D konstant ist. Die vertikale Kräftesumme liefert:

$$dV + q\,dx = 0, \tag{6.165}$$

was sich umformen lässt zu:

$$\frac{dV}{dx} = -q. \tag{6.166}$$

Desweiteren kann aus Abb. 6.55 gefolgert werden, dass

$$\frac{V}{H} = \frac{dy}{dx} = \tan\alpha, \tag{6.167}$$

was nach Ableitung nach x mit den Gleichgewichtsbedingungen auf folgenden Ausdruck führt:

$$\frac{d^2y}{dx^2} = \frac{d}{dx}\left(\frac{V}{H}\right) = \frac{1}{H}\frac{dV}{dx} = -\frac{q}{H}. \tag{6.168}$$

Dies ist eine Differentialgleichung zur Ermittlung der Form des momentenfreien Bogenträgers. Sie kann durch zweifache Integration gelöst werden, wobei dann zwei Integrationskonstanten zu berücksichtigen sind. Außerdem ist hier noch zu beachten, dass der Horizontaldruck H noch unbekannt ist. Diese unbekannten Größen lassen sich aus zwei geeigneten Randbedingungen und einer weiteren Bedingung ermitteln, z. B. über eine Aussage zur geometrischen Form.

Liegen sowohl die Form $y(x)$ der Stützlinie als auch der Horizontaldruck H einmal vor, dann kann die Drucknormalkraft N_D ermittelt werden als:

$$N_D = \sqrt{H^2 + V^2}. \tag{6.169}$$

Setzt man hierin noch $V = H\frac{dy}{dx}$, dann ergibt sich:

$$N_D = H\sqrt{1 + \left(\frac{dy}{dx}\right)^2}. \tag{6.170}$$

Die Vorgehensweise sei am Beispiel einer konstanten Streckenlast $q(x) = q_0$ illustriert. Aus Gl. (6.168) erhalten wir die Form der Stützlinie nach zweifacher Integration bezüglich x als:

$$\frac{d^2y}{dx^2} = -\frac{q_0}{H},$$
$$\frac{dy}{dx} = -\frac{q_0 x}{H} + C_1,$$
$$y = -\frac{q_0 x^2}{2H} + C_1 x + C_2. \tag{6.171}$$

Die Stützlinie ist in diesem speziellen Fall also eine Parabel.

Wir wollen nun von einem Bogenträger ausgehen, bei dem die Lagerung geeignet ist für eine momentenfreie Lastabtragung und bei dem die beiden Auflager sich auf gleicher Höhe befinden (vgl. Abb. 6.54, links). Der Abstand zwischen den beiden Auflagern sei l. Wenn der Ursprung des Koordinatensystems x, y dann z. B. in das linke Auflager gelegt wird, dann lauten die Randbedingungen für die Stützlinie wie folgt:

$$y(x = 0) = 0, \quad y(x = l) = 0, \tag{6.172}$$

was auf

$$C_1 = \frac{q_0 l}{2H}, \quad C_2 = 0 \tag{6.173}$$

führt. Die Form des Bogenträgers ergibt sich dann als:

$$y(x) = \frac{q_0 l^2}{2H}\left[\frac{x}{l} - \left(\frac{x}{l}\right)^2\right]. \tag{6.174}$$

Hierin ist jedoch noch der Horizontaldruck H unbekannt. Auf einen Ausdruck für H gelangen wir, wenn wir z. B. die Stichhöhe $y(x = \frac{l}{2})$ der Parabel an der Stelle $x = \frac{l}{2}$ mit dem Wert f vorgeben. Dies ergibt nach Auswerten:

$$H = \frac{q_0 l^2}{8f}. \tag{6.175}$$

Damit ist auch der Horizontaldruck H bestimmt, und die Drucknormalkraft N_D folgt aus Gl. (6.170). Sie ist im Scheitelpunkt der Stützlinie identisch mit dem Horizontaldruck H und erreicht in den beiden Auflagern den Maximalwert mit dem Wert $N_D = \frac{q_0 l^2}{8f}\sqrt{1 + \frac{16 f^2}{l^2}}$.

6.9 Räumliche Balken

Wir betrachten abschließend die Ermittlung der Schnittgrößen in räumlichen Balken. Wie wir schon mit Abb. 6.1 gezeigt haben, sind hier drei Kräfte und drei Momente zu ermitteln:

- Die Normalkraft N in x-Richtung, also in Balkenlängsrichtung,
- die beiden Querkräfte Q_y und Q_z in y- bzw. in z-Richtung,
- das Torsionsmoment M_x um die Balkenlängsachse x,
- die beiden Biegemomente M_y und M_z um die y- bzw. die z-Achse.

Analog dazu sind i. Allg. auch räumliche Auflagerreaktionen zu bestimmen. Für die Schnittgrößen N, Q_y, Q_z, M_x, M_y, M_z gilt die bereits eingeführte Vorzeichenkonvention, dass eine positive Schnittgröße an einem positiven Schnittufer in positive Koordinatenrichtung weist. Demnach sind die Schnittgrößen der Abb. 6.1 allesamt positiv.

Die Schnittgrößen in räumlichen Balkenstrukturen lassen sich genau wie bereits für ebene Balken gezeigt durch Freischneiden ermitteln. Ebenso ist es möglich, einen allgemeingültigen Zusammenhang zwischen Belastung und Schnittgrößen herzuleiten, wobei wir auf eine Wiedergabe an dieser Stelle verzichten.

Beispiel 6.19

Für den räumlichen abgewinkelten Rahmen der Abb. 6.56 (vgl. Beispiel 4.11) werden die Zustandslinien gesucht.

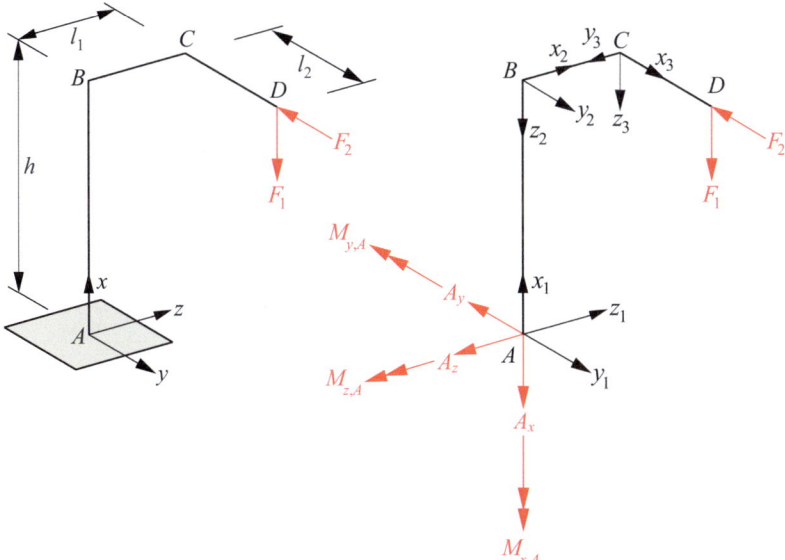

Abb. 6.56 Abgewinkelter räumlicher Rahmen (*links*), Freikörperbild und lokale Achsensysteme (*rechts*)

Zur Lösung:

Wir können die Auflagerreaktionen aus Beispiel 4.11 übernehmen, sie sind in Abb. 6.56 eingezeichnet und lauten:

$$A_x = -F_1, \qquad A_y = -F_2, \qquad A_z = 0,$$
$$M_{x,A} = F_2 l_1, \quad M_{y,A} = -F_1 l_1, \quad M_{z,A} = F_1 l_2 - F_2 h. \tag{6.176}$$

Wir versehen außerdem jeden Teilbereich des Rahmens mit einem eigenen Koordinatensystem so wie in Abb. 6.56, rechts, dargestellt.

Im ersten Schritt schneiden wir den Rahmen im Bereich 1 an einer beliebigen Stelle x_1 frei und betrachten das so entstandene Freikörperbild der Abb. 6.57, links. Die Kräfte- und Momentengleichgewichtsbedingungen ergeben dann die folgenden Schnittgrößen:

$$N_1 = -F_1,$$
$$Q_{y,1} = -F_2,$$
$$Q_{z,1} = 0,$$
$$M_{x,1} = F_2 l_1,$$
$$M_{y,1} = -F_1 l_1,$$
$$M_{z,1} = F_1 l_2 + F_2(x_1 - h). \tag{6.177}$$

Zum Übergang zwischen den Bereichen 1 und 2 an der biegesteifen Ecke B betrachten wir das Freikörperbild der Abb. 6.57, Mitte. Es ergeben sich die folgenden Schnitt-

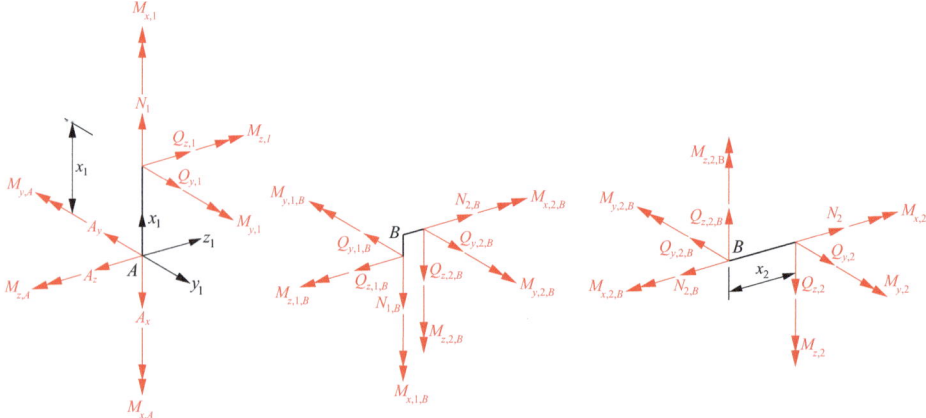

Abb. 6.57 Freikörperbilder

größen im Bereich 2 in unmittelbarer Nähe zur biegesteifen Ecke B:

$$\begin{aligned}
N_{2,B} &= Q_{z,1,B} = 0, \\
Q_{y,2,B} &= Q_{y,1,B} = -F_2, \\
Q_{z,2,B} &= -N_{1,B} = F_1, \\
M_{x,2,B} &= M_{z,1,B} = F_1 l_2, \\
M_{y,2,B} &= M_{y,1,B} = -F_1 l_1, \\
M_{z,2,B} &= -M_{x,1,B} = -F_2 l_1.
\end{aligned} \qquad (6.178)$$

Zur Ermittlung der Schnittgrößen in Bereich 2 ziehen wir das Freikörperbild der Abb. 6.57, rechts, heran. Es folgt:

$$\begin{aligned}
N_2 &= 0, \\
Q_{y,2} &= -F_2, \\
Q_{z,2} &= F_1, \\
M_{x,2} &= F_1 l_2, \\
M_{y,2} &= F_1 (x_1 - l_1), \\
M_{z,2} &= F_2 (x_1 - l_1).
\end{aligned} \qquad (6.179)$$

Ganz analog können wir auch für Bereich 3 fortfahren, wobei wir hier auf die Abbildung eines Freikörperbilds verzichten. Es ergeben sich die folgenden Schnittgrößen:

$$\begin{aligned}
N_3 &= -F_2, \\
Q_{y,3} &= 0, \\
Q_{z,3} &= F_1, \\
M_{x,3} &= 0, \\
M_{y,3} &= F_1 (x_3 - l_2), \\
M_{z,3} &= 0.
\end{aligned} \qquad (6.180)$$

Die Schnittgrößen sind in Abb. 6.58 graphisch dargestellt. ◄

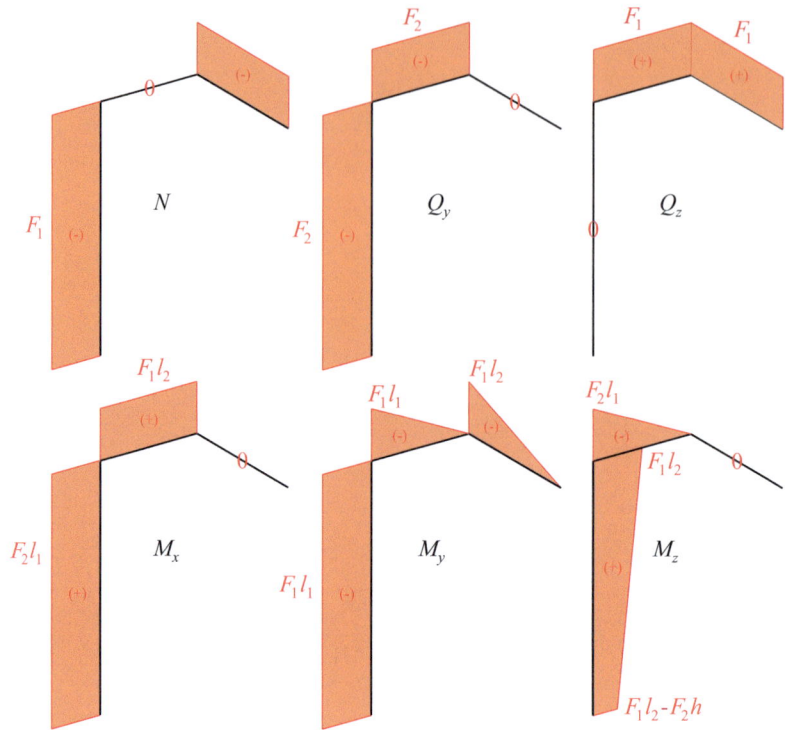

Abb. 6.58 Schnittgrößen

Arbeit 7

Dieses Kapitel führt den Begriff der Arbeit ganz grundlegend ein und stellt darauf aufbauend das Prinzip der virtuellen Verrückungen vor, das für die angewandte Mechanik ganz grundlegende Bedeutung hat und für unsere Zwecke eine ganze Reihe von interessanten Anwendungen ermöglicht. Hiernach werden die Begriffe des Potentials und der Potentialkräfte eingeführt, und wir gehen außerdem auf die Analyse von beweglichen Systemen ein. Das Kapitel schließt mit der Betrachtung des Begriffs der Stabilität, und wir werden untersuchen, wie sich die Stabilität von Gleichgewichtslagen klassifizieren lässt. Außerdem gehen wir zum Schluss auf die Ermittlung von sog. Einflusslinien von Kraftgrößen an statischen Systemen ein.

7.1 Der Arbeitsbegriff

Abb. 7.1 zeigt ein Partikel, das unter einer Kraft F steht und durch diese Kraft um die Strecke u in der Wirkungsrichtung der Kraft F verschoben wird. Die von der Kraft F verrichtete Arbeit W wird wie folgt berechnet:

$$W = Fu. \tag{7.1}$$

Dieses einfache Ergebnis ergibt sich daraus, dass wir stillschweigend angenommen haben, dass sich die Kraft F über die zurückgelegte Strecke u nicht ändert und dass die Verschie-

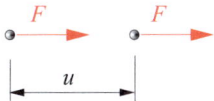

Abb. 7.1 Verschiebung eines Partikels unter der Kraft F um den Weg u in Wirkungsrichtung der Kraft

Abb. 7.2 Partikel unter der Kraft $\underline{F}$ auf einer räumlichen Bahnkurve zwischen den Punkten A und B

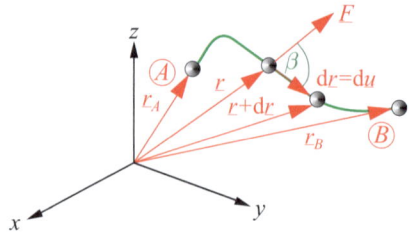

bung u auch genau in der positiven Wirkungsrichtung der Kraft F erfolgt. Wir wollen nun die Überlegungen auf den allgemeinen Fall ausweiten, wie er in Abb. 7.2 dargestellt ist und der sich nicht mehr mit einer einfachen Definition wie in Gl. (7.1) gegeben behandeln lässt. Gegeben sei hier ein Partikel unter der Kraft

$$\underline{F} = \begin{pmatrix} F_x \\ F_y \\ F_z \end{pmatrix}, \tag{7.2}$$

das sich auf einer beliebigen räumlichen Bahnkurve mit dem Ortsvektor

$$\underline{r} = \begin{pmatrix} r_x \\ r_y \\ r_z \end{pmatrix} \tag{7.3}$$

von Punkt A nach Punkt B bewegt. Die Ortsvektoren der Punkte A und B seien $\underline{r}_A$ bzw. $\underline{r}_B$. Die Kraft $\underline{F}$ ist ortsabhängig, d. h. $\underline{F}$ kann an verschiedenen Punkten der Bahnkurve unterschiedliche Beträge und auch Wirkungsrichtungen haben. Das Arbeitsinkrement $\mathrm{d}W$, das von $\underline{F}$ entlang eines Verschiebungsinkrements

$$\mathrm{d}\underline{u} = \begin{pmatrix} \mathrm{d}u \\ \mathrm{d}v \\ \mathrm{d}w \end{pmatrix} \tag{7.4}$$

ausgeführt wird, kann geschrieben werden als:

$$\mathrm{d}W = \underline{F}\,\mathrm{d}\underline{u} = F_x\mathrm{d}u + F_y\mathrm{d}v + F_z\mathrm{d}w. \tag{7.5}$$

Der Ausdruck $\mathrm{d}W$ ist ein momentaner Wert, und es ist anschaulich klar, dass sich die gesamte zwischen A und B geleistete Arbeit sich aus der Summe aller Arbeitsinkremente ergibt, wie wir gleich zeigen werden. Bei $\mathrm{d}W$ handelt es sich um das Skalarprodukt von $\underline{F}$ und $\mathrm{d}\underline{u}$, und es gilt:

$$\underline{F}\,\mathrm{d}\underline{u} = |\underline{F}||\mathrm{d}\underline{u}|\cos\sphericalangle(\underline{F}\,\mathrm{d}\underline{u}) = F\,\mathrm{d}u\cos\beta = F\cos\beta\,\mathrm{d}u. \tag{7.6}$$

7.1 Der Arbeitsbegriff

Demnach handelt es sich hierbei um das Produkt aus derjenigen Kraftkomponente $F \cos \beta$, die tangential zur Bahnkurve verläuft, multipliziert mit dem Verschiebungsinkrement du. Da das Arbeitsinkrememt aus dem Skalarprodukt von $\underline{F}$ und $d\underline{u}$ folgt, handelt es sich um eine skalare Größe. Das Arbeitsinkrement ist daher eine Größe mit einem Betrag, die jedoch nicht gerichtet ist.

Die von $\underline{F}$ auf dem Weg zwischen Punkt A und Punkt B geleistete Gesamtarbeit W ist dann die Summe aller Arbeitsinkremente oder das Integral über das Skalarprodukt $\underline{F}d\underline{u}$:

$$W = \int_A^B \underline{F} d\underline{u}. \qquad (7.7)$$

Dementsprechend ist die Arbeit eine skalare Größe. Sie wird in Newtonmetern [Nm] ausgedrückt oder in Joule [J][1], wobei die Beziehung $1\,\text{Nm} = 1\,\text{J}$ gilt. Das Joule ist die SI-Einheit für Arbeit und Energie:

$$1\,\text{J} = 1\,\frac{\text{kg} \cdot \text{m}^2}{\text{s}^2}. \qquad (7.8)$$

Demnach wird eine Arbeit von 10 J verrichtet, wenn ein Gegenstand mit einem Gewicht von 1 kg im Gravitationsfeld der Erde um 1 m angehoben wird, wobei wir hier der Einfachheit halber angenommen haben, dass die Erdbeschleunigung $10\,\frac{\text{m}}{\text{s}^2}$ beträgt.

Die von einer Kraft geleistete Arbeit kann sowohl positiv, negativ oder auch Null sein. Als Beispiel sei eine Masse m betrachtet, die durch eine konstante Kraft F auf einer glatten schrägen Ebene (Neigungswinkel α) reibungsfrei um das Maß l nach oben verschoben wird (Abb. 7.3). Wir wollen an diesem Beispiel die geleisteten Arbeiten bestimmen. Das Freikörperbild der Masse ist in Abb. 7.3, links, gezeigt. Durch die Bewegung verschiebt sich die konstante Kraft F nach oben und nach rechts. Während durch den Aufwärtsanteil an der Bewegung keine Arbeit geleistet wird, leistet die Kraft F eine Arbeit von $W_F = Fl\cos\alpha$ entlang der horizontalen Verschiebung. Von der Gewichtskraft mg der Masse leistet nur die zur Bahn parallele Komponente $mg \sin\alpha$ eine Arbeit, die in diesem Falle negativ ist (Wirkrichtung der Kraftkomponente entgegen der Verschiebung): $W_G = -mgl \sin\alpha$. Die zur Bahn senkrechte Komponente $mg\cos\alpha$ der Gewichtskraft leistet hingegen keine Arbeit, sie steht senkrecht zur Bewegungsrichtung. Die Kontaktkraft N, die zwischen Masse und Ebene wirkt, leistet ebenfalls keine Arbeit, sie wirkt senkrecht zur Bewegungsrichtung.

Die obigen Beobachtungen können wir ein wenig allgemeiner fassen wie folgt (Abb. 7.2). Liegt der Winkel β im Intervall $0° \leq \beta < 90°$ oder im Intervall $270° < \beta \leq 360°$, dann ist das Arbeitsinkrement dW positiv: $dW > 0$. Nimmt hingegen der Winkel β die Werte $\beta = 90°$ oder $\beta = 270°$ an, dann ist das Arbeitsinkrement dW identisch Null: $dW = 0$. Für $90° < \beta < 270°$ hingegen wird das Arbeitsinkrement dW negativ, d. h.

---
[1] James Prescott Joule, 1818–1889, englischer Physiker.

Abb. 7.3 Masse m auf glatter schräger Ebene unter Kraft F

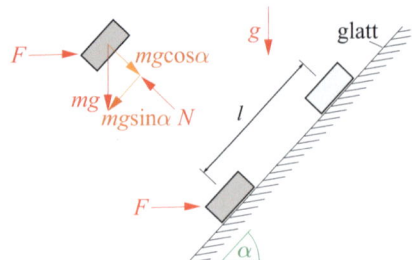

dW < 0. Man kann sich anhand des Beispiels der Abb. 7.3 davon überzeugen, dass diese Verallgemeinerung auf das Beispiel zutrifft. Man kann insbesondere festhalten, dass Gewichtskräfte, die senkrecht zur Bewegungsrichtung wirken, keinerlei Arbeit leisten. Gleiches gilt für Kontaktkräfte bei einer derartigen geführten Bewegung. Wäre die Bewegung der Abb. 7.3 außerdem reibungsbehaftet, dann würde diese Reibkraft der Bewegung entgegenwirken (die Reibkraft müsste überwunden werden, damit die Bewegung ermöglicht wird). Daher gilt, dass die Arbeit von Reibkräften stets negativ ist.

Im Falle eines Moments $\underline{M} = (M_x, M_y, M_z)^T$, das der Verdrehung $\underline{\varphi} = (\varphi_x, \varphi_y, \varphi_z)^T$ unterworfen ist, kann man analog vorgehen und ein Arbeitsinkrement dW wie folgt angeben:

$$\mathrm{d}W = \underline{M}\,\mathrm{d}\underline{\varphi} = M_x \mathrm{d}\varphi_x + M_y \mathrm{d}\varphi_y + M_z \mathrm{d}\varphi_z. \tag{7.9}$$

Betrachtet man die Gesamtarbeit, die zwischen einer Anfangs- und einer Endverdrehung φ_A bzw. φ_B geleistet wird, so erhält man:

$$W = \int_{\varphi_A}^{\varphi_B} \underline{M}\,\mathrm{d}\underline{\varphi}. \tag{7.10}$$

7.2 Das Prinzip der virtuellen Verrückungen

Bei den bisherigen Betrachtungen zur Arbeit gingen wir davon aus, dass sich eine Kraft tatsächlich um einen gewissen Weg verschiebt. Nun gibt es aber eine Reihe von Anwendungszwecken, bei denen man nicht von einer tatsächlichen Verschiebung ausgeht, sondern vielmehr von virtuellen Weggrößen. Das damit verbundene Arbeitsprinzip ist das sog. Prinzip der virtuellen Arbeiten bzw. das Prinzip der virtuellen Verrückungen, bei dem man von gedachten, also virtuellen Verrückungen (dies können sowohl Verschiebungen als auch Verdrehungen sein) ausgeht, an die die folgenden Anforderungen gestellt werden:

- Virtuelle Verrückungen werden als infinitesimal klein angenommen.
- Sie sind gedacht und existieren nicht real.

7.2 Das Prinzip der virtuellen Verrückungen

- Es wird gefordert, dass sie mit den gegebenen geometrischen Randbedingungen im Einklang stehen.

Solche Verrückungen, die sowohl Verschiebungen als auch Verdrehungen darstellen können, bezeichnen wir mit dem δ-Symbol der Variationsrechnung. Virtuelle Verschiebungen wollen wir entsprechend z. B. $\delta \underline{u}$ nennen, und virtuelle Verdrehungen seien als $\delta \underline{\varphi}$ bezeichnet. Wird eine Kraft $\underline{F}$ also einer virtuellen Verschiebung $\delta \underline{u}$ unterworfen, dann leistet sie eine virtuelle Arbeit δW wie folgt:

$$\delta W = \underline{F}\delta \underline{u}. \tag{7.11}$$

Wird hingegen ein Moment $\underline{M}$ einer virtuellen Verdrehung $\delta \underline{\varphi}$ unterzogen, dann lautet die zugehörige virtuelle Arbeit:

$$\delta W = \underline{M}\delta \underline{\varphi}. \tag{7.12}$$

Das Prinzip der virtuellen Verrückungen lässt wie folgt verbalisieren:

Ein Körper ist genau dann im Gleichgewicht, wenn bei einer beliebigen zulässigen virtuellen Verrückung aus der Gleichgewichtslage heraus die gesamte virtuelle Arbeit der eingeprägten Kräfte und Momente verschwindet.

Dies lässt sich wie folgt formulieren:

$$\delta W = \sum_{i=1}^{n} \underline{F}_i \delta \underline{u}_i + \sum_{j=1}^{m} \underline{M}_j \delta \underline{\varphi}_j = 0. \tag{7.13}$$

Es handelt sich hierbei um eine Arbeitsaussage unter virtuellen Verrückungen, weshalb man die Forderung $\delta W = 0$ auch häufig einfach als Arbeitssatz bezeichnet. Wie wir später noch genauer zeigen werden, führt das Prinzip der virtuellen Verrückungen immer zu einer Gleichgewichtsaussage. Es hat einige sehr interessante und wesentliche Anwendungen für unsere Zwecke, die wir weiter unten erörtern werden. In Komponentenschreibweise lautet Gl. (7.13) in der xy-Ebene:

$$\delta W = \sum_{i=1}^{n} \begin{pmatrix} F_{xi} \\ F_{yi} \end{pmatrix} \begin{pmatrix} \delta u_i \\ \delta v_i \end{pmatrix} + \sum_{j=1}^{m} M_j \delta \varphi_j = \sum_{i=1}^{n} (F_{xi}\delta u_i + F_{yi}\delta v_i) + \sum_{j=1}^{m} M_j \delta \varphi_j. \tag{7.14}$$

Ein einfaches Beispiel ist in Abb. 7.4 dargestellt (vgl. Beispiel 2.14). Gegeben sei eine starre Wippe, die durch drei Einzellasten F_V (Abstand a_V vom Auflagerpunkt), F_S (Abstand a_S) und F_T (Abstand a_T) belastet werde. Die Wippe wird als ideal starr angenommen, so dass sich keinerlei Verformungen aufgrund der Belastung ergeben. Die Kräfte F_V, F_S und F_T leisten dann bei einer virtuellen Verdrehung $\delta \varphi$ um den Lagerpunkt virtuelle Arbeiten.

Abb. 7.4 Kinematik der Wippe

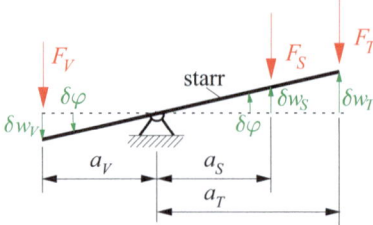

Es liege nun die virtuelle Verdrehung $\delta\varphi$ vor. Dann durchlaufen die Kraftangriffspunkte die virtuellen Verrückungen δw_V, δw_S und δw_T. Die virtuelle Arbeit δ lautet dann:

$$\delta W = \delta W_a = F_V \delta w_V - F_S \delta w_S - F_T \delta w_T. \quad (7.15)$$

Die Anteile bezüglich F_S und F_T weisen deshalb negative Vorzeichen auf, da diese beiden Kräfte entgegen ihrer Wirkungsrichtung ausgelenkt werden. Zu beachten ist hier, dass die ja ebenfalls auftretende vertikale Auflagerkraft im Punkt A keine virtuelle Arbeit leistet, der Auflagerpunkt bleibt unverschoben.

Die Kinematik, d. h. die Zusammenhänge zwischen der virtuellen Verdrehung $\delta\varphi$ und den virtuellen Verschiebungen δw_V, δw_S und δw_T, folgt aus geometrischen Betrachtungen, wobei wir berücksichtigen, dass die virtuellen Verschiebungen infinitesimal klein sind. Man kann dann an der Abb. 7.4 ablesen:

$$\delta w_V = \delta\varphi a_V, \quad \delta w_S = \delta\varphi a_S, \quad \delta w_T = \delta\varphi a_T. \quad (7.16)$$

Die geleistete virtuelle Arbeit δW folgt als:

$$\delta W = (F_V a_V - F_S a_S - F_T a_T)\delta\varphi. \quad (7.17)$$

Wenn wir nun an dieser Stelle fordern, dass die virtuelle Arbeit δW verschwindet, dann folgt:

$$\delta W = (F_V a_V - F_S a_S - F_T a_T)\delta\varphi = 0. \quad (7.18)$$

Es bestehen nun zwei Möglichkeiten, diese Gleichung zu lösen. Zum Einen kann gefordert werden, dass die virtuelle Verdrehung $\delta\varphi$ zu Null wird: $\delta\varphi = 0$. Dies würde bedeuten, dass keinerlei virtuelle Verdrehung stattgefunden hat, so dass man diese Lösung auch als die sog. triviale Lösung bezeichnet. Zielführend ist hier daher das Nullsetzen des Klammerausdrucks, also:

$$F_V a_V - F_S a_S - F_T a_T = 0. \quad (7.19)$$

Man kann sich davon überzeugen, dass dieser Ausdruck genau dem Momentengleichgewicht bezüglich des Lagerpunkts entspricht. Das Prinzip der virtuellen Verrückungen führt also stets auf eine Gleichgewichtsaussage.

Abb. 7.5 Flaschenzug (*links*), virtuelle Verschiebungen (*mitte*), Kinematik (*rechts*)

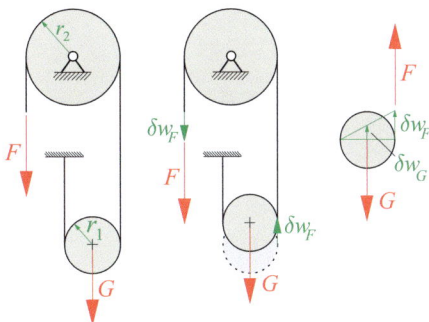

Als ein weiteres einfaches Beispiel sei der in Abb. 7.5 dargestellte Flaschenzug betrachtet, an dem ein Gewicht mit der Gewichtskraft G befestigt ist. Wir wollen die notwendige Kraft F am linken Seilende bestimmen, um das gegebene System im Gleichgewicht zu halten.

Das System werde um die virtuelle Verrückung δw_F ausgelenkt (Abb. 7.5, Mitte). Aus den kinematischen Beziehungen, so wie in Abb. 7.5, rechts, dargestellt, erkennen wir, dass die Gewichtskraft G die virtuelle Verrückung δw_G durchläuft, die nur halb so groß ist wie δw_F. Die geleistete virtuelle Arbeit lautet dann:

$$\delta W = F\delta w_F - G \cdot \frac{\delta w_F}{2} = 0. \tag{7.20}$$

Daraus folgt nach Vermeiden der trivialen Lösung $\delta w_F = 0$:

$$F = \frac{G}{2}. \tag{7.21}$$

Insgesamt lässt sich also festhalten, dass sich aus dem Prinzip der virtuellen Verrückungen stets eine Gleichgewichtsaussage ermitteln lässt. Dieses Prinzip ist daher den Gleichgewichtsbedingungen eines Systems äquivalent, aus der Gültigkeit des Prinzips der virtuellen Verrückungen folgen die Gleichgewichtsbedingungen.

7.3 Ermittlung von Kraftgrößen an statisch bestimmten Systemen

Eine erste elementare Anwendung des Prinzips der virtuellen Verrückungen besteht in der Bestimmung von Kraftgrößen (z. B. Auflagerreaktionen oder Schnittgrößen) an statisch bestimmten Balken- und Stabtragwerken. Hierzu schneidet man die gesuchte Größe frei und verleiht dem System damit die Möglichkeit der Bewegung, die es ohne diesen Schnitt natürlich nicht hätte. Durch die so freigeschnittene statische Größe wird nun wie durch die eingeprägten Kräfte und Momente eine virtuelle Arbeit der inneren Kraft oder des inneren Moments geleistet, die in das Prinzip der virtuellen Verrückungen mit eingeht. Durch die Forderung $\delta W = 0$ erhält man daraus die Möglichkeit, die gesuchte Größe zu berechnen.

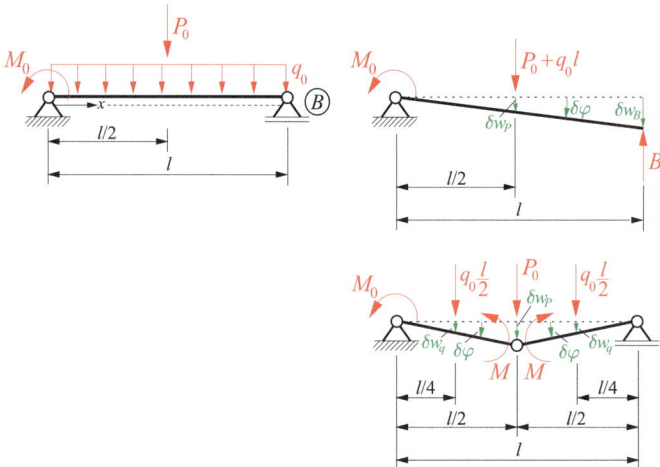

Abb. 7.6 Balken auf zwei Stützen unter Streckenlast q_0, Einzelkraft P_0 und Einzelmoment M_0 (*links*), Kinematik zur Ermittlung der Auflagerkraft B (*rechts oben*), Kinematik zur Ermittlung des Schnittmoments M an der Stelle $x = l/2$ (*rechts unten*)

Zur Motivation betrachten wir den in Abb. 7.6, oben links, gezeigten Balken auf zwei Stützen. Der Balken werde durch die gleichmäßige Streckenlast q_0, die Einzellast P_0 (die genau in der Mitte des Balkens wirkt) und das Einzelmoment M_0 belastet. Er habe die Länge l. Gesucht sind die Auflagerreaktion im Auflager B und das Biegemoment im Punkt $x = l/2$. Um die Auflagerkraft im Punkt B zu bestimmen, schneiden wir gedanklich das Auflager weg und setzen damit die gesuchte Auflagerkraft B frei (Abb. 7.6, oben rechts). Dadurch wird der eigentlich statisch bestimmte Balken einfach kinematisch verschieblich (d. h. es gibt einen klar definierten Freiheitsgrad, aus dem eine eindeutige Verschiebungsfigur konstruiert werden kann) und erfährt eine virtuelle Drehung $\delta\varphi$ um das Auflager A. Dabei ist zu beachten, dass es sich um eine reine Starrkörperdrehung handelt, so dass der Balken selbst unverformt bleibt und in sich gerade bleibt. Die Einzelkraft P_0 und die Resultierende der Streckenlast q_0 mit der Größe $q_0 l$ wirken beide in der Mitte des Balkens und erleiden die virtuelle Verschiebung δw_p. Da die virtuellen Verschiebungen als infinitesimal klein angenommen werden, kann man $\delta w_p = \delta\varphi \frac{l}{2}$ als kinematischen Zusammenhang schreiben. Die Auflagerkraft B durchläuft durch die virtuelle Verschiebung $\delta w_B = \delta\varphi l$. Das Moment M_0 verrichtet eine virtuelle Arbeit entlang der virtuellen Verdrehung $\delta\varphi$, wobei zu beachten ist, dass diese virtuelle Arbeit mit negativem Vorzeichen in die Arbeitsbilanz eingehen muss, da das Moment M_0 und die virtuelle Verdrehung $\delta\varphi$ entgegengesetzte Drehrichtungen haben. Die Arbeitsbilanz lautet dann

$$\delta W = -M_0 \delta\varphi + (P_0 + q_0 l)\delta\varphi \frac{l}{2} - Bl\delta\varphi = 0, \qquad (7.22)$$

7.3 Ermittlung von Kraftgrößen an statisch bestimmten Systemen

bzw.:

$$\left(-M_0 + (P_0 + q_0 l)\frac{l}{2} - Bl\right)\delta\varphi = 0. \tag{7.23}$$

Die triviale Lösung $\delta\varphi = 0$ ist hier nicht zielführend, da sie voraussetzen würde, dass keine virtuellen Verzerrungen auf das System aufgebracht wurden. Wir setzen daher den Klammerausdruck zu Null, den wir sofort nach der Auflagerkraft B umformen können:

$$B = -\frac{M_0}{l} + \frac{P_0}{2} + \frac{q_0 l}{2}. \tag{7.24}$$

Offensichtlich ist dies die Auflagerkraft, die wir auch aus elementaren Gleichgewichtsüberlegungen erhalten würden. Das Prinzip der virtuellen Verschiebungen führt also offensichtlich zu einer Gleichgewichtsaussage.

In gleicher Weise gehen wir vor, um das Schnittmoment M in der Mitte des Balkens im Punkt $x = \frac{l}{2}$ zu bestimmen. Wir setzen das erforderliche Moment durch Einsetzen eines Vollgelenks frei und betrachten die resultierende virtuelle Verschiebungsfigur, die sich aus der virtuellen Drehung $\delta\varphi$ der beiden Balkensegmente der Länge $\frac{l}{2}$ um die jeweiligen Auflagerpunkte ergibt. Sowohl das freigesetzte Biegemoment M als auch das äußere Moment M_0 verrichten dann virtuelle Arbeiten entlang dieser virtuellen Verdrehungen. Außerdem wird die Einzelkraft P_0 um die virtuelle Verschiebung $\delta w_P = \frac{l}{2}\delta\varphi$ verschoben, und die beiden Resultierenden der Streckenlast mit dem jeweiligen Betrag $q_0 \frac{l}{2}$ auf dem linken und rechten Balkensegment verrichten virtuelle Arbeiten entlang der virtuellen Verschiebung $\delta w_q = \frac{l}{4}\delta\varphi$. Die Bilanz der geleisteten virtuellen Arbeit ergibt dann

$$\delta W = \delta W_a = -2M\delta\varphi - M_0\delta\varphi + 2q_0 \cdot \frac{l}{2} \cdot \frac{l}{4} \cdot \delta\varphi + P_0 \cdot \frac{l}{2} \cdot \delta\varphi = 0. \tag{7.25}$$

Dies kann unmittelbar nach dem gesuchten Biegemoment M im Punkt $x = \frac{l}{2}$ aufgelöst werden:

$$M = -\frac{M_0}{2} + \frac{q_0 l^2}{8} + \frac{P_0 l}{4}. \tag{7.26}$$

Dieses Ergebnis kann ebenfalls auch durch elementare Gleichgewichtsanalysen ermittelt werden.

Bei der Ermittlung von Kraftgrößen nach dem Prinzip der virtuellen Verrückungen wird das betrachtete System einfach kinematisch verschieblich gemacht, indem die gewünschte Kraftgröße freigesetzt wird, wobei die resultierende Verschiebungsfigur immer eindeutig definiert werden kann. Wir bezeichnen diese eindeutige und unvermeidliche Verschiebungsfigur auch als zwangsläufige kinematische Kette.

Beispiel 7.1

Gegeben sei der Durchlaufträger der Abb. 7.7 unter der Einzelkraft F_0, dem Moment M_0 und der gleichmäßigen Streckenlast q_0. Die Auflagerreaktionen und Schnittgrößen C_V, B_V, A_V, M_A, M_B und M_D sind mit Hilfe des Prinzips der virtuellen Verschiebungen zu ermitteln.

Zur Lösung:

Alle für die vorliegende Berechnungsaufgabe erforderlichen virtuellen Verschiebungsfiguren und zwangsläufigen kinematischen Ketten sind in Abb. 7.8 gezeigt. Die Berechnung wird hier anhand der Stützkraft C_V erläutert. Die kinematische Kette, die sich durch das Freischneiden dieser Auflagerkraft ergibt, ist in Abb. 7.8, oben, dargestellt. Die geleistete virtuelle Arbeit lautet dann:

$$\delta W = \delta W_a = M_0 \delta\varphi + q_0 l \delta w_1 - C_V \delta w_2 = 0. \tag{7.27}$$

Aus den kinematischen Beziehungen $\delta w_1 = \delta\varphi \frac{l}{2}$ und $\delta w_2 = \delta\varphi l$ folgt dann:

$$\left(M_0 + q_0 l \frac{l}{2} - C_V l\right) \delta\varphi = 0. \tag{7.28}$$

Nullsetzen des Klammerinhalts ergibt die gesuchte Auflagerkraft C_V als:

$$C_V = \frac{M_0}{l} + \frac{q_0 l}{2}. \tag{7.29}$$

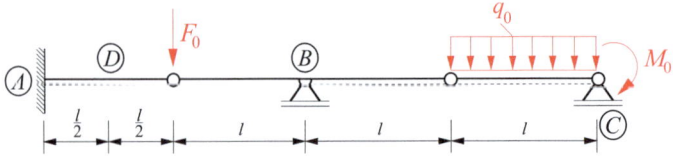

Abb. 7.7 Durchlaufträger unter Einzelkraft F_0, Endmoment M_0 und Gleichstreckenlast q_0

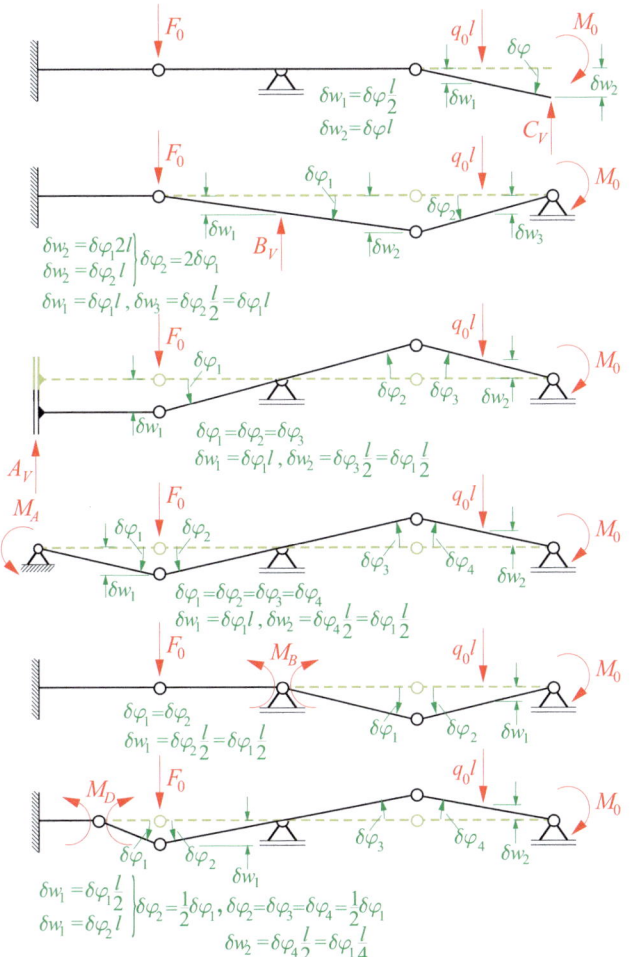

Abb. 7.8 Zwangsläufige kinematische Ketten zur Ermittlung der gesuchten Kraftgrößen

Auf die gleiche Weise können die anderen gesuchten Kraftgrößen estimmt werden. Es folgt ohne weitere Angabe des Rechenwegs:

$$B_V = q_0 l - 2\frac{M_0}{l},$$
$$A_V = F_0 - \frac{q_0 l}{2} + \frac{M_0}{l},$$
$$M_A = F_0 l - \frac{q_0 l^2}{2} + M_0,$$
$$M_B = M_0 - \frac{q_0 l^2}{2},$$
$$M_D = -\frac{F_0 l}{2} + \frac{q_0 l^2}{4} - \frac{M_0}{2}. \tag{7.30}$$

◂

Beispiel 7.2

Für das statische System der Abb. 7.9 ist die Auflagerkraft B mit Hilfe des Prinzips der virtuellen Verrückungen zu ermitteln. Außerdem wird das Schnittmoment M_D gesucht.

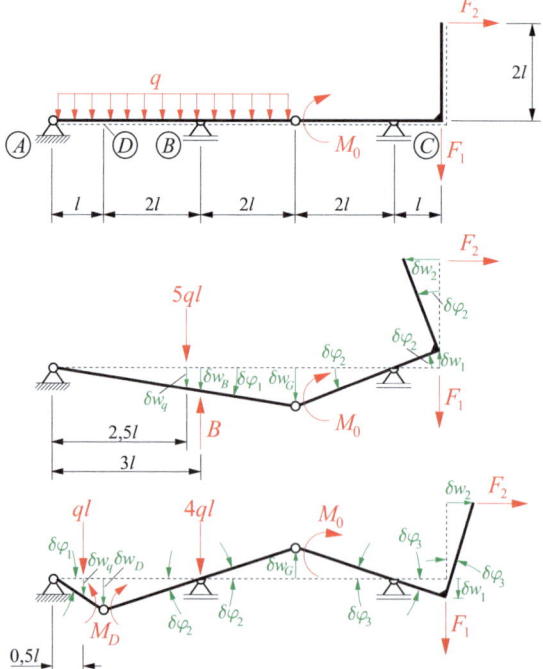

Abb. 7.9 Balkensystem (*oben*), Kinematik zur Bestimmung der Auflagerkraft B (*Mitte*), Kinematik zur Bestimmung des Schnittmoments M_D (*unten*)

7.3 Ermittlung von Kraftgrößen an statisch bestimmten Systemen

Zur Lösung:

Für die Berechnung der Auflagerkraft B schneiden wir das betreffende Auflager frei und untersuchen die zwangsläufige kinematische Kette, die in Abb. 7.9, Mitte, dargestellt ist. Die geleisteten virtuellen Arbeiten lauten:

$$\delta W = 5ql\delta w_q - B\delta w_B - M_0\delta\varphi_2 - F_1\delta w_1 - F_2\delta w_2 = 0. \tag{7.31}$$

Die virtuellen Verrückungen δw_q und δw_B können wie folgt durch den virtuellen Winkel $\delta\varphi_1$ ausgedrückt werden:

$$\delta w_q = 2{,}5l\delta\varphi_1, \quad \delta w_B = 3l\delta\varphi_1. \tag{7.32}$$

Aus der virtuellen Verschiebung des Gelenks, also dem Angriffspunkt des Moments M_0, lässt sich ein Zusammenhang zwischen den beiden virtuellen Winkeln $\delta\varphi_1$ und $\delta\varphi_2$ herstellen:

$$\delta w_G = 5l\delta\varphi_1 = 2l\delta\varphi_2, \tag{7.33}$$

was auf den Zusammenhang

$$\delta\varphi_2 = \frac{5}{2}\delta\varphi_1 \tag{7.34}$$

führt. Damit können die beiden virtuellen Verrückungen δw_1 und δw_2 ebenfalls durch den Winkel $\delta\varphi_1$ ausgedrückt werden:

$$\delta w_1 = l\delta\varphi_2 = \frac{5}{2}l\delta\varphi_1, \quad \delta w_2 = 2l\delta\varphi_2 = 5l\delta\varphi_1. \tag{7.35}$$

Die Arbeitsgleichung lautet dann wie folgt:

$$\left(\frac{25}{2}ql^2 - 3Bl - \frac{5}{2}M_0 - \frac{5}{2}F_1l - 5F_2l\right)\delta\varphi_1 = 0. \tag{7.36}$$

Nullsetzen des Klammerterms führt auf die gesuchte Auflagerkraft:

$$B = \frac{25}{6}ql - \frac{5M_0}{6l} - \frac{5}{6}F_1 - \frac{5}{3}F_2. \tag{7.37}$$

Die zwangsläufige kinematische Kette, die sich durch das Freisetzen des Schnittmoments M_D durch Einführen eines Gelenks an der betreffenden Stelle einstellt, ist in Abb. 7.9, unten, gezeigt. Die geleisteten virtuellen Arbeiten lauten dann:

$$\delta W = ql\delta w_q - M_D\delta\varphi_1 - M_D\delta\varphi_2 + M_0\delta\varphi_3 + F_1\delta w_1 + F_2\delta w_2 = 0. \tag{7.38}$$

Mit Hilfe der Durchbiegung des Momentenangriffspunktes D lässt sich ein Zusammenhang zwischen den beiden Winkeln $\delta\varphi_1$ und $\delta\varphi_2$ herstellen:

$$\delta w_D = l\delta\varphi_1 = 2l\delta\varphi_2. \tag{7.39}$$

Daraus lässt sich $\delta\varphi_2 = \frac{1}{2}\delta\varphi_1$ folgern. Ganz genauso erhält man aus der virtuellen Verschiebung des Gelenks G (Angriffspunkt des Moments M_0) einen Zusammenhang zwischen den beiden virtuellen Verdrehungen $\delta\varphi_2$ und $\delta\varphi_3$:

$$\delta w_G = 2l\delta\varphi_2 = 2l\delta\varphi_3. \tag{7.40}$$

Offenbar gilt $\delta\varphi_3 = \delta\varphi_2$. Dann gilt $\delta\varphi_3 = \frac{1}{2}\delta\varphi_1$. Die Verrückungen δw_q, δw_1 und δw_2 lassen sich durch den Winkel $\delta\varphi_1$ ausdrücken als:

$$\delta w_q = \frac{1}{2}l\delta\varphi_1, \quad \delta w_1 = l\delta\varphi_3 = \frac{1}{2}l\delta\varphi_1, \quad \delta w_2 = 2l\delta\varphi_3 = l\delta\varphi_1. \tag{7.41}$$

Mit den so gefundenen kinematischen Zusammenhängen folgt das Schnittmoment M_D als $M_D = \frac{1}{3}ql^2 + \frac{M_0}{3} + \frac{1}{3}F_1 l + \frac{2}{3}F_2 l$ aus der virtuellen Arbeit des Systems. ◄

7.4 Polpläne und zwangsläufige kinematische Ketten

Die bislang behandelten statischen Systeme waren einfacher Natur und konnten aus der reinen Anschauung behandelt werden, indem die sich einstellenden zwangsläufigen kinematischen Ketten intuitiv skizziert wurden. Liegt hingegen ein System größerer Komplexität vor, dann ist dies nicht immer so einfach durchführbar. Wir wollen in diesem Abschnitt einige Regeln zur Konstruktion von zwangsläufigen kinematischen Ketten aufstellen. Diese Vorgehensweise wird auch häufig als die sog. kinematische Methode bezeichnet, deren Ziel es ist, sog. Polpläne zu erstellen, die es erlauben die sich einstellenden kinematischen Ketten eindeutig zu erstellen.

Wir betrachten eingangs eine starre Scheibe (Abb. 7.10), die wir der Einfachheit halber in Dreiecksform mit den Eckpunkten A, B und C annehmen. Diese Scheibe werde nun um den Punkt P um den Winkel $\delta\varphi$ verdreht. Das δ-Symbol zeigt wieder an, dass hier eine infinitesimal kleine Verdrehung vorliegt, die nur virtuell, also nicht real ist. Da wir den Punkt P gedanklich festhalten und dieser damit unverrückbar ist, bezeichnen wir ihn

Abb. 7.10 Starre Scheibe (Eckpunkte A, B, C) unter einer virtuellen Drehung $\delta\varphi$ um den Momentanpol P

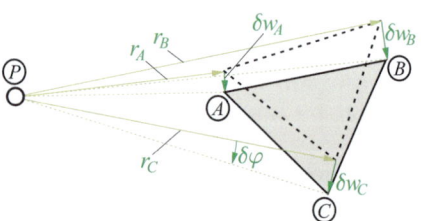

7.4 Polpläne und zwangsläufige kinematische Ketten

auch als Momentanpol. Die Abstände r_A, r_B, r_C der Punkte zum Momentanpol werden als Polstrahlen bezeichnet. Die virtuellen Verrückungen der Scheibenpunkte stellen sich immer senkrecht zum Polstrahl ein. Für das Beispiel der Abb. 7.10 können wir daher schreiben:

$$\delta w_A = r_A \delta\varphi, \quad \delta w_B = r_B \delta\varphi, \quad \delta w_C = r_C \delta\varphi. \tag{7.42}$$

Außerdem seien die beiden Begriffe Hauptpol und Nebenpol an dieser Stelle eingeführt. Der Hauptpol ist der absolute Drehruhepunkt einer starren Scheibe, wohingegen der relative Drehpol zweier Scheiben als Nebenpol bezeichnet wird. Für die Scheibe der Abb. 7.10 ist der Punkt P ein Hauptpol, denn in diesem Punkt kann keinerlei Verrückung auftreten.

Diese Begrifflichkeiten seien anhand der Abb. 7.11 ein wenig konkretisiert. Wir betrachten zwei starre Scheiben von beliebiger Form, die wir als Scheiben 1 und 2 bezeichnen wollen. Ihre Nummern werden in rechteckigen Kästchen geschrieben. Scheibe 1 sei an einer gegebenen Stelle zweiwertig gelenkig gelagert und ist außerdem mit Scheibe 2 durch ein ideales Momentengelenk verbunden. Die Scheibe 2 sei außerdem an einer gegebenen Stelle einwertig gelenkig gelagert. Offenbar ist dieses System einfach verschieblich.

Jedes unverschiebliche Lager einer Scheibe ist stets der Hauptpol dieser Scheibe, und jede Bewegung eines Punktes dieser Scheibe wird dann senkrecht zu dem Polstrahl zwischen Hauptpol und dem betrachteten Punkt verlaufen. Der Hauptpol bewegt sich bei einer virtuellen Verschiebung nicht. Für das Beispiel der Abb. 7.11 liegt also der Hauptpol der Scheibe 1 genau im zweiwertigen Auflager. Der Hauptpol erhält die Nummer der betrachteten Scheibe, die in einen Kreis eingefasst wird.

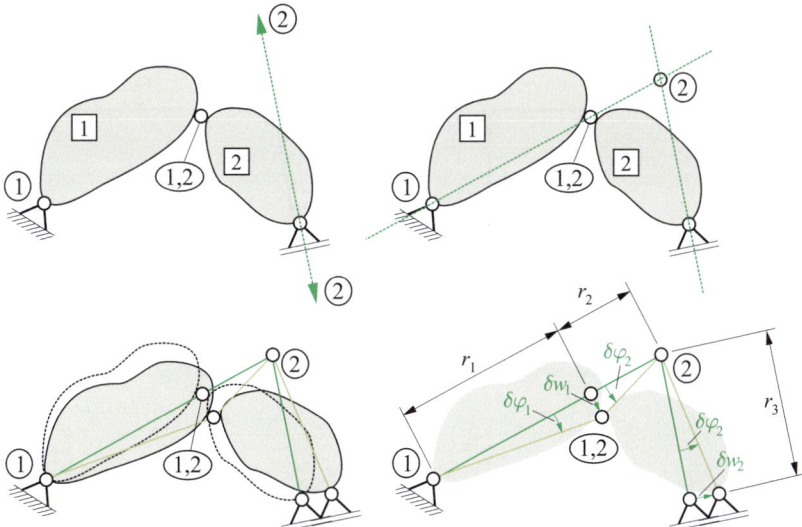

Abb. 7.11 Konstruktion eines Polplans für ein einfach verschiebliches System aus zwei starren Scheiben (*oben*), zwangsläufige Kinematische Kette (*unten*)

Ein Momentengelenk zwischen zwei Scheiben ist stets deren gemeinsamer Nebenpol, die beiden so verbundenen Scheiben werden aufgrund der Verbindung durch das Gelenk an dieser Stelle stets die gleiche Verschiebung durchlaufen. Nebenpole versehen wir mit den Nummern der beiden so verbundenen Scheiben (hier also mit 1,2), die wir in einem ovalen Rahmen einfassen.

Der Hauptpol einer Scheibe, die durch ein einwertiges Auflager gelagert ist, befindet sich auf einer Linie, die durch das Auflager in Richtung der Wirkungslinie der Lagerkraft verläuft. Das wird in Abb. 7.11 durch die grüne Linie angedeutet, die durch das Lager der Scheibe 2 verläuft.

Die beiden Hauptpole und der Nebenpol zweier Scheiben liegen stets auf einer Geraden. Da die Lagen von Hauptpol 1 und Nebenpol der beiden Scheiben 1 und 2 bereits ermittelt wurden, kann die Lage von Hauptpol 2 auf dem Schnittpunkt der beiden eingezeichneten Geraden ermittelt werden. An dieser Stelle ist der Polplan für dieses Beispiel anhand der Abb. 7.11, rechts oben, gegeben. Die sich einstellende zwangsläufige kinematische Kette ist in Abb. 7.11, links unten, gezeigt. Die zugehörigen Kinematik kann an Abb. 7.11, rechts unten, abgelesen werden.

Es gibt aber auch Situation, in denen Pole nicht immer eindeutig definiert sind, sondern sie können auch im Unendlichen liegen. Ein entsprechendes Beispiel ist in Abb. 7.12 gezeigt. Gegeben sei ein einfach verschiebliches System aus drei geraden Stäben. Stäbe 1 und 3 seien an ihren unteren Enden zweiwertig gelagert und am oberen Ende durch Momentengelenke an Stab 2 angeschlossen.

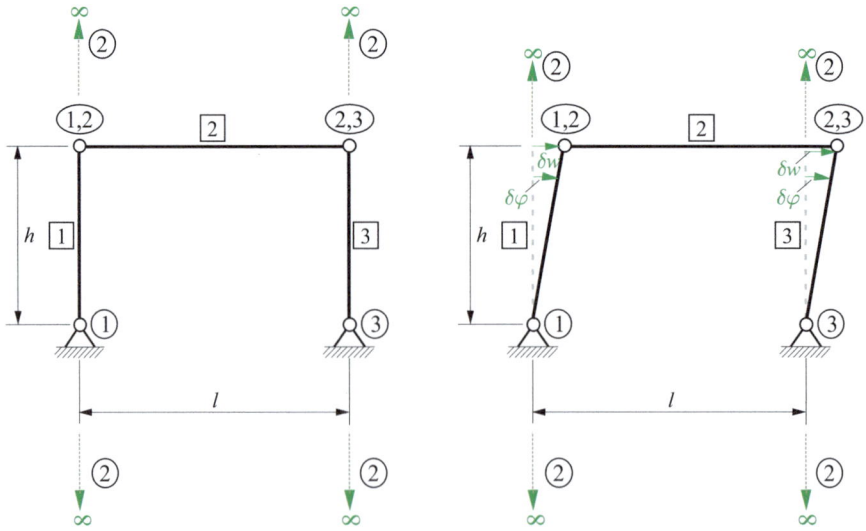

Abb. 7.12 Konstruktion eines Polplans für ein einfach verschiebliches System aus drei gelenkig miteinander verbundenen Balken (*links*), zwangsläufige kinematische Kette (*rechts*)

Die Hauptpole der Scheiben 1 und 3 befinden sich offenbar in ihren unteren Auflagerpunkten. Die Nebenpole zwischen den Scheiben 1 und 2 bzw. den Scheiben 3 und 2 sind ebenfalls leicht in den oberen Momentengelenken ermittelbar. Da sich die beiden Hauptpole und der Nebenpol zweier Scheiben immer auf einer Geraden befinden müssen (in Abb. 7.12, links, durch gestrichelte Linien angedeutet), diese beiden Linien aber in diesem Beispiel parallel zueinander verlaufen, muss der Hauptpol der Scheibe 2 im Unendlichen liegen. Die sich einstellende zwangsläufige kinematische Kette der Abb. 7.12, rechts, zeigt, dass Scheibe 2 keinerlei Rotation erfährt, sondern eine reine Starrkörperverschiebung erleidet.

Die Nebenpole dreier Scheiben liegen stets auf einer Geraden, so wie in Abb. 7.13 dargestellt. Abb. 7.13 zeigt vier starre Scheiben, die jeweils durch Momentengelenke miteinander verbunden sind. Die Nebenpole (1,2), (2,3), (3,4) und (1,4) befinden sich in den Gelenken der Scheiben untereinander. Die verbleibenden Nebenpole kann man ermitteln, indem man durch die betreffenden bereits bekannten Nebenpole Geraden zieht und die noch fehlenden Nebenpole (1,3) und (2,4) an den entsprechenden Schnittpunkten ermittelt.

Sind zwei Scheiben durch ein Querkraftgelenk verbunden, dann liegt der Nebenpol dieser Scheiben senkrecht zur Bewegungsrichtung des Gelenks im Unendlichen (Abb. 7.14,

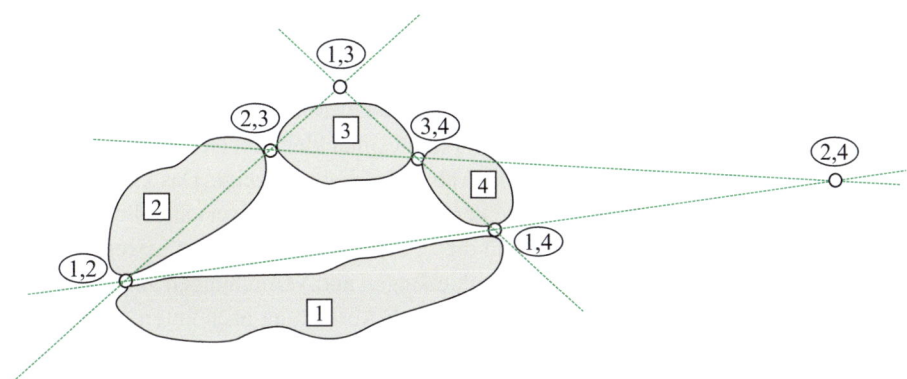

Abb. 7.13 Auffinden von Nebenpolen

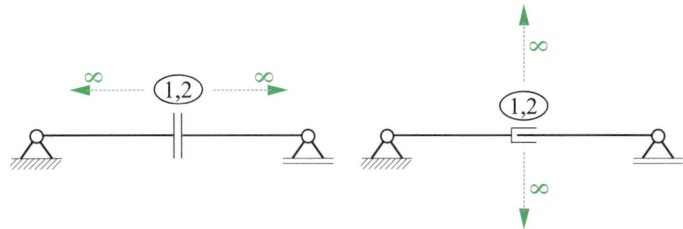

Abb. 7.14 Auffinden von Nebenpolen bei Querkraft- und Normalkraftgelenken

Abb. 7.15 Drei gelenkig miteinander verbundene Scheiben (*links*), Gelenkdreieck (*rechts*)

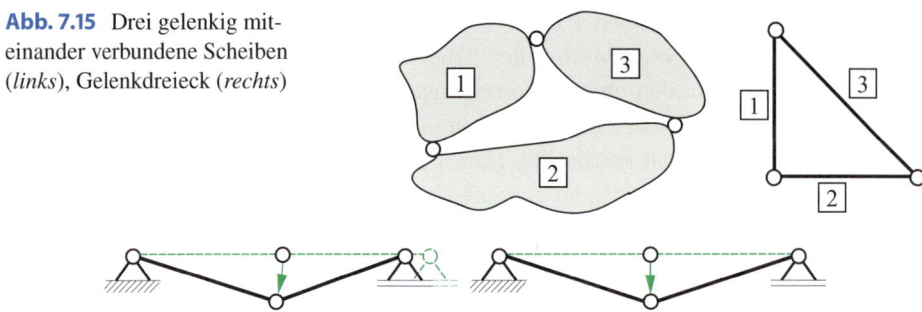

Abb. 7.16 Zum Begriff der Projektionskonstanz

links). Ähnlich verhält es sich mit zwei Scheiben, die durch ein Normalkraftgelenk verbunden sind (Abb. 7.14, rechts). Zwei Scheiben, deren Nebenpol im Unendlichen liegt, verdrehen sich stets um den gleichen Winkel.

Drei Scheiben, die ein Gelenkdreick bilden, verhalten sich stets wie eine starre Scheibe und sind in sich unverschieblich (Abb. 7.15). Dies gilt offenbar auch für drei gelenkig miteinander verbundene Stäbe.

Alle Verschiebungen und Verdrehungen, die wir im Rahmen dieses Kapitels betrachten, werden als virtuell und infinitesimal klein angenommen. Damit verbunden ist der Begriff der Projektionskonstanz, den wir anhand der Abb. 7.16 motivieren wollen. Gegeben sei ein Balken auf zwei Stützen, der an einer beliebigen Stelle mit einem Momentengelenk versehen wird. Hierdurch ist dieser Balken einfach verschieblich. Betrachtet man an diesem verschieblichen Balken endliche, aber nicht infinitesimal kleine Verschiebungen, dann ergibt sich die Verformungsfigur so wie in Abb. 7.16, links, gezeigt. Das Gelenk bewegt sich bei der Absenkung nach unten auf einer Kreisbahn, und das verschiebliche Auflager auf der rechten Seite würde sich aufgrund dieser Absenkung nach links bewegen. Da wir aber virtuelle und infinitesimal kleine Verschiebungen und Verdrehungen annehmen, können wir die reale Kreisbahn durch eine geradlinige Absenkung nach unten ersetzen. Das bedeutet, dass Verschiebungen immer durch ihre Tangenten ersetzt werden, die senkrecht zum Polstrahl stehen. Außerdem wird in diesem konkreten Fall die horizontale Verschiebung des rechten Auflagers vernachlässigt.

Mit den erläuterten Gesetzmäßigkeiten können für beliebige verschiebliche Systeme Haupt- und Nebenpole gefunden und die entsprechenden Polpläne und zwangsläufigen kinematischen Ketten konstruiert werden. In Abb. 7.17 sind einige beispielhafte Polpläne für einfach verschiebliche Balkensysteme und die zugehörigen zwangsläufigen kinematischen Ketten gezeigt.

7.4 Polpläne und zwangsläufige kinematische Ketten

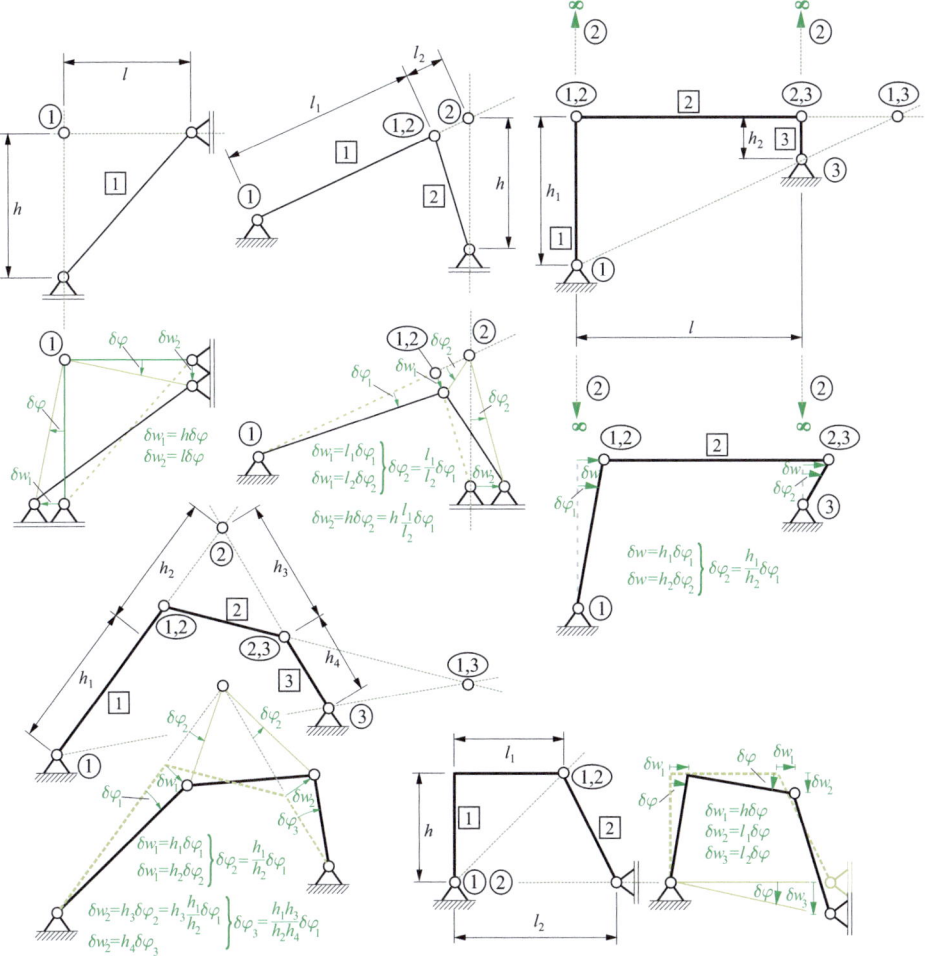

Abb. 7.17 Einige Polpläne und zugehörige zwangsläufige kinematische Ketten

Beispiel 7.3

Für den in Abb. 7.18 dargestellten statisch bestimmten Rahmen werden die folgenden Auflager- und Schnittreaktionen mit Hilfe des Prinzips der virtuellen Verrückungen gesucht:

- Auflagermoment M_A,
- Auflagerkraft B,
- Schnittmoment M_D,

Abb. 7.18 Statisch bestimmter Rahmen unter Gleichstreckenlast q und Einzellast F

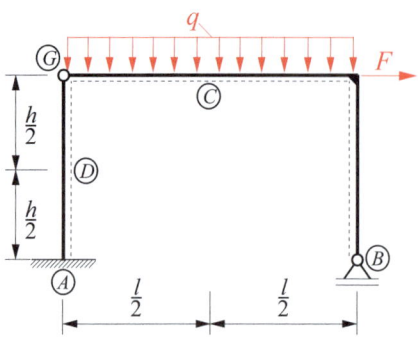

- horizontale Auflagerkraft A_H,
- Schnittmoment M_C,
- vertikale Gelenkkraft G_V.

Zur Lösung:

Die zu den gesuchten freigesetzten Größen zugehörigen Polpläne und zwangsläufigen kinematischen Ketten sind in Abb. 7.19 gezeigt.

Zur Ermittlung des Auflagermoments M_A wird die feste Einspannung durch Freisetzen des Moments M_A in ein zweiwertiges Auflager umgewandelt. Der dadurch einfach verschiebliche Rahmen besteht aus den Balken 1 und 2, und Hauptpol des Balkens 1 befindet sich im zweiwertigen Auflager. Das am oberen Ende des Balkens 1 liegende Momentengelenk ist der Nebenpol der beiden Balken 1 und 2. Hauptpol 2 muss sich dann auf der Verbindungslinie des Hauptpols 1 und des Nebenpols befinden. Zugleich aber muss sich auch der Hauptpol 2 auf der Geraden befinden, die durch das verschiebliche Auflager von Balken 2 in Richtung der Auflagerkraft verläuft. Diese beiden Geraden verlaufen parallel zueinander, so dass Hauptpol 2 im Unendlichen liegt. Die sich einstellende zwangsläufige kinematische Kette ergibt sich so, dass Balken 1 eine reine Drehung $\delta\varphi$ um das untere zweiwertige Auflager durchführt. Balken 2 zeigt eine reine horizontale Starrkörpertranslation δw. Die Resultierende des Streckenlast q leistet daher an dieser zwangsläufigen kinematischen Kette keine virtuelle Arbeit. Die einzigen virtuellen Arbeiten, die geleistet werden, folgen aus der horizontalen Einzelkraft F entlang der virtuellen Verrückung δw sowie aus dem freigeschnittenen Auflagermoment M_A entlang der virtuellen Verdrehung $\delta\varphi$:

$$\delta W = F\delta w - M_A\delta\varphi = 0. \tag{7.43}$$

Mit $\delta w = \delta\varphi h$ folgt das gesuchte Auflagermoment M_A als $M_A = Fh$.

Für die Ermittlung der Auflagerkraft B wird das Auflager B freigeschnitten und die Auflagerkraft B freigesetzt. Da der vertikale Balken nach wie vor am unteren Ende fest eingespannt ist, wird er weder virtuelle Verrückungen noch Verdrehungen durchlaufen.

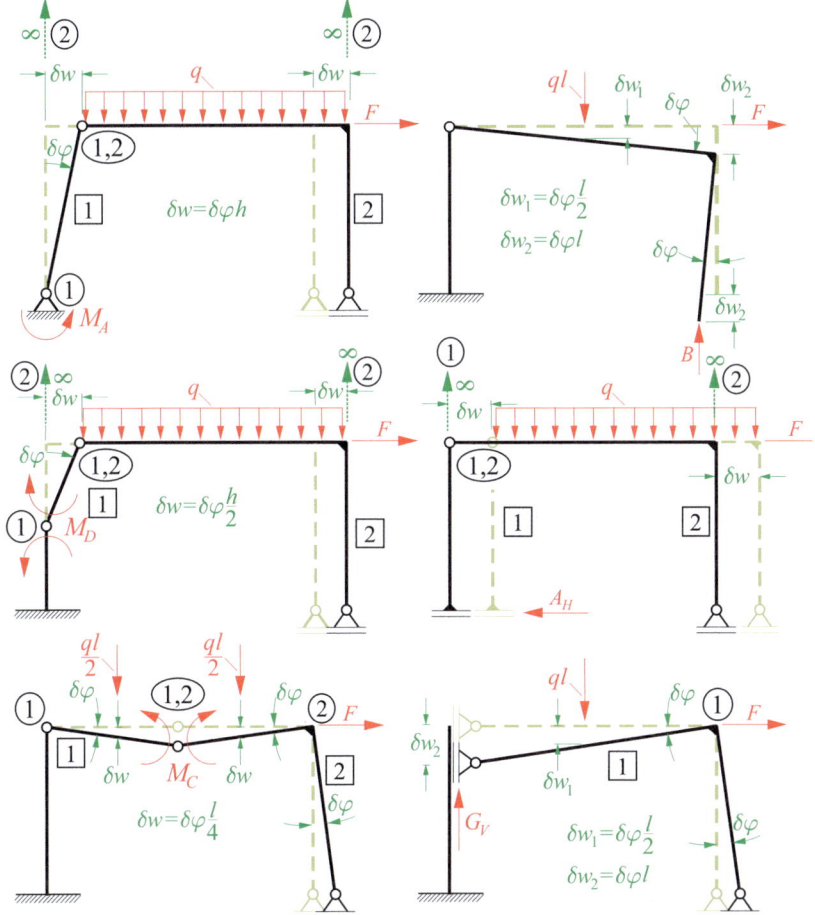

Abb. 7.19 Polpläne und zwangsläufige kinematische Ketten für die gesuchten Auflagerreaktionen und Schnittgrößen

Der einzige verschiebliche Teil ist hier der abgeknickte Balken auf der rechten Seite, dessen Momentanpol sich im Momentengelenk oben links befindet. Aufgrund der virtuellen Verdrehung $\delta\varphi$ leistet die Resultierende der Streckenlast q mit dem Betrag ql eine virtuelle Arbeit entlang der virtuellen Verschiebung $\delta w_1 = \delta\varphi \frac{l}{2}$. Die Einzelkraft F leistet hier keinerlei virtuelle Arbeit, wie man anhand der sich einstellenden zwangsläufigen kinematischen Kette leicht einsehen kann. Die Auflagerkraft B erleidet die virtuelle Verschiebung $\delta w_2 = \delta\varphi l$ und leistet entlang dieser die negative virtuelle Arbeit $-B\delta\varphi l$. Die Arbeitsbilanz lautet daher für dieses Beispiel:

$$\delta W = ql\delta\varphi\frac{l}{2} - B\delta\varphi l = 0. \qquad (7.44)$$

Dies lässt sich umgehend nach der gesuchten Auflagerkraft auflösen als $B = \frac{ql}{2}$.

Die weiteren Rechenwege für die verbleibenden Kraftgrößen werden hier nicht diskutiert, sondern nur die Ergebnisse mitgeteilt:

$$M_D = -\frac{Fh}{2}, \quad A_H = F, \quad M_C = \frac{ql^2}{8}, \quad G_V = \frac{ql}{2}. \tag{7.45}$$

◀

Beispiel 7.4

Für das Fachwerk der Abb. 7.20 (s. auch Kap. 5, Abb. 5.1) sind die Stabkräfte der Stäbe 2, 3, 4 und 8 mit Hilfe des Prinzips der virtuellen Verrückungen zu ermitteln.

Zur Lösung:

Die für die Lösung der Aufgabe notwendigen Polpläne und zwangsläufigen kinematischen Ketten sind in Abb. 7.21 dargestellt.

Zur Ermittlung der Stabkraft S_2 wird dieser Stab gedanklich freigeschnitten. Das System wird dadurch einfach verschieblich, und es stellt sich die in Abb. 7.21 dargestellte zwangsläufige kinematische Kette ein. Die Stäbe 6, 7, 9 sowie 5, 8, 9 und 3, 4, 8 bilden jeweils Gelenkdreiecke und sind damit in sich unverschieblich. Wir können diese drei Gelenkdreiecke zu einer einzigen in sich unverschieblichen Scheibe (Scheibe 2) zusammenfassen, die durch ihren Momentanpol (1,2) mit Stab 1 verbunden ist, der als Scheibe 1 interpretiert wird. Der Momentanpol von Scheibe 1 befindet sich im linken unverschieblichen Auflager. Daher muss sich der Hauptpol 2 auf der senkrecht nach oben verlaufenden Verbindungslinie befinden. Zugleich muss sich Hauptpol 2 ebenfalls auf der Linie befinden, die durch das rechte verschiebliche Auflager senkrecht nach oben verläuft. Hauptpol 2 muss demnach im Unendlichen liegen, so dass Scheibe 1 eine reine Verdrehung $\delta\varphi$ um den Momentanpol 1 erleidet. Scheibe 2 hingegen zeigt eine reine Starrkörpertranslation mit der Verschiebung δw nach rechts. Das Prinzip der

Abb. 7.20 Fachwerkstruktur unter zwei Einzellasten

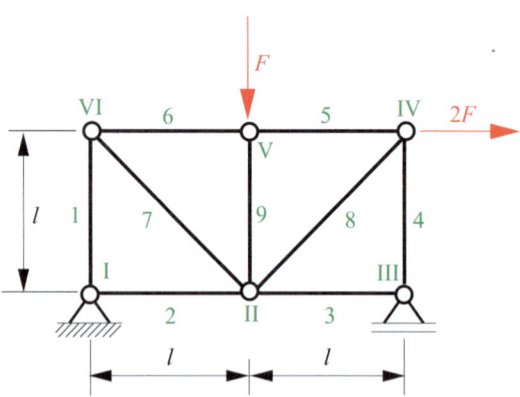

7.4 Polpläne und zwangsläufige kinematische Ketten

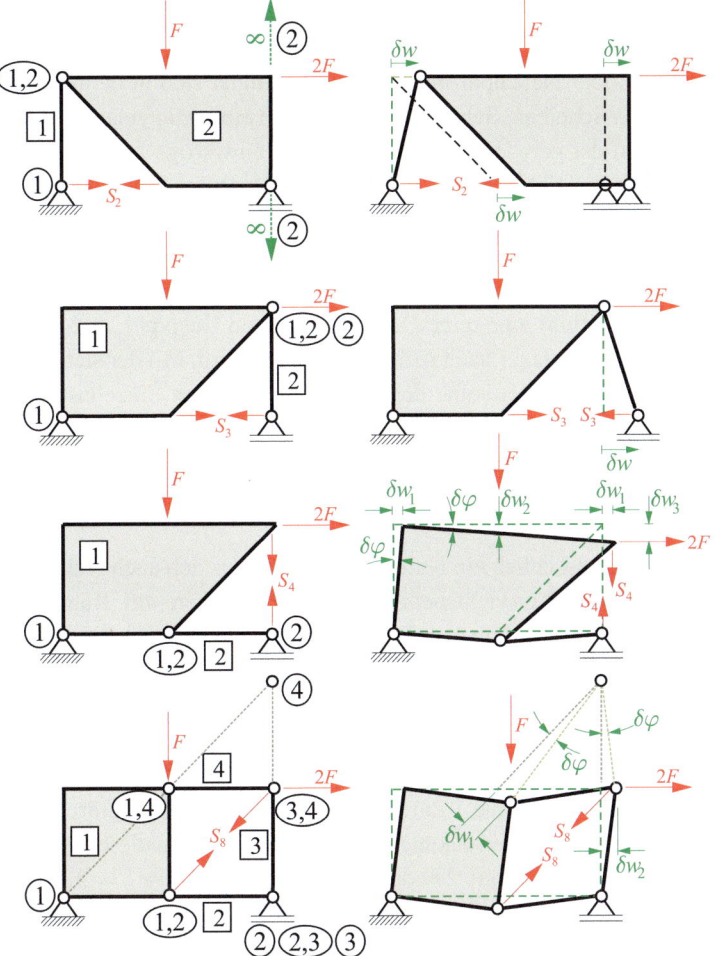

Abb. 7.21 Ermittlung der Stabkräfte 2, 3, 4 und 8 mit Hilfe der kinematischen Methode

virtuellen Verrückungen lautet hier:

$$\delta W = 2F\delta w - S_2 \delta w = 0. \tag{7.46}$$

Der so entstandene Arbeitsbegriff lässt sich durch Vermeiden der trivialen Lösung $\delta w = 0$ nach S_2 auflösen, und es folgt:

$$S_2 = 2F. \tag{7.47}$$

Ganz ähnlich verfahren wir für die Stabkraft S_3, die wir gedanklich freisetzen. Es bilden sich auch hier wieder mehrere Gelenkdreiecke aus, die wir gedanklich zu einer einzigen starren Scheibe zusammenfassen, die als Scheibe 1 bezeichnet wird. Stab 4 sei hingegen als Scheibe 2 interpretiert. Scheibe 1 hat ihren Momentanpol im linken festen Auflager. Der Nebenpol mit Scheibe 2 befindet sich in dem Momentengelenk zwischen beiden Scheiben. Scheibe 2 ist außerdem einwertig gelagert, daher muss sich ihr Hauptpol auf der gerade nach oben durch das einwertige Auflager verlaufende Linie befinden, wo sie sich genau im Momentanpol mit der Verbindungslinie zwischen Hauptpol 1 und Nebenpol 1,2 kreuzt. Damit liegt Hauptpol 2 im Momentengelenk, das die Scheiben 1 und 2 miteinander verbindet. Folglich wird Scheibe 1 weder eine Rotation noch eine Translation durchführen und ändert ihre Lage dementsprechend nicht. Nur Scheibe 2 vollführt eine reine Drehung um ihren Hauptpol, und zwar derart, dass das verschiebliche Auflager nach rechts verschoben wird. Mit der sich so einstellenden kinematischen Kette leistet keine der beiden angreifenden Einzellasten eine virtuelle Arbeit, so dass sich die Stabkraft S_3 zu Null ergibt.

$$S_3 = 0. \qquad (7.48)$$

Dass Stab 3 auch tatsächlich ein Nullstab ist, kann man sich auch recht einfach anhand von elementaren Gleichgewichtsbetrachtungen klarmachen (vgl. Kap. 5).

Bei Freischneiden von Stab 4 ergibt sich wieder eine aus mehreren Gelenkdreiecken zusammengesetzte starre Scheibe, die als Scheibe 1 bezeichnet werde. Stab 3 werde als Scheibe 2 interpretiert. Der Momentanpol von Scheibe 1 befindet sich im zweiwertigen Auflager auf der linken Seite, und da sich der Nebenpol zwischen beiden Scheiben im Momentengelenk befindet, liegt der Hauptpol der Scheibe 2 im einwertigen Auflager auf der rechten Seite. Scheibe 1 durchlaufe nun eine virtuelle Verdrehung $\delta\varphi$, woraus eine horizontale virtuelle Verrückung δw_1 resultiert. Entlang dieser Verschiebung leistet die horizontale Einzelkraft $2F$ die virtuelle Arbeit $2F\delta w_1 = 2F\delta\varphi l$. Außerdem wird auch die vertikale Einzelkraft F am Obergurt um das Maß δw_2 abgesenkt, es gilt $\delta w_2 = \delta\varphi l$. Letztlich wird auch die Stabkraft S_4 am oberen Ende um die Verschiebung δw_3 abgesenkt, die man als $\delta w_3 = \delta\varphi 2l$ ausdrücken kann. Die Stabkraft S_4 leistet also die virtuelle Arbeit $S_4 \delta\varphi 2l$. Das Prinzip der virtuellen Verrückungen führt schließlich auf:

$$\delta W = 2F\delta\varphi l + F\delta\varphi l + S_4 \delta\varphi 2l = 0. \qquad (7.49)$$

Dies lässt sich nach der Stabkraft S_4 umformen, und man erhält

$$S_4 = -\frac{3}{2}F. \qquad (7.50)$$

Abschließend wird noch die Stabkraft S_8 ermittelt. Die Stäbe 1,2,7 und 6,7,9 stellen Gelenkdreiecke dar, so dass wir die linke Hälfte des statischen Systems als eine starre Scheibe auffassen dürfen. Diese bezeichnen wir als Scheibe 1 mit Momentanpol im linken Auflager. Scheibe 2 sei der Stab 3, dessen Nebenpol im Gelenk zu Scheibe 1 zu finden ist. Damit steht auch der Momentanpol dieser Scheibe im rechten verschieblichen Auflager fest. Scheibe 3 entspricht dem Stab 4. Da der Nebenpol der Scheiben 2 und 3 im verschieblichen Auflager rechts liegt, muss dort auch der Hauptpol der Scheibe 3 zu finden sein. Durch Betrachten der Hauptpole 1 und 3 sowie der Nebenpole (1,4) sowie (3,4) ist dann auch der Hauptpol der Scheibe 4 gefunden. Zur Ermittlung der gesuchten Stabkraft S_8 wird eine virtuelle Verdrehung $\delta\varphi$ bezüglich des Hauptpols 4 auf das System aufgebracht. Dadurch ergibt sich am Angriffspunkt der vertikal wirkenden Einzelkraft F die unter 45° stehende virtuelle Verschiebung $\delta w_1 = \delta\varphi\sqrt{2}l$, so dass diese Einzelkraft um das Maß $\frac{1}{\sqrt{2}}\delta w_1$ verschoben wird. Die von dieser Einzelkraft geleistete virtuelle Arbeit lautet also $F\delta\varphi l$. Ganz genauso wird die horizontal wirkende Einzelkraft $2F$ um den Weg δw_2 ausgelenkt, den wir als $\delta\varphi l$ schreiben können. Entsprechend leistet diese Einzelkraft die positive virtuelle Arbeit $2F\delta\varphi l$. Die von der Stabkraft S_8 geleistete Arbeit wird in zwei Teilen betrachtet. Einerseits wird die horizontale Komponente $S_8 \frac{1}{\sqrt{2}}$ der oben dargestellten Stabkraft um das Maß $\delta w_2 = \delta\varphi l$ verschoben, so dass sich dieser Arbeitsanteil als $-S_8 \frac{1}{\sqrt{2}}\delta\varphi l$ ergibt. Andererseits wird die vertikale Komponente $S_8 \frac{1}{\sqrt{2}}$ der unten eingezeichneten Stabkraft S_8 um $\delta\varphi l$ nach unten verschoben, so dass die hier geleistete virtuelle Arbeit $-S_8 \frac{1}{\sqrt{2}}\delta\varphi l$ lautet. Aus der Bilanz aller hier geleisteten virtuellen Arbeiten folgt:

$$\delta W = F\delta\varphi l + 2F\delta\varphi l - S_8 \frac{1}{\sqrt{2}}\delta\varphi l - S_8 \frac{1}{\sqrt{2}}\delta\varphi l = 0. \qquad (7.51)$$

Daraus ergibt sich dann letztlich die gesuchte Stabkraft S_8 als

$$S_8 = \frac{3}{\sqrt{2}}F. \qquad (7.52)$$

◂

7.5 Gleichgewicht beweglicher Systeme

In diesem Abschnitt gehen wir auf eine weitere Anwendung des Prinzips der virtuellen Verrückungen ein, nämlich der Analyse von Gleichgewichtszuständen in beweglichen Systemen. Zur Illustration betrachten wir das Beispiel der Abb. 7.22. Gegeben sei eine Masse m, die an einem masselosen und undehnbaren Seil der Länge l aufgehängt ist. Es wirkt demnach die Gewichtskraft mg, worin g die Erdbeschleunigung ist. Wir wollen nun ermitteln, wie groß eine horizontale Kraft F sein muss, damit sich das Pendel unter dem Winkel φ zur Vertikalen im Gleichgewicht befindet (Abb. 7.22, Mitte).

Wir wenden das Prinzip der virtuellen Verrückungen an und unterstellen, dass eine infinitesimale Auslenkung aus der Gleichgewichtslage um den infinitesimalen Winkel $\delta\varphi$ stattgefunden hat. Aufgrund des virtuellen Winkels $\delta\varphi$ verschiebt sich die Masse um die virtuelle Verschiebung $\delta w = l\delta\varphi$. Die horizontale Kraft F wird daher um die virtuelle Verschiebung $l\delta\varphi \cos\varphi$ verschoben, wohingegen die Gewichtskraft mg um das Maß

Abb. 7.22 Mathematisches Pendel

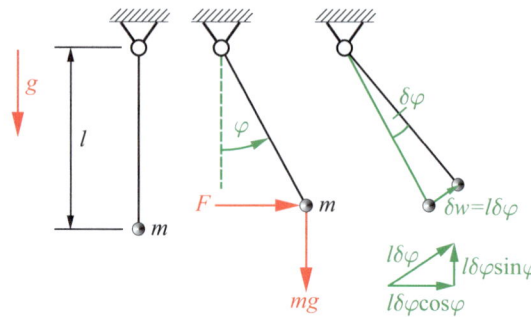

$l\delta\varphi \sin\varphi$ verrückt wird. Demnach leistet die Kraft F eine positive virtuelle Arbeit, wohingegen die Gewichtskraft mg eine negative virtuelle Arbeit verrichtet. Das Prinzip der virtuellen Verrückungen lautet dann für das gegebene Beispiel:

$$\delta W = Fl\delta\varphi \cos\varphi - mgl\delta\varphi \sin\varphi = (F\cos\varphi - mg\sin\varphi)l\delta\varphi = 0. \tag{7.53}$$

Nullsetzen des Klammerterms zur Vermeidung der trivialen Lösung $\delta\varphi = 0$ ergibt schließlich den folgenden Ausdruck für die gesuchte Kraft F:

$$F = mg \tan\varphi. \tag{7.54}$$

Dieses Ergebnis würde auch aus dem Gleichgewicht der Momente um den Aufhängepunkt des Pendels folgen.

Man kann das oben gezeigte Beispiel auch mit einer formaleren Vorgehensweise lösen. Hierzu führen wir ein beliebiges Koordinatensystem ein (in Abb. 7.23 sind dies die x- und die y-Achse) und beschreiben den Ortsvektor $\underline{r}$ der angreifenden Kraft F in diesem Koordinatensystem, abhängig vom Freiheitsgrad des Systems (hier der Winkel φ). Es gilt demnach für den Ortsvektor:

$$\underline{r} = \begin{pmatrix} x \\ y \end{pmatrix} = \begin{pmatrix} l\sin\varphi \\ l\cos\varphi \end{pmatrix}. \tag{7.55}$$

Die virtuelle Verrückung des Kraftangriffspunkts kann dann als infinitesimale Änderung der Lage aufgefasst werden, und der aus der Variationsrechnung stammende δ-Operator

Abb. 7.23 Einführen eines Koordinatensystems

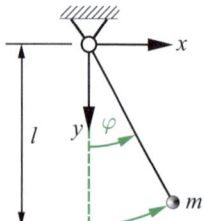

7.5 Gleichgewicht beweglicher Systeme

kann wie ein Differential gehandhabt werden. Es gilt dann:

$$\delta \underline{r} = \frac{\mathrm{d}\underline{r}}{\mathrm{d}\varphi}\delta\varphi. \tag{7.56}$$

Bei dieser formalen Vorgehensweise muss das korrekte Vorzeichen der Arbeit nicht vorher aus der Anschauung gefolgert werden, sondern ergibt sich automatisch richtig. Am Beispiel folgt:

$$\delta x = \frac{\mathrm{d}x}{\mathrm{d}\varphi}\delta\varphi = l\cos\varphi\delta\varphi,$$
$$\delta y = \frac{\mathrm{d}y}{\mathrm{d}\varphi}\delta\varphi = -l\sin\varphi\delta\varphi. \tag{7.57}$$

Aus dem Prinzip der virtuellen Verrückungen folgt dann (man beachte, dass beide Kräfte in positive Achsenrichtungen zeigen):

$$\delta W = F\delta x + mg\delta y$$
$$= Fl\cos\varphi\delta\varphi - mgl\sin\varphi\delta\varphi = 0. \tag{7.58}$$

Ausklammern von $\delta\varphi$ und Auflösen nach der Kraft F führt dann wieder auf das bereits bekannte Ergebnis (7.54).

Liegt ein System vor, das n Freiheitsgrade aufweist, dann ist die Lage $\underline{r}(q_1, q_2, \ldots, q_n)$ eines jeden Kraftangriffspunkts in Abhängigkeit der n generalisierten Freiheitsgrade zu beschreiben, wobei $q_1, q_2, \ldots, q_n$ sowohl Verschiebungen als auch Verdrehungen sein können. Die virtuellen Verrückungen folgen dann analog zum totalen Differential einer Funktion, die von mehreren Variablen abhängt:

$$\delta \underline{r} = \frac{\mathrm{d}\underline{r}}{\mathrm{d}q_1}\delta q_1 + \frac{\mathrm{d}\underline{r}}{\mathrm{d}q_2}\delta q_2 + \ldots + \frac{\mathrm{d}\underline{r}}{\mathrm{d}q_n}\delta q_n. \tag{7.59}$$

Als Beispiel betrachten wir das Stabsystem der Abb. 7.24. An den beiden abgehängten masselosen und undehnbaren Stäbe werden an ihren jeweiligen Enden durch zwei Punktmassen mit den Massen m_1 und m_2 befestigt. An der unteren Masse greife nun die horizontale Kraft F an. Gesucht werden die beiden Winkel φ_1 und φ_2, unter denen sich das System im Gleichgewicht befindet. Hier liegen nun die beiden generalisierten Freiheitsgrade $q_1 = \varphi_1$ und $q_2 = \varphi_2$ vor. Die Koordinaten der Angriffspunkte der Massen lauten:

$$x_1 = l_1\sin\varphi_1,$$
$$x_2 = l_1\sin\varphi_1 + l_2\sin\varphi_2,$$
$$y_1 = l_1\cos\varphi_1,$$
$$y_2 = l_1\cos\varphi_1 + l_2\cos\varphi_2. \tag{7.60}$$

Abb. 7.24 Stabsystem

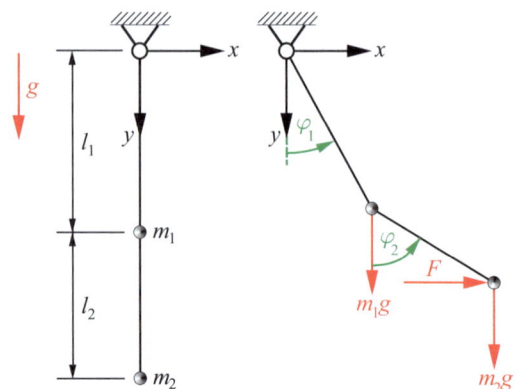

Die Lage des Kraftangriffspunkts folgt zu:

$$x_F = x_2 = l_1 \sin \varphi_1 + l_2 \sin \varphi_2,$$
$$y_F = y_2 = l_1 \cos \varphi_1 + l_2 \cos \varphi_2. \tag{7.61}$$

Die virtuellen Verrückungen der Massen lauten dann:

$$\delta x_1 = \frac{dx_1}{d\varphi_1}\delta\varphi_1 + \frac{dx_1}{d\varphi_2}\delta\varphi_2 = l_1 \cos \varphi_1 \delta\varphi_1,$$
$$\delta x_2 = \frac{dx_2}{d\varphi_1}\delta\varphi_1 + \frac{dx_2}{d\varphi_2}\delta\varphi_2 = l_1 \cos \varphi_1 \delta\varphi_1 + l_2 \cos \varphi_2 \delta\varphi_2,$$
$$\delta y_1 = \frac{dy_1}{d\varphi_1}\delta\varphi_1 + \frac{dy_1}{d\varphi_2}\delta\varphi_2 = -l_1 \sin \varphi_1 \delta\varphi_1,$$
$$\delta y_2 = \frac{dy_2}{d\varphi_1}\delta\varphi_1 + \frac{dy_2}{d\varphi_2}\delta\varphi_2 = -l_1 \sin \varphi_1 \delta\varphi_1 - l_2 \sin \varphi_2 \delta\varphi_2, \tag{7.62}$$

und für den Kraftangriffspunkt ergibt sich:

$$\delta x_F = \delta x_2 = l_1 \cos \varphi_1 \delta\varphi_1 + l_2 \cos \varphi_2 \delta\varphi_2,$$
$$\delta y_F = \delta y_2 = -l_1 \sin \varphi_1 \delta\varphi_1 - l_2 \sin \varphi_2 \delta\varphi_2. \tag{7.63}$$

Das Prinzip der virtuellen Verrückungen lautet dann:

$$\delta W = m_1 g \delta y_1 + m_2 g \delta y_2 + F \delta x_F = 0. \tag{7.64}$$

Einsetzen von Gl. (7.62) und (7.63) führt nach kurzer Umformung zu:

$$(F \cos \varphi_1 - m_1 g \sin \varphi_1 - m_2 g \sin \varphi_1) l_1 \delta\varphi_1$$
$$+ (F \cos \varphi_2 - m_2 g \sin \varphi_2) l_2 \delta\varphi_2 = 0. \tag{7.65}$$

Da die beiden virtuellen Verdrehungen $\delta\varphi_1$ und $\delta\varphi_2$ sowohl beliebig sein können und außerdem voneinander unabhängig sind, kann die Forderung (7.65) nur erfüllt werden, wenn die beiden Klammerterme für sich genommen verschwinden. Es gilt also:

$$F\cos\varphi_1 - m_1 g \sin\varphi_1 - m_2 g \sin\varphi_1 = 0,$$
$$F\cos\varphi_2 - m_2 g \sin\varphi_2 = 0. \tag{7.66}$$

Diese beiden Ausdrücke lassen sich nach den beiden gesuchten Winkeln φ_1 und φ_2 auflösen wie folgt:

$$\tan\varphi_1 = \frac{F}{(m_1+m_2)g}, \quad \tan\varphi_2 = \frac{F}{m_2 g}. \tag{7.67}$$

7.6 Potential

In diesem Abschnitt besprechen wir die sog. Potentialkräfte. Dies sind Kräfte, bei denen die geleistete Arbeit nur vom Anfangs- und Endpunkt des Weges abhängt, nicht jedoch vom zurückgelegten Weg selbst. Solche Kräfte werden als Potentialkräfte oder als konservative Kräfte bezeichnet, und der damit verbundene Begriff ist die sog. Wegunabhängigkeit. Beispiele für Potentialkräfte sind Gewichts- und Federkräfte, die wir nachfolgend betrachten wollen.

Wir betrachten zunächst einen Massepunkt der Masse m, der sich eingangs an dem Punkt A (Ortsvektor $\underline{r}_A$) befinde (vgl. Abb. 7.2). Der Massepunkt werde nun so verschoben, dass er sich am Ende der Bewegung im Punkt B befinde, der den Ortsvektor $\underline{r}_B$ aufweise:

$$\underline{r}_A = \begin{pmatrix} x_A \\ y_A \\ z_A \end{pmatrix}, \quad \underline{r}_B = \begin{pmatrix} x_B \\ y_B \\ z_B \end{pmatrix}. \tag{7.68}$$

Sei nun die Erdbeschleunigung entgegen der z-Achse gerichtet. Wir betrachten nun das Arbeitsdifferential $\mathrm{d}W$ wie folgt:

$$\mathrm{d}W = \underline{F}\,\mathrm{d}\underline{u} = \begin{pmatrix} 0 \\ 0 \\ -mg \end{pmatrix} \begin{pmatrix} \mathrm{d}x \\ \mathrm{d}y \\ \mathrm{d}z \end{pmatrix} = -mg\,\mathrm{d}z. \tag{7.69}$$

Das Arbeitsdifferential weist also nur einen Beitrag bezüglich der infinitesimalen Verschiebung in z-Richtung auf. Die gesamte zwischen den beiden Punkten A und B geleistete Arbeit lautet dann:

$$W = \int_A^B \mathrm{d}W = -mg \int_{z_A}^{z_B} \mathrm{d}z = -mg(z_B - z_A). \tag{7.70}$$

Abb. 7.25 Linear-elastische Wegfeder

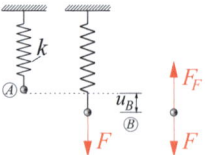

Es zeigt sich, dass die gesamte zwischen A und B geleistete Arbeit der negativen Gewichtskraft $-mg$, multipliziert mit der Höhendifferenz $z_B - z_A$, entspricht. Entsprechend haben horizontale Verschiebungen des Massepunkts keinen Einfluss auf die geleistete Arbeit. Die hier geleistete Arbeit ist negativ, wenn $z_B - z_A > 0$ ist, wenn also die Masse entgegen der Gravitationswirkung in positive z-Richtung verschoben wird. Analog ist die Arbeit positiv, wenn $z_B - z_A < 0$ gilt, die Masse also entgegen der positiven z-Richtung verschoben wird. Da die hier geleistete Arbeit unabhängig ist vom Weg zwischen A und B ist die Arbeit der Gewichtskraft wegunabhängig.

Als weiteres Beispiel einer wegunabhängigen Kraft betrachten wir eine linear-elastische Wegfeder mit dem linearen Federgesetz $F_F = ku$ (Abb. 7.25), worin k die sog. Federkonstante ist, die in der Einheit einer Kraft, dividiert durch eine Längeneinheit, angegeben wird, also z. B. in $\frac{\mathrm{N}}{\mathrm{m}}$. Die Feder sei im Ausgangszustand ungespannt ($u_A = 0$) und frei von jeglicher Federkraft F_F, d. h. $F_F = 0$. Wir wollen betrachten, welche Arbeit von der Federkraft F_F geleistet wird, wenn die Feder aus dem ungespannten Zustand $u_A = 0$ auf die Länge $u_B = u$ gedehnt wird. Wird die Feder nun gespannt und eine Längenänderung u aufgebracht, dann tritt im Inneren der Feder eine Federkraft $F_F = ku$ auf, die der Längenänderung entgegen gerichtet ist. Das Arbeitsinkrement lautet hier:

$$\mathrm{d}W = -F_F \mathrm{d}u = -ku\,\mathrm{d}u. \tag{7.71}$$

Die gesamte von der Federkraft verrichtete Arbeit W lautet dann:

$$W = \int_A^B \mathrm{d}W = -\int_0^u k\hat{u}\,\mathrm{d}\hat{u} = -\frac{1}{2}ku^2. \tag{7.72}$$

Offenbar handelt es sich auch bei der Arbeit der Federkraft um eine wegunabhängige Arbeit, die Kenntnis des Ausgangs- und des Endzustands sind ausreichend für die Bestimmung von W.

Ganz analog kann die Arbeit einer linear-elastischen Drehfeder mit der Federsteifigkeit k_φ ermittelt werden. Abb. 7.26 zeigt einen elastisch eingespannten starren Stab unter einer Einzelkraft F, der den Stab aus seiner horizontalen Lage um den Winkel φ auslenkt. Aufgrund der Verdrehung φ um den Auflagerpunkt entsteht in der Drehfeder ein rückstellendes Moment $M_F = k_\varphi \varphi$, und die gesamte von der unausgelenkten Lage $\varphi_A = 0$ in die

7.6 Potential

Abb. 7.26 Elastisch eingespannter starrer Stab unter Einzelkraft F

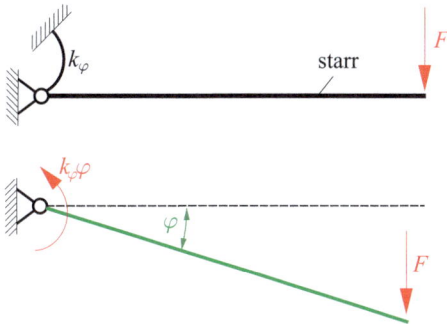

ausgelenkte Lage $\varphi_B = \varphi$ geleistete Arbeit W des Federmoments M_F lautet:

$$W = \int_A^B dW = -\int_0^\varphi k_\varphi \hat{\varphi} d\varphi = -\frac{1}{2} k_\varphi \varphi^2. \tag{7.73}$$

Auch diese geleistete Arbeit ist nur abhängig von Anfangs- und Endwinkel, nicht jedoch vom Weg zwischen diesen beiden Lagen.

An dieser Stelle führen wir den Begriff des Potentials bzw. der sog. potentiellen Energie Π ein. Konservative Kräfte, also solche Kräfte, bei denen die geleistete Arbeit nicht von der Bahn abhängig ist und die damit wegunabhängig sind, lassen sich aus einem Potential Π ableiten, das wie folgt festgelegt ist:

$$\Pi = -W = -\int_A^B \underline{F} d\underline{u}. \tag{7.74}$$

Der Begriff des Potentials bzw. der potentiellen Energie hat für die angewandte Mechanik weitreichende Bedeutung und wird uns im nachfolgenden Abschn. 7.7 zu Stabilitätsproblemen, aber auch in den Bänden 2 und 3, noch von großem Nutzen sein.

Als Beispiel betrachten wir eine Gewichtskraft, die aus der Ursprungslage z_A in eine beliebige Lage z verschoben wird. Dann gilt für die geleistete Arbeit nach Gl. (7.70):

$$W = -mg(z - z_A). \tag{7.75}$$

Das Potential lautet demnach:

$$\Pi = -W = mg(z - z_A). \tag{7.76}$$

Die Gewichtskraft mg folgt dann aus dem negativen Potential, wenn wir Π nach z ableiten, also:

$$-\frac{d\Pi}{dz} = -mg. \tag{7.77}$$

Das negative Vorzeichen erklärt sich daraus, dass mg entgegen der positiven z-Richtung wirkt.

Ganz analog ergibt sich das Potential der Federkraft F_F der linear-elastischen Wegfeder als:

$$\Pi = -W = \frac{1}{2}ku^2. \tag{7.78}$$

Man beachte, dass das Potential stets positiv ist, unabhängig davon, ob u positiv (die Feder also länger wird) oder negativ (die Feder wird gestaucht) ist. In beiden Fällen wird Energie in der Feder gespeichert. Die Federkraft F_F ergibt sich aus der negativen Ableitung nach der Verschiebung:

$$-\frac{d\Pi}{du} = -ku. \tag{7.79}$$

Für die linear-elastische Drehfeder gilt ebenso:

$$\Pi = \frac{1}{2}k_\varphi \varphi^2. \tag{7.80}$$

Es kann ganz allgemein festgehalten werden, dass die negative Ableitung des Potentials nach dem Lageparameter die Potentialkraft ergibt. Kräfte, deren Arbeiten wegunabhängig sind, sind Potentialkräfte. Reibungskräfte hingegen sind wegabhängig und daher keine Potentialkräfte. In Erweiterung des Prinzips der virtuellen Verrückungen kann man zeigen, dass ein starrer Körper unter Potentialkräften dann im Gleichgewicht ist, wenn die Variation des Gesamtpotentials nach den verallgemeinerten Koordinaten $q_1, q_2, \ldots, q_n$ verschwindet:

$$\delta \Pi = \frac{\partial \Pi}{\partial q_1}\delta q_1 + \frac{\partial \Pi}{\partial q_2}\delta q_2 + \ldots \frac{\partial \Pi}{\partial q_n}\delta q_n = 0. \tag{7.81}$$

Dies führt dann auf die n Gleichgewichtsbedingungen:

$$\frac{\partial \Pi}{\partial q_1} = 0, \quad \frac{\partial \Pi}{\partial q_2} = 0, \quad \ldots \quad \frac{\partial \Pi}{\partial q_n} = 0. \tag{7.82}$$

7.7 Stabilität

Ziel der Bemessung eines Bauwerks ist es, eine ausreichende Steifigkeit und Festigkeit unter Berücksichtigung bestimmter Anforderungen zu gewährleisten. In der Praxis sind Ingenieur*innen daher häufig damit beschäftigt, entsprechende rechnerische Nachweise zu erbringen, meist in Form eines Festigkeitsnachweises, d. h. des Nachweises, dass die Spannungen in einer Struktur, also die inneren Kräfte, zulässige Werte nicht überschreiten. Betrachtet man einen Druckstab, der unter der achsparallelen Druckkraft F steht (Abb. 7.27), dann ergibt sich ein praktisch äußerst wichtiges Phänomen. In vielen Fällen tritt nämlich überhaupt kein Festigkeitsproblem auf (die Festigkeiten des Materials

7.7 Stabilität

Abb. 7.27 Druckstab

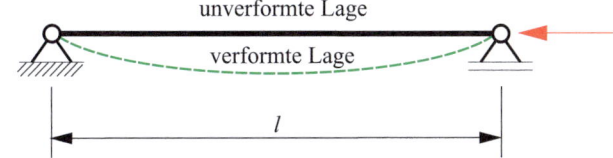

werden gar nicht erreicht), sondern es können je nach Höhe der aufgebrachten Last mehrere Gleichgewichtszustände auftreten, die unterschiedliche Konfigurationen des Stabes beschreiben. Es besteht also nicht unbedingt ein eindeutiger Zusammenhang zwischen der aufgebrachten Last und der resultierenden Stabreaktion. Neben der geraden Konfiguration sind auch Konfigurationen denkbar, die mit einer Durchbiegung des Stabes einhergehen. Dieses Phänomen, d. h. die Durchbiegung eines Druckstabes bei Erreichen einer bestimmten achsparallelen Belastung, wird als Stabknicken, Biegeknicken oder kurz Knicken bezeichnet. Diese Durchbiegung erfolgt zumeist schlagartig bei Erreichen eines bestimmten Lastniveaus $F = F_{\text{krit}}$, das wir als kritische Last oder Knicklast bezeichnen. Das übergeordnete Wissensgebiet ist die so genannte Stabilitätstheorie, und das Ziel einer Stabilitätsanalyse ist es, die kritische Last oder Knicklast F_{krit} zu bestimmen, bei der der zuvor gerade Stab in eine ausgelenkte Stellung übergeht. Die Beurteilung der Stabilität einer Struktur und die Klassifizierung von Gleichgewichtslagen geschieht vorteilhaft über Energiebetrachtungen. Wir gehen in Band 2 noch ausführlich auf ganz grundlegende Stabilitätsprobleme ein, wollen aber den Begriff der Stabilität nachfolgend bereits auf elementare Art und Weise betrachten, wobei wir uns hier auf Systeme mit einem Freiheitsgrad beschränken.

Wir schauen uns den Begriff der Stabilität und die damit verbundene Stabilität von Gleichgewichtslagen nachfolgend genauer an. Dazu betrachten wir die sogenannte Kugelanalogie (siehe Abb. 7.28). Es werde eine starre Kugel der Masse m betrachtet, die sich auf unterschiedlich geformten Flächen befindet. Die Schwerkraft wirkt wie gezeigt. Wir betrachten zunächst den Fall, dass die Kugel in einer Mulde liegt (Abb. 7.28, oben links). In diesem Fall kommt die Kugel automatisch in ihrer Ruheposition am tiefsten Punkt der Mulde zur Ruhe und findet dort ihre natürliche Gleichgewichtslage. Wird nun die Lage der Kugel durch eine infinitesimale Auslenkung kurzzeitig verändert und dann sich selbst überlassen (d. h. es wird eine infinitesimale Störung des Gleichgewichtszustandes vorgenommen), so kehrt die Kugel unter dem Einfluss des Erdschwerefeldes und durch den Einfluss der Gleitreibung immer wieder in ihre ursprüngliche Lage zurück und nimmt ihren Ruhezustand am tiefsten Punkt der Mulde wieder ein. Eine solche Gleichgewichtslage wird als stabiles Gleichgewicht bezeichnet. Bei Auslenkung aus der Gleichgewichtslage im tiefsten Punkt der Mulde um den Betrag δu nach oben ändert sich also das Potential der Kugel um $\Delta \Pi = mg\delta u$, und diese Potentialänderung ist positiv: Es wurde durch die Aufwärtsbewegung potentielle Energie gewonnen.

Dieses Verhalten der starren Kugel in einer Mulde kann man auf einen Stab übertragen, der an seinem oberen Ende gelenkig gelagert und an seinem unteren Ende frei ist

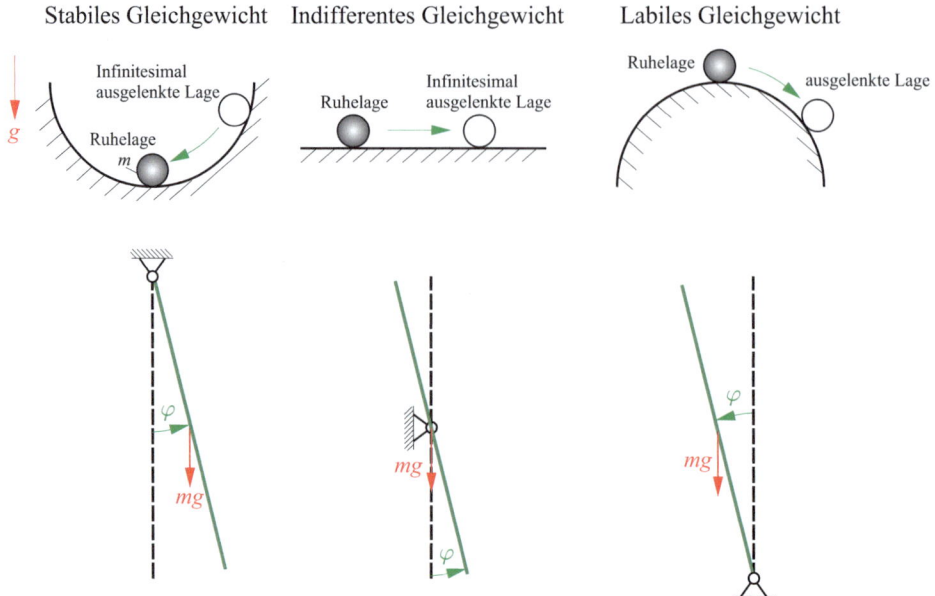

Abb. 7.28 Kugelanalogie und ihre Übertragung auf den starren Stab mit unterschiedlichen Lagerungsbedingungen

(s. Abb. 7.28, links unten). Wird auf diesen Stab eine infinitesimale Verdrehung aufgebracht (wird also die vertikale Gleichgewichtslage einer Störung ausgesetzt) und überlässt man den Stab danach sich selbst, so wird der Stab von selbst wieder in die vertikale unausgelenkte Lage zurückkehren. Es liegt demnach also in der vertikalen Lage stabiles Gleichgewicht vor.

Wir betrachten nun den Fall, dass sich die Kugel in einem Gleichgewichtszustand auf einer horizontalen Ebene befindet (Abb. 7.28, oben Mitte). Wir platzieren nun die Kugel an einer anderen Stelle der Ebene und überlassen sie dann wieder sich selbst. In diesem Fall kehrt die Kugel nicht mehr in ihre alte Gleichgewichtslage zurück, sondern verbleibt in ihrer neuen Ruhelage. In diesem Fall sind also beide genannten Positionen mögliche Gleichgewichtslagen und das Gleichgewicht ist in diesem Fall nicht mehr eindeutig, sondern mehrdeutig – es existieren mehrere völlig gleiche Gleichgewichtslagen gleichzeitig. Diese Art des Gleichgewichts wird als indifferent bezeichnet. In diesem Fall gilt $\Delta \Pi = mgu = 0$.

Überträgt man diesen Teil der Kugelanalogie auf den Stab, der nun genau in seinem Schwerpunkt drehbar gelagert ist (Abb. 7.28, unten Mitte), so zeigt es sich, dass die resultierende Gewichtskraft mg unabhängig von der Verdrehung φ stets im Schwerpunkt wirkt und der Stab damit nicht von selbst wieder in seine ursprüngliche vertikale Lage zurückkehren wird. Offenbar existieren in diesem Fall unendlich viele gleichberechtigte Gleichgewichtslagen gleichzeitig, und es liegt indifferentes Gleichgewicht vor.

7.7 Stabilität

Der letzte Teil der Kugelanalogie betrifft den Fall, dass die Kugel auf einer Kuppe ruht (Abb. 7.28, oben rechts). Wird die Kugel nun einer infinitesimalen Verschiebung unterworfen und dann sich selbst überlassen, kehrt sie nicht mehr in ihre ursprüngliche Ruheposition zurück. Die Bewegung der Kugel folgt der Richtung der aufgebrachten Störung. Eine solche Gleichgewichtslage wird als labiles Gleichgewicht bezeichnet. Das labile Gleichgewicht zeichnet sich dadurch aus, dass die Kugel ihre Ruhelage bei der geringsten Störung verlassen wird und nicht von selbst zurückkehrt. Für die Potentialänderung gilt hier $\Delta \Pi = mg\delta u < 0$, es geht potentielle Energie verloren.

Übertragen auf den in Abb. 7.28, unten rechts, dargestellten Stab, der nun an seinem Fußpunkt gelagert ist, bedeutet dies, dass sich dieser Stab bei einer Verdrehung aus seiner vertikalen Gleichgewichtslage heraus immer weiter von seiner Gleichgewichtslage entfernen und diese nicht wieder von selbst einnehmen wird. Die vertikale Gleichgewichtslage des fußpunktgelagerten Stabs ist demnach also instabil oder labil.

Die Unterscheidung, ob eine Gleichgewichtslage stabil, indifferent oder labil ist, lässt sich besonders vorteilhaft durch die Betrachtung der Energie treffen. Am Beispiel der Kugelanalogie lässt sich erkennen, dass bei einer Kugel, die am tiefsten Punkt einer Mulde ruht, die potentielle Energie ein Minimum ist – jede andere Position geht mit einer Zunahme der potentiellen Energie einher. Konkret bedeutet dies, dass Energie aufgewendet werden muss, um die Kugel aus ihrer Ruhelage zu bewegen. Ein stabiles Gleichgewicht ist also mit einem Energieminimum verbunden. Im Umkehrschluss bedeutet ein labiles Gleichgewicht, dass Energie freigesetzt wird, wenn die Kugel aus ihrer Ruhelage bewegt wird. Ein labiles Gleichgewicht geht also mit einem Energiemaximum einher. Diese Schlussfolgerung steht mit dem Arbeitssatz im Einklang, nach dem gelten muss:

$$\delta \Pi = -\delta W = 0. \tag{7.83}$$

Da wir an dieser Stelle ausschließlich Systeme mit einem Freiheitsgrad x betrachten gilt:

$$\delta \Pi = \frac{d\Pi}{dx}\delta x = 0. \tag{7.84}$$

Da δx beliebig und i. Allg. nicht Null ist verbleibt:

$$\frac{d\Pi}{dx} = 0. \tag{7.85}$$

Ist diese Bedingung erfüllt, dann liegt eine Gleichgewichtslage vor. Das Potential weist im Falle des stabilen Gleichgewichts gemäß den obigen Ausführungen ein Minimum auf. Analog dazu liegt bei labilem Gleichgewicht ein Maximum vor. Für die zweite Ableitung des Potentials muss daher gelten, dass ein Minimum dann vorliegt, wenn die zweite Ableitung größer als Null ist:

$$\frac{d^2\Pi}{dx^2} > 0. \tag{7.86}$$

In diesem Fall liegt stabiles Gleichgewicht vor. Labiles Gleichgewicht folgt analog dazu dann, wenn gilt:

$$\frac{d^2 \Pi}{dx^2} < 0. \qquad (7.87)$$

Tritt der Spezialfall auf, dass die zweite Ableitung des Potentials zu Null wird, wenn also

$$\frac{d^2 \Pi}{dx^2} = 0 \qquad (7.88)$$

gilt, dann sind weitergehende Betrachtungen durchzuführen. Es sei $\Pi_0 = \Pi(x_0)$ das Potential einer Gleichgewichtslage. Das Potential einer dazu benachbarten Lage $x_0 + \delta x$ kann dann in Form einer Taylor-Reihe angegeben werden wie folgt:

$$\Pi(x_0 + \delta x) = \Pi_0 + \left.\frac{d\Pi}{dx}\right|_{x_0} \delta x + \frac{1}{2}\left.\frac{d^2\Pi}{dx^2}\right|_{x_0} \delta x^2 + \frac{1}{6}\left.\frac{d^3\Pi}{dx^3}\right|_{x_0} \delta x^3 + \ldots \qquad (7.89)$$

Die Änderung des Potential $\Delta\Pi$ lautet dann:

$$\Delta\Pi = \Pi(x_0 + \delta x) - \Pi_0 = \left.\frac{d\Pi}{dx}\right|_{x_0} \delta x + \frac{1}{2}\left.\frac{d^2\Pi}{dx^2}\right|_{x_0} \delta x^2 + \frac{1}{6}\left.\frac{d^3\Pi}{dx^3}\right|_{x_0} \delta x^3 + \ldots \qquad (7.90)$$

Da die Ausgangslage x_0 eine Gleichgewichtslage ist, ist die erste Ableitung des Gesamtpotentials identisch Null: $\left.\frac{d\Pi}{dx}\right|_{x_0} = 0$. Die Art des Gleichgewichts ergibt sich dann aus der Art der zweiten Ableitung $\frac{1}{2}\left.\frac{d^2\Pi}{dx^2}\right|_{x_0}$. Wird jedoch auch die zweite Ableitung zu Null, dann entscheidet das Vorzeichen der nächsthöheren Ableitung über die Art des Gleichgewichts. Ist aber nicht nur die zweite Ableitung, sondern sind auch alle höheren Ableitungen identisch Null, dann liegt indifferentes Gleichgewicht vor.

Beispiel 7.5

Gegeben sei ein masseloser starrer Stab, der an seinem oberen Ende gelenkig gelagert sei und an seinem unteren Ende eine Masse m trage (Abb. 7.29). Für dieses Pendel wollen wir mögliche Gleichgewichtslagen bestimmen sowie deren Art untersuchen.

Zur Lösung:

Wir betrachten die ausgelenkte Lage des Pendels, so wie in Abb. 7.29, rechts, gezeigt. Durch die Drehung φ um das Festlager leistet die Gewichtskraft mg eine negative Arbeit:

$$W = -mgl(1 - \cos\varphi). \qquad (7.91)$$

Dementsprechend liegt das folgende Potential vor:

$$\Pi = -W = mgl(1 - \cos\varphi). \qquad (7.92)$$

7.7 Stabilität

Abb. 7.29 Pendel

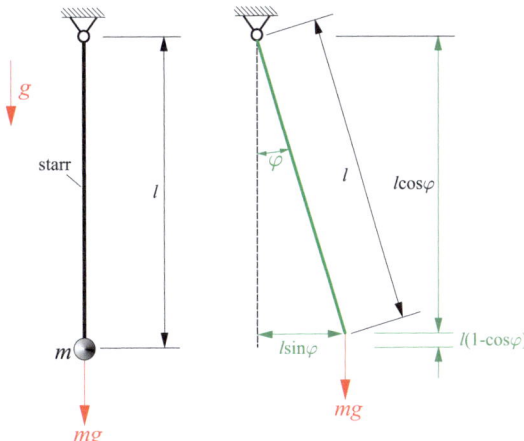

Dies entspricht der potentiellen Energie der Masse, wenn man das Bezugsniveau auf Höhe der unausgelenkten Lage festlegt.

Die Gleichgewichtsbedingung erhält man aus der ersten Ableitung des Potentials:

$$\frac{d\Pi}{d\varphi} = mgl \sin \varphi = 0. \tag{7.93}$$

Diese Gleichung hat zwei Lösungen, nämlich $\varphi_1 = 0$ (unausgelenktes Pendel) und $\varphi_2 = \pi$ (Pendel steht senkrecht über dem Festlager). Diese Lagen stellen die hier möglichen Gleichgewichtslagen dar.

Die Art des Gleichgewichts erhalten wir aus der zweiten Ableitung des Potentials:

$$\frac{d^2\Pi}{d\varphi^2} = mgl \cos \varphi. \tag{7.94}$$

Für $\varphi_1 = 0$ ergibt sich eine positive zweite Ableitung von Π, so dass diese Lage im stabilen Gleichgewicht ist. Für $\varphi_2 = \pi$ hingegen ergibt sich eine negative zweite Ableitung von Π, so dass diese Lage eine labile Gleichgewichtslage ist. Diese Erkenntnis lässt sich gut mit unserer Intuition vereinbaren: Das Pendel würde die Lage $\varphi_2 = \pi$ schon bei der kleinsten Störung verlassen, und Energie würde abgegeben. ◀

Beispiel 7.6

Eine starre masselose Stange (Abb. 7.30) der Länge $l_1 + l_2$ sei an einem Punkt so gelagert, dass sie sich um diesen Punkt frei drehen kann. An den Enden der Stange seien in den Abständen l_1 und l_2 vom Lagerpunkt aus die beiden Massen m_1 und m_2 befestigt. Man ermittle die Gleichgewichtslagen dieses Systems sowie die Arten der Gleichgewichtslagen.

Abb. 7.30 Gegebenes System

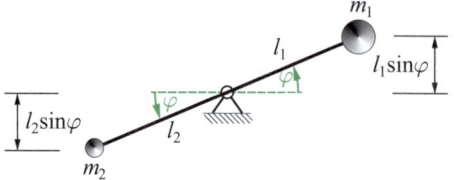

Zur Lösung:

Das Gesamtpotential des gegebenen Systems setzt sich aus den Anteilen der beiden Massen zusammen wie folgt, wenn das Bezugsniveau von der horizontalen Lage aus gemessen wird:

$$\Pi = m_1 g l_1 \sin\varphi - m_2 g l_2 \sin\varphi. \tag{7.95}$$

Die Gleichgewichtsbedingung folgt aus der ersten Ableitung von Π nach dem Winkel φ:

$$\frac{d\Pi}{d\varphi} = (m_1 g l_1 - m_2 g l_2) \cos\varphi = 0. \tag{7.96}$$

Diese Gleichung hat zwei Lösungen. Einerseits kann man den Klammerinhalt zu Null setzen, und es folgt nach Kürzen von g:

$$m_1 l_1 = m_2 l_2. \tag{7.97}$$

Dies bedeutet, dass die gegebene Stange stets dann im Gleichgewicht ist, wenn $m_1 l_1 = m_2 l_2$ gilt, dies unabhängig vom Winkel φ. Anschaulich kann dieses Ergebnis so gedeutet werden, dass das gegebene System für jeden Winkel φ im Gleichgewicht ist, solange die Bedingung (7.97) erfüllt ist.

Zur Lösung von Gl. (7.96) kann man zudem fordern, dass die Cosinus-Funktion zu Null wird:

$$\cos\varphi = 0. \tag{7.98}$$

Dies ist erfüllt für die Winkel

$$\varphi_1 = \frac{\pi}{2}, \quad \varphi_2 = \frac{3\pi}{2}. \tag{7.99}$$

Beide Winkel beschreiben die vertikale Lage der Stange, wobei im ersten Fall Masse m_1 oberhalb des Lagerpunktes liegt, wohingegen im zweiten Fall die Masse m_2 die obere Position einnimmt.

Wir untersuchen nun die Art des Gleichgewichts und bilden die zweite Ableitung des Potentials Π:

$$\frac{d^2\Pi}{d\varphi^2} = -(m_1 g l_1 - m_2 g l_2) \sin\varphi = 0. \tag{7.100}$$

7.7 Stabilität

Untersucht man den Fall $m_1 l_1 = m_2 l_2$ näher (s. Bedingung (7.97)), dann stellt man fest, dass die zweite Ableitung des Potentials zu Null wird. Man kann außerdem leicht einsehen, dass das auch für sämtliche höheren Ableitungen von Π zutrifft, solange Gl. (7.97) erfüllt ist. In diesem Falle liegt also für jeden beliebigen Winkel φ indifferentes Gleichgewicht vor.

Wir unterstellen an dieser Stelle den Fall, dass $m_1 l_1 > m_2 l_2$ gilt. Dann zeigt es sich, dass für den Winkel $\varphi_1 = \frac{\pi}{2}$ die zweite Ableitung von Π negativ ist. Es liegt dann also labiles Gleichgewicht vor. Für den Winkel $\varphi_2 = \frac{3\pi}{2}$ hingegen wird die zweite Ableitung von Π positiv, so dass dann stabiles Gleichgewicht vorliegt. Diese Feststellung kehrt sich um, wenn $m_1 l_1 < m_2 l_2$. ◄

Beispiel 7.7

Gegeben sei ein ideal gerader, ideal starrer, elastisch gelagerter masseloser Stab der Länge l, der an seinem oberen Ende durch eine Druckkraft F belastet werde (Abb. 7.31). An seinem unteren Ende sei der Stab zweiwertig gelagert und außerdem durch eine linear-elastische Drehfeder (Federsteifigkeit k_φ) unterstützt. Die angreifende Kraft F sei richtungstreu, sie ändert also ihre Richtung nicht, unabhängig von der Verformung des Stabs. Wir wollen in diesem Beispiel untersuchen, welche Gleichgewichtslagen abhängig von der Höhe der Kraft möglich sind und welcher Art sie sind.

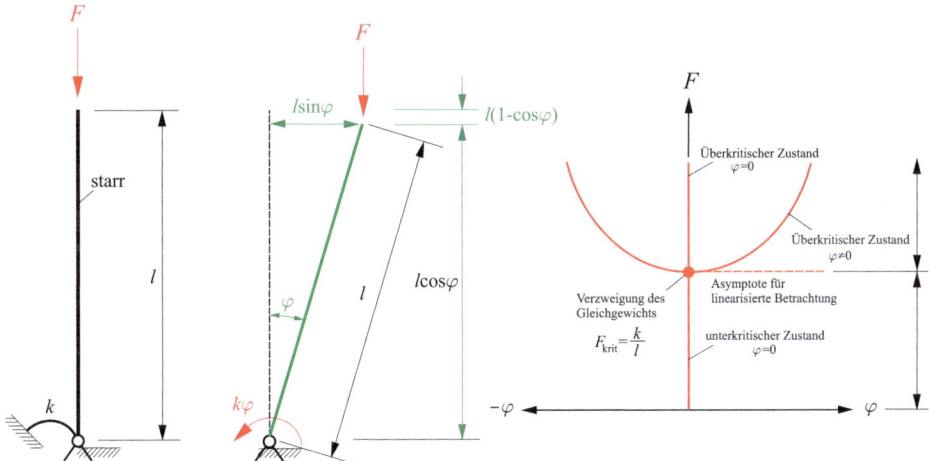

Abb. 7.31 Elastisch gelagerter ideal starrer Stab unter Drucklast F (*links*), ausgelenkte Lage (*Mitte*), Kraft-Verdrehungs-Diagramm (*rechts*)

Zur Lösung:

Wir betrachten den Stab im ausgelenkten Zustand und ermitteln das Gesamtpotential Π. Dieses setzt sich aus einem Anteil aus der angreifenden Kraft F sowie einem Anteil der Drehfeder zusammen. Bei Annahme des Nullniveaus auf Höhe der angreifenden Kraft ergibt sich:

$$\Pi = \frac{1}{2}k\varphi^2 - Fl(1 - \cos\varphi). \tag{7.101}$$

Das bedeutet, dass die Drehfeder Energie speichert, während die wirkende Kraft F potenzielle Energie verloren hat, was das negative Vorzeichen des entsprechenden Terms in Gl. (7.101) erklärt.

Es handelt sich bei dem gegebenen Stab um ein System mit einem Freiheitsgrad φ, so dass für Gleichgewicht gilt:

$$\frac{\partial \Pi}{\partial \varphi} = k\varphi - Fl \sin\varphi = 0. \tag{7.102}$$

Dieser Ausdruck stellt die Gleichgewichtsbedingung für den ausgelenkten Stab dar. Die Art des Gleichgewichts folgt aus der zweiten Ableitung des Gesamtpotentials Π:

$$\frac{\partial^2 \Pi}{\partial \varphi^2} = k - Fl \cos\varphi. \tag{7.103}$$

Es sei zuerst der Fall des unausgelenkten Stabes betrachtet, wofür wir $\varphi = 0$ setzen, was eine offensichtliche Lösung für Gl. (7.102) darstellt:

$$\frac{\partial^2 \Pi}{\partial \varphi^2} = k - Fl. \tag{7.104}$$

Hierbei sind dann drei Fälle zu unterscheiden.

- Wenn $F < \frac{k}{l} = F_{\text{krit}}$, dann gilt $\frac{\partial^2 \Pi}{\partial \varphi^2} > 0$. Dann ist das Gesamtpotential für $0 \leq F < F_{\text{krit}}$ in der Gleichgewichtslage $\varphi = 0$ ein Minimum. Für den Wechsel in eine andere mögliche Lage müsste man also Energie aufwenden. Daher ist die Gleichgewichtslage $\varphi = 0$ für $0 \leq F < F_{\text{krit}}$ eine stabile Gleichgewichtslage. Die Kraft F_{krit} bezeichnet man bei druckbelasteten Stäben als kritische Kraft.
- Für $F > \frac{k}{l} = F_{\text{krit}}$ gilt $\frac{\partial^2 \Pi}{\partial \varphi^2} < 0$. Der Wechsel in jede andere mögliche benachbarte Gleichgewichtslage bedeutet also einen Energieverlust. Daher ist die Gleichgewichtslage $\varphi = 0$ für $F > \frac{k}{l} = F_{\text{krit}}$ labil. Das bedeutet, dass der Stab bei jeder noch so kleinen Störung aus der geraden Lage sofort in eine benachbarte Lage übergehen und in dieser verbleiben wird.
- Für den Fall $F = \frac{k}{l} = F_{\text{krit}}$ ist $\frac{\partial^2 \Pi}{\partial \varphi^2} = 0$ ist ein Wechsel in eine mögliche benachbarte Lage weder mit Energieverlust verbunden, noch ist Energie hierfür aufzuwenden. Für $\varphi = 0$ bei $F = \frac{k}{l} = F_{\text{krit}}$ liegt indifferentes Gleichgewicht vor.

7.7 Stabilität

Wir untersuchen nun außerdem noch, welcher Gleichgewichtszustand für $\varphi \neq 0$ folgt. Dieser Zustand kann nur für Kräfte $F > \frac{k}{l} = F_{\text{krit}}$ auftreten. Aus $\frac{\partial \Pi}{\partial \varphi} = k\varphi - Fl \sin \varphi = 0$ folgt $Fl = k\frac{\varphi}{\sin \varphi}$, was nach Einsetzen in $\frac{\partial^2 \Pi}{\partial \varphi^2}$ folgenden Ausdruck ergibt:

$$\frac{\partial^2 \Pi}{\partial \varphi^2} = k\left(1 - \frac{\varphi}{\tan \varphi}\right). \tag{7.105}$$

Hierbei gilt $\frac{\varphi}{\tan \varphi} < 1$ (Abb. 7.32), wenn $|\varphi| < \frac{\pi}{2}$, und damit gilt auch $\frac{\partial^2 \Pi}{\partial \varphi^2} > 0$ für jeden Winkel $\varphi \neq 0$. Die Gleichgewichtslage $\varphi \neq 0$ ist also eine stabile Gleichgewichtslage.

Die Gleichgewichtsarten sind in Abb. 7.33 gezeigt. Hierbei bezeichnet man den Bereich $F < F_{\text{krit}}$ auch als unterkritischen Bereich. Für $F > F_{\text{krit}}$ spricht man vom überkritischen Bereich. Wenn F genau der kritischen Last entspricht, dann bezeichnet man dies auch häufig als Verzweigung des Gleichgewichts.

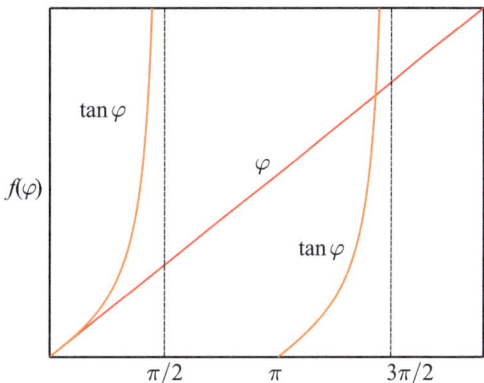

Abb. 7.32 Darstellung der Funktionen $f(\varphi) = \varphi$ und $f(\varphi) = \tan(\varphi)$

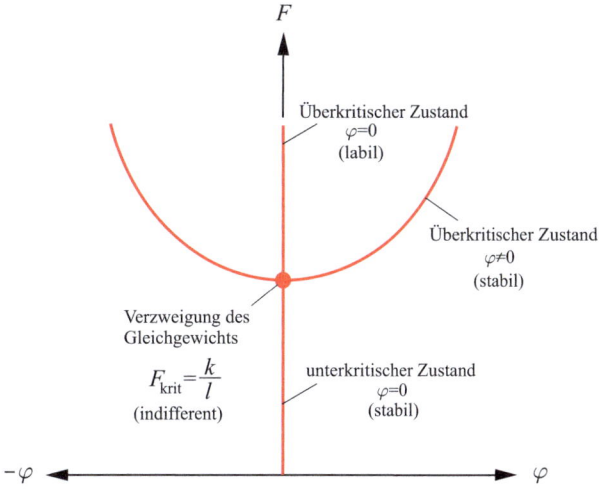

Abb. 7.33 Stabile, labile und indifferente Gleichgewichtszustände

Das hier vorliegende Beispiel eines Stabs unter Druckbelastung ist der Klasse der sog. Knickprobleme zuzuordnen, die wir in Band 2 noch ausführlich behandeln werden. Der Ermittlung von kritischen Lasten von druckbelasteten Stäben ist in der praktischen Anwendung große Aufmerksamkeit zu schenken und ist eine wichtige Aufgabe von Ingenieur*innen. ◄

Beispiel 7.8

Wir betrachten den in Abb. 7.34, oben, dargestellten Stabzweischlag. Es seien zwei ideal-starre und ideal-gerade Stäbe der Länge l gegeben, die durch ein Gelenk miteinander verbunden sind. Im Gelenk wirkt eine vertikale Einzelkraft F. Der linke Stab sei an seinem unteren Ende zweiwertig gelagert, wohingegen der rechte Stab einwertig gelagert sei. Zudem liege am rechten Auflager eine linear elastische Wegfeder mit der Steifigkeit k vor, die den rechten Stab seitlich stützt. Beide Stäbe weisen im unbelasteten Zustand den Neigungswinkel α zur Horizontalen auf, und die Wegfeder sei in diesem Zustand unbelastet. Wir wollen für die gegebene Situation die Gleichgewichtslagen und ihre Art ermitteln.

Zur Lösung:

Im belasteten Zustand wird sich das rechte Auflager nach rechts verschieben, die Feder wird gestaucht. Der Verdrehwinkel der Stäbe sei als φ bezeichnet (Abb. 7.34, unten), dieser stellt für dieses System den einzigen Freiheitsgrad dar. Der Winkel φ sei durch die Forderung $-\frac{\Pi}{2} \leq \varphi \leq \frac{\pi}{2}$ beschränkt. Durch die Verformung wird in der Feder

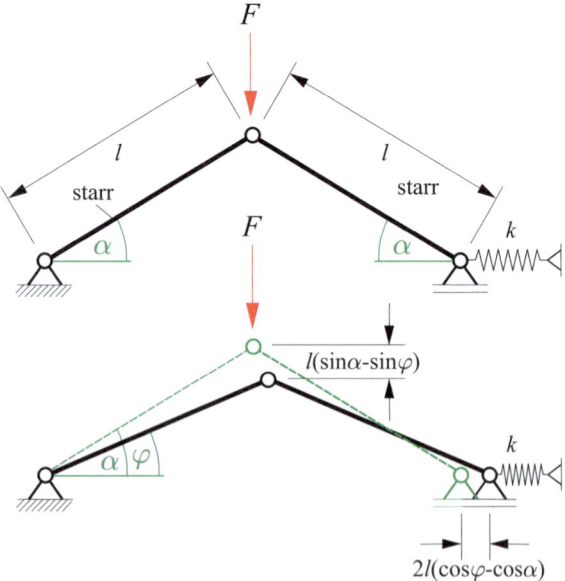

Abb. 7.34 Stabzweischlag unter Druckkraft

7.7 Stabilität

Energie gespeichert, die sich wie folgt berechnen lässt:

$$\Pi_{\text{Feder}} = \frac{1}{2}k(2l)^2(\cos\varphi - \cos\alpha)^2 = 2kl^2(\cos\varphi - \cos\alpha)^2. \quad (7.106)$$

Das Potential der Kraft F lautet:

$$\Pi_F = -Fl(\sin\alpha - \sin\varphi). \quad (7.107)$$

Im Gleichgewichtszustand verschwindet die erste Ableitung des Gesamtpotentials:

$$\delta\Pi = \frac{\partial\Pi}{\partial\varphi} = -4kl^2(\cos\varphi - \cos\alpha)\sin\varphi + Fl\cos\varphi = 0. \quad (7.108)$$

Daraus ergibt sich der folgende Ausdruck für die Kraft F:

$$F = 4kl(\cos\varphi - \cos\alpha)\tan\varphi. \quad (7.109)$$

Damit liegt die Kraft F als eine Funktion des Winkels φ vor: $F(\varphi)$. Dies ist in Abb. 7.35 dargestellt. Im Ausgangszustand $\varphi = \alpha$ ist die Kraft F identisch Null (Punkt 1). Sie steigt an bei Absinken des Winkels φ, bis sie bei $\varphi = \varphi_0$ mit $F = F_0$ ein Maximum erreicht (Punkt 2). Eine weitere Laststeigerung darüber hinaus ist nicht möglich, der Stabzweischlag ‚schlägt durch', bis eine neue Lage in Punkt 4 eingenommen wird. Man

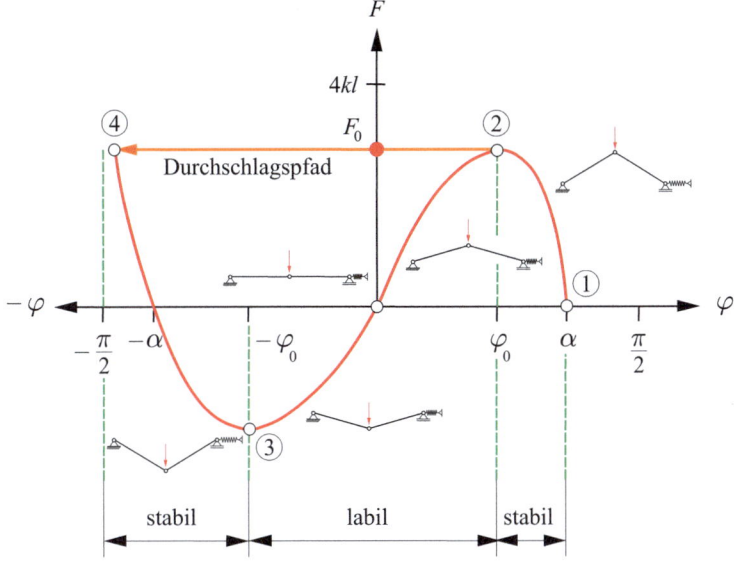

Abb. 7.35 Kraft-Verdrehungs-Diagramm für den Stabzweischlag

spricht an dieser Stelle auch vom sog. Durchschlagsproblem. Alle Gleichgewichtslagen zwischen den Punkten 2 und 3 sind labil, und erst oberhalb des Punktes 3 treten erneut stabile Gleichgewichtslagen auf.

Da im Punkt 2 die Neigung der Kurve $F(\varphi)$ identisch Null ist, kann der Winkel φ_0, den wir als Durchschlagswinkel bezeichnen wollen, wie folgt berechnet werden:

$$\frac{\partial F}{\partial \varphi} = -4kl \sin \varphi \tan \varphi + 4kl(\cos \varphi - \cos \alpha) \frac{1}{\cos^2 \varphi} = 0. \quad (7.110)$$

Der Durchschlagswinkel φ_0 folgt daraus als:

$$\cos^3 \varphi_0 = \cos \alpha. \quad (7.111)$$

Die zugehörige Kraft F_0 folgt mit Gl. (7.109) zu:

$$\begin{aligned} F_0 &= 4kl(\cos \varphi_0 - \cos \alpha) \tan \varphi_0 \\ &= 4kl \left(\cos \varphi_0 - \cos^3 \varphi_0\right) \tan \varphi_0 \\ &= 4kl \left(1 - \cos^2 \varphi_0\right) \sin \varphi_0 = 4kl \sin^3 \varphi_0. \end{aligned} \quad (7.112)$$

Die Art des Gleichgewichts ermitteln wir aus der zweiten Ableitung des Gesamtpotentials nach dem Winkel φ:

$$\frac{\partial^2 \Pi}{\partial \varphi^2} = 4kl^2 \sin^2 \varphi - 4kl^2(\cos \varphi - \cos \alpha) \cos \varphi - Fl \sin \varphi. \quad (7.113)$$

Mit (7.109) und unter Berücksichtigung von $\sin^2 \varphi + \cos^2 \varphi = 1$ erhalten wir:

$$\frac{\partial^2 F}{\partial \varphi^2} = 4kl^2 \left(\frac{\cos \alpha}{\cos \varphi} - \cos^2 \varphi\right). \quad (7.114)$$

Es ist von besonderem Interesse, das Verhalten bezüglich des Winkels φ_0, für den $\cos \varphi_0 = \sqrt[3]{\cos \alpha}$ und $\cos^2 \varphi_0 = \sqrt[3]{\cos^2 \alpha}$ gilt, zu untersuchen. Einsetzen in Gl. (7.114) ergibt, dass das Gleichgewicht für $\varphi_0 < \varphi \leq \alpha$ und $-\varphi_0 > \varphi > -\frac{\pi}{2}$ stabil ist. Für $\varphi_0 > \varphi > -\varphi_0$ tritt labiles Gleichgewicht auf. Der Stab würde demnach bei einer Gleichgewichtslage im Intervall $\varphi_0 > \varphi > -\varphi_0$ schon bei einer kleinsten Störung in eine der beiden stabilen Gleichgewichtslagen wechseln. ◄

7.8 Einflusslinien für Kraftgrößen an statisch bestimmten Systemen

Unter einer Einflusslinie versteht man die graphische Darstellung einer Kraftgröße eines statischen Systems für den Fall, dass das System durch eine sich bewegende Last (eine sogenannte rollende Last) belastet wird. Die gesuchte Kraftgröße für jede denkbare Position der rollenden Last kann dann an der Einflusslinie abgelesen werden. Zur Einführung betrachten wir einen Balken auf zwei Stützen (Abb. 7.36), der unter einer rollenden Einzellast $F = 1$ steht. Wir wollen die Einflusslinie für die Auflagerkraft im Lager B (abgekürzt als EL B) bestimmen, sie ist bereits in Abb. 7.36, unten, dargestellt.

Die gesuchte Einflusslinie EL B kann elementar aus einer einfachen Betrachtung des gegebenen Systems ermittelt werden. In diesem einfachen Fall ist klar, dass die Auflagerkraft B den Wert Null annimmt, wenn sich die rollende Last genau über dem linken Auflager befindet. Ebenso lässt sich unmittelbar folgern, dass B den Wert $B = 1$ annimmt, wenn sich die rollende Last $F = 1$ genau über dem Auflager B befindet. Zwischen diesen beiden Werten lässt sich ein linearer Verlauf der Einflusslinie EL B ableiten.

Für komplexere Systeme als das in Abb. 7.36 gezeigte benötigen wir eine allgemeingültige Vorgehensweise zur Bestimmung solcher Einflusslinien. Hier nutzen wir das Prinzip der virtuellen Verrückungen und schneiden die Kraftgröße, für die wir die Einflusslinie bestimmen wollen, frei, wodurch das System kinematisch verschieblich wird und eine eindeutig bestimmte zwangsläufige kinematische Kette entsteht. Die gesuchte Einflusslinie entspricht dann genau der resultierenden zwangsläufigen kinematischen Kette, wie wir noch zeigen werden. Da sich die zwangsläufige kinematische Kette aus den einzelnen Balkensegmenten zusammensetzt, die alle in sich unverformt bleiben, ist der Verlauf der Einflusslinien für Kraftgrößen in statisch bestimmten Systemen immer abschnittsweise linear.

Das Verfahren besteht nun darin, die Bindung, die energetisch mit der gesuchten Kraftgröße zusammenhängt, zu entfernen und die so freigesetzte Kraftgröße auf das System anzuwenden. Darauf aufbauend wird die zwangsläufige kinematische Kette des Systems bestimmt, wobei wir sicherstellen müssen, dass die der gesuchten Kraftgröße zugeordnete Verschiebungsgröße genau den Wert -1 annimmt oder dass die freigesetzte Kraftgröße entlang der Einheitsverschiebungsgröße eine negative Arbeit verrichtet. Dann entspricht die

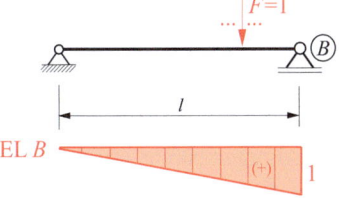

Abb. 7.36 Balken auf zwei Stützen unter rollender Last (*oben*) und Einflusslinie für die Auflagerkraft B (*unten*)

Abb. 7.37 Zum Satz von Land

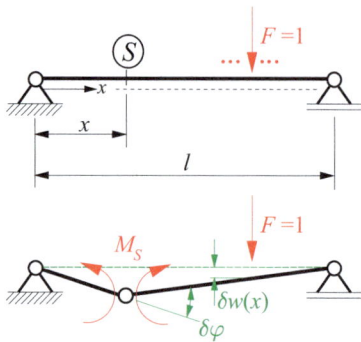

gesuchte Einflusslinie für die betrachtete Kraftgröße genau der resultierenden zwangsläufigen kinematischen Kette. Diese Gesetzmäßigkeit wird als der Satz von Land[2] bezeichnet.

Der Beweis für den Satz von Land wird anhand der Abb. 7.37 erbracht. Gegeben sei ein Balken auf zwei Stützen, der durch eine rollende Einzellast $F = 1$ belastet wird. Gesucht ist das Biegemoment M_S an einem beliebigen Punkt x. Dazu führen wir im Punkt x ein Momentgelenk ein, das auf beiden Seiten des Gelenks das gesuchte Biegemoment freisetzt. Wenn wir annehmen, dass sich das Gelenk virtuell um den Winkel $\delta\varphi$ verdreht, dann erfährt die rollende Last die virtuelle Verschiebung δw. Die geleistete virtuelle Arbeit lautet dann:

$$\delta W_a = M_S \delta\varphi + F \delta w = 0. \tag{7.115}$$

Da wir angenommen haben, dass die rollende Last eine Einheitslast ist, erhalten wir:

$$M_S \delta\varphi + \delta w = 0. \tag{7.116}$$

Wenn wir nun, wie oben beschrieben, die virtuelle Verdrehung mit $\delta\varphi = -1$ ansetzen, dann erhalten wir

$$-M_S + \delta w = 0, \tag{7.117}$$

bzw.

$$M_S = \delta w. \tag{7.118}$$

Damit ist der Satz von Land nachgewiesen. Er besagt, dass die Einflusslinie für eine Kraftgröße eines statisch bestimmten Systems identisch ist mit der zwangsläufigen kinematischen Kette, die sich aus dem Lösen der entsprechenden Bindung ergibt, wenn eine entsprechend zugeordnete Einheitsverformung aufgebracht wird.

Als elementares Beispiel wird der Balken der Abb. 7.38 unter der rollenden Einzellast $F = 1$ betrachtet. Gesucht werden die Einflusslinien für das Biegemoment M_S und die Querkraft Q_S im Punkt S.

---

[2] Robert Land, 1857–1899, deutscher Bauingenieur.

7.8 Einflusslinien für Kraftgrößen an statisch bestimmten Systemen

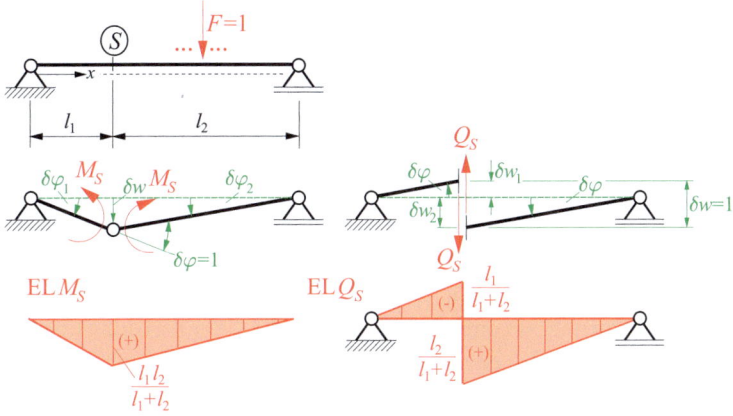

Abb. 7.38 Einflusslinien für einen Balken auf zwei Stützen unter rollender Last

Zur Bestimmung der Einflusslinie EL M_S wird das Biegemoment M_S freigesetzt und der virtuelle Verdrehwinkel mit $\delta\varphi = 1$ angenommen, so dass das freigesetzte Biegemoment eine negative virtuelle Arbeit leistet. Die virtuelle Gelenkverschiebung δw kann zur Bestimmung einer Beziehung zwischen den Teilwinkeln $\delta\varphi_1$ und $\delta\varphi_2$ verwendet werden:

$$\delta w = \delta\varphi_1 l_1 = \delta\varphi_2 l_2. \tag{7.119}$$

Also:

$$\delta\varphi_2 = \delta\varphi_1 \frac{l_1}{l_2}. \tag{7.120}$$

Die Summe der Teilwinkel muss $\delta\varphi = 1$ ergeben, d.h. $\delta\varphi_1 + \delta\varphi_2 = 1$. Daraus folgt:

$$\delta\varphi_1 \left(1 + \frac{l_1}{l_2}\right) = 1. \tag{7.121}$$

Dies lässt sich nach $\delta\varphi_1$ umformen:

$$\delta\varphi_1 = \frac{l_2}{l_1 + l_2}. \tag{7.122}$$

Für $\delta\varphi_2$ folgt somit:

$$\delta\varphi_2 = \frac{l_1}{l_1 + l_2}. \tag{7.123}$$

Die virtuelle Verschiebung δw des Gelenks ergibt sich dann wie folgt:

$$\delta w = \frac{l_1 l_2}{l_1 + l_2}. \tag{7.124}$$

Nach dem Satz von Land entspricht die gewünschte Einflusslinie EL M_S genau der zwangsläufigen kinematischen Kette, die durch das Lösen der entsprechenden Bindung entsteht. Sie ist in Abb. 7.38, unten links, dargestellt.

Ganz ähnlich wird die Einflusslinie EL Q_S bestimmt, für deren Berechnung am Punkt S ein Querkraftgelenk eingeführt wird. Dies bedeutet, dass an diesem Punkt zwar virtuelle Querverschiebungen möglich sind, aber virtuelle Winkeldrehungen und Längsverschiebungen verhindert werden. Das System erfährt nun die virtuelle Gesamtverschiebung $\delta w = 1$, wobei die Richtungen der beiden Teilverschiebungen so gewählt sind, dass die durch das Querkraftgelenk ausgelöste Querkraft Q_S eine negative virtuelle Arbeit leistet. Die beiden Balkensegmente erfahren jeweils identische virtuelle Drehwinkel $\delta\varphi$ um ihre jeweiligen Auflagerpunkte. Wir bezeichnen die Teilverschiebungen als δw_1 und δw_2, ihre Summe entspricht genau der aufgebrachten Verschiebung $\delta w = 1$:

$$\delta w_1 + \delta w_2 = 1. \tag{7.125}$$

Darüber hinaus gelten die folgenden Beziehungen zwischen δw_1, δw_2 und $\delta\varphi$:

$$\delta w_1 = \delta\varphi l_1, \quad \delta w_2 = \delta\varphi l_2. \tag{7.126}$$

Daraus ergeben sich drei Gleichungen für die drei unbekannten virtuellen Weggrößen. Das Ergebnis lautet:

$$\delta\varphi = \frac{1}{l_1 + l_2}, \quad \delta w_1 = \frac{l_1}{l_1 + l_2}, \quad \delta w_2 = \frac{l_2}{l_1 + l_2}. \tag{7.127}$$

Daraus kann die gewünschte Einflusslinie EL Q_S konstruiert werden. Sie ist in Abb. 7.38, unten rechts, dargestellt.

Beispiel 7.9

Wir betrachten den in Beispiel 7.1 behandelten Durchlaufträger, für den wir jetzt mehrere Einflusslinien unter rollender Last ermitteln wollen (Abb. 7.39).

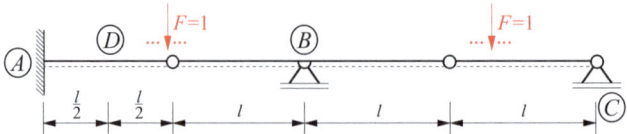

Abb. 7.39 Durchlaufträger unter rollender Einheitslast

7.8 Einflusslinien für Kraftgrößen an statisch bestimmten Systemen

Zur Lösung:

Die gesuchten Einflusslinien sind in Abb. 7.40 neben den zwangsläufigen kinematischen Ketten dargestellt. Auf eine Diskussion des Lösungsweges wird an dieser Stelle verzichtet. ◄

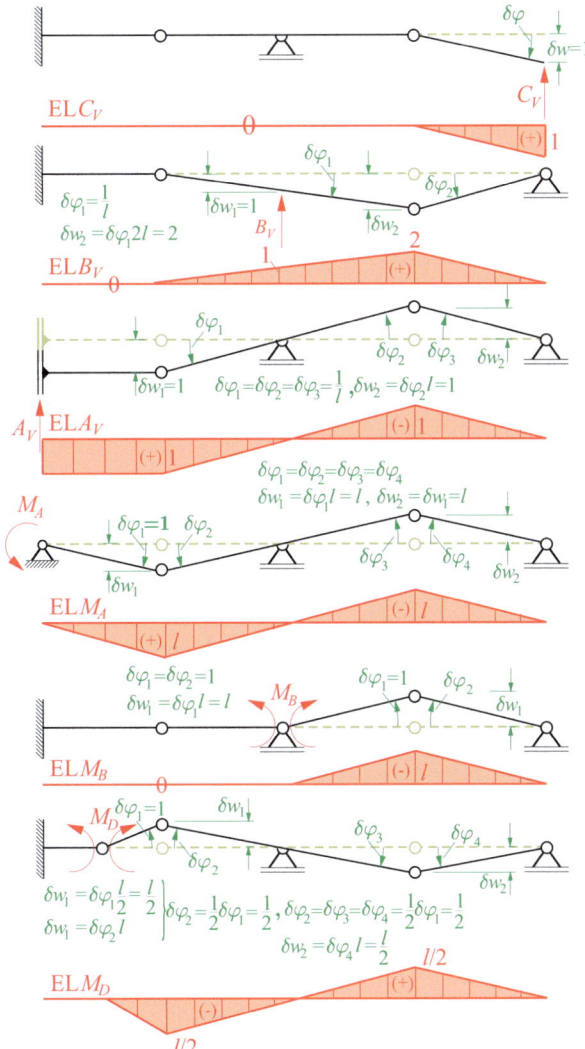

Abb. 7.40 Zwangsläufige kinematische Ketten und Einflusslinien für den Durchlaufträger

Reibung

8

In diesem Kapitel gehen wir auf das Thema der Reibung ein. Nach einer grundlegenden Einführung behandeln wir die sog. Coulombsche Reibung und betrachten sowohl die sog. Haftreibung als auch die Gleitreibung. Das Kapitel schließt mit der Behandlung der Seilreibung.

8.1 Grundlegendes

Reibung ist ein alltägliches Phänomen und ist jeder Person aus der Erfahrung bekannt. Wir betrachten zur Motivation einen Körper mit rauer Oberfläche, der auf einer rauen Unterlage liegt (Abb. 8.1). Der Körper, der die Gewichtskraft mg aufweise (m = Masse, g = Erdbeschleunigung), werde durch eine Kraft F belastet, die bestrebt ist, den Körper nach rechts zu ziehen. Es ist nun anschaulich klar, dass der Zustand des Körpers u. a. von der Höhe der angreifenden horizontalen Kraft F abhängt. Ist die Kraft F hinreichend klein, so bleibt der Körper in Ruhe und bewegt sich nicht. Tatsächlich tritt aufgrund der Oberflächenrauigkeit in der Berührungsfläche zwischen Körper und Oberfläche eine tangentiale Kraft auf, die wir für den Fall, dass der Körper in Ruhe bleibt, als H bezeichnen wollen, wobei H für den Begriff der Haftung steht: Der Körper haftet an der Oberfläche. Diese

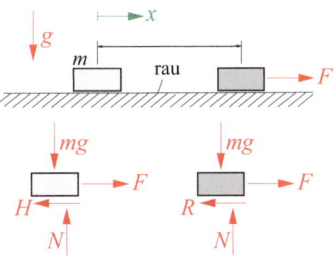

Abb. 8.1 Körper auf rauer Oberfläche (*oben*), Freikörperbilder (*unten*)

Kraft H, die sich in einem Freikörperbild sichtbar machen lässt (Abb. 8.1, links unten), ist der potentiellen Bewegungsrichtung x entgegengerichtet (sie wirkt dem Bewegungsstreben des Körpers entgegen) und wird als Haftreibungskraft bezeichnet. Man kann am Freikörperbild die Kräftebilanzen formulieren und erhält:

$$\sum H = 0: \quad H = F,$$
$$\sum V = 0: \quad N = mg. \tag{8.1}$$

Aus der Momentenbilanz ließe sich dann außerdem noch die genaue Lage der vertikalen Kontaktkraft N beschaffen, was hier aber ohne Darstellung bleibt.

Die Erfahrung lehrt aber auch, dass sich der Körper in Bewegung setzt, wenn die Kraft F einen gewissen Wert überschreitet. Auch dabei wird in der Berührungsfläche zwischen Körper und Oberfläche aufgrund der Oberflächenrauheit eine tangentiale Kraft hervorgerufen, die man als Gleitreibungskraft R bezeichnet: Der Körper gleitet und reibt über die Oberfläche. Hierbei ist die Gleitreibungskraft R der Bewegung entgegengerichtet, sie ist ein Resultat derselben und muss überwunden werden, damit die Bewegung überhaupt erst möglich ist.

Es ist üblich, die folgenden Reibungszustände zu unterscheiden. Der Haftreibungszustand liegt dann vor, wenn die Kraft F unterhalb eines Grenzwerts liegt. Dann tritt in der Berührungsfläche zwischen Körper und Oberfläche die Haftkraft H auf. Der Körper bleibt in Ruhe und ist im statischen Gleichgewicht. Wenn man nun die Kraft F immer weiter steigert, dann wird in der Berührungsfläche irgendwann eine klar definierte Grenzkraft erreicht, nämlich die sog. Grenzhaftkraft H_0. In diesem Zustand bewegt sich der Körper gerade noch nicht. Für Haftung gilt daher die Haftbedingung $|H| \leq H_0$. Steigert man nun aber die Kraft geringfügig weiter auf einen Maximalwert $F_{\max}$, dann wird der Körper beschleunigt und setzt sich in Bewegung. In diesem beschleunigten Zustand entspricht die Kraft in der Berührungsfläche der Gleitreibungskraft R_0, und es findet ein Wechsel von Haftung zu Gleitreibung statt. Nach Beendigung der Beschleunigungsphase tritt der Körper in den Zustand einer gleichförmigen Bewegung ein (stationäre Gleitreibung), und die Kraft in der Berührungsfläche ist die Gleitreibungskraft R, die geringer als R_0, aber auch geringer als die Haftreibungskraft H ist. Im Zustand der gleichförmigen Bewegung sind F und R miteinander im Gleichgewicht. Um eine einfachere Bezeichnungsweise zu ermöglichen, sprechen wir im Folgenden stets von Haftung und der Haftkraft H sowie Reibung und der Reibkraft R.

Beiden hier beschriebenen Phänomenen, also der Haftung und der Reibung, ist gemein, dass sie durch die Rauigkeit der beteiligten Körper hervorgerufen werden. Aufgrund der Rauigkeit wird Haften und damit ein Gleichgewicht zwischen der angreifenden Kraft F und der Haftreibungskraft H überhaupt erst möglich, wobei H hier eine Reaktionskraft darstellt. Auch das Auftreten der Reibung wäre ohne die Rauigkeit der Oberflächen nicht möglich, wobei die Reibkraft R eine eingeprägte Kraft ist. Es ist anschaulich klar, dass sowohl das Phänomen der Haftung als auch das der Reibung von der Beschaffenheit der Oberflächen der beteiligten Körper abhängen. Reibung kann erwünscht sein, wie man sich an der eigenen Fortbewegung zu Fuß klarmachen kann: Ohne Reibung zwischen Sohle und Untergrund wäre eine Gehbewegung unmöglich. Allerdings ist Reibung in vielen technischen Systemen auch unerwünscht und führt zu Leistungsabfall und Verschleiß.

8.2 Coulombsche Reibung

Die Formulierung von Reibungsgesetzen geht u. a. Coulomb[1] zurück und nimmt das oben betrachtete Gedankenexperiment in Betracht. Der Körper auf rauer Unterlage unter der Kraft F erfährt in der Berührungsfläche zur Unterlage eine tangentiale Kraft H. Solange die Kraft F unterhalb eines Grenzwerts bleibt gilt $H = F$, d. h. der Körper ist im statischen Gleichgewicht (vgl. Gl. (8.1)) und verbleibt in Ruhe. Der Körper verbleibt solange in Ruhe, bis ein Grenzwert H_0 überschritten wird. Aus Experimenten ist bekannt, dass die Grenzhaftkraft H_0 zur Kontaktkraft N proportional ist, was durch den sog. Haftungskoeffizienten μ_0 beschrieben wird:

$$H_0 = \mu_0 N. \tag{8.2}$$

Der Haftungskoeffizient hängt dabei zwar von der Beschaffenheit der beteiligten Oberflächen und der Werkstoffpaarung sowie etwaiger Schmierung ab, nicht aber von der Größe der Oberfläche. Daraus folgt dann auch direkt die Haftbedingung

$$|H| \leq H_0 = \mu_0 N, \tag{8.3}$$

d. h. der Körper haftet, solange der Betrag der Tangentialkraft H in der Berührungsfläche den Wert der Grenzhaftkraft H_0 nicht überschreitet. Wir setzen in Gl. (8.3) den Betrag von H an, weil man bei komplexen Aufgabenstellungen nicht immer von vornherein voraussagen kann, in welche Richtung H zeigen wird. Das Ergebnis der Berechnung wird dann über das letztliche Vorzeichen zeigen, in welche Richtung H weist.

Die Tab. 8.1 enthält einige Zahlenwerte für den Haftungskoeffizienten μ_0 für verschiedene Materialpaarungen.

Wir können die bisherigen Erkenntnisse zur Haftung übertragen auf den Fall der Reibung, also den Fall, dass sich der Körper in gleichförmiger Bewegung befindet und Reibung in der Berührungsfläche zwischen Körper und Oberfläche auftritt. Die angreifende Kraft F hat also eine Größe erreicht, um diese Bewegung hervorzurufen und die Haftung der Körpers zu überwinden. Entsprechend tritt in der Berührungsfläche die tangentiale Reibkraft R auf (Abb. 8.1), die der Bewegung entgegengerichtet ist. Da die Bewegung gleichförmig ist, d. h. unbeschleunigt, gelten dann die nachfolgenden Gleichgewichtsbedingungen wie in Gl. (8.1), wobei hier jetzt die Haftkraft H durch die Reibkraft R ersetzt

---

[1] Charles Augustine de Coulomb, 1736–1806, französischer Physiker.

Tab. 8.1 Haftungskoeffizienten und Reibungskoeffizienten

Werkstoffpaarung	Haftungskoeffizient	Reibungskoeffizient
Stahl auf Eis	0,03	0,015
Stahl auf Teflon	0,04	0,04
Ski auf Schnee	0,1…0,3	0,04…0,2
Stahl auf Stahl	0,15…0,5	0,1…0,4
Leder auf Metall	0,4	0,3
Holz auf Stahl	0,5	0,15
Holz auf Holz	0,5	0,3
Autoreifen auf Straße	0,7…0,9	0,5…0,8

wird, die eine eingeprägte Kraft ist und durch die Bewegung hervorgerufen wird:

$$\sum H = 0: \quad R = F,$$
$$\sum V = 0: \quad N = mg. \tag{8.4}$$

Man kann auch im Falle der Reibung unterstellen, dass ein linearer Zusammenhang zwischen der Reibkraft R und der Kontaktkraft N besteht wie folgt, der wiederum von der Größe der Berührungsfläche und auch von der Bewegungsgeschwindigkeit unabhängig ist:

$$R = \mu N. \tag{8.5}$$

Die hier auftretende Größe μ bezeichnen wir als Gleitreibungskoeffizient. Er fällt i. Allg. kleiner als der Haftreibungskoeffizient μ_0 aus. Einige Zahlenwerte sind für verschiedene Werkstoffpaarungen in Tab. 8.1 hinterlegt.

Das hier betrachtete Coulombsche Haftreibungsgesetz ist einer besonders anschaulichen geometrischen Deutung zugänglich. Dies ist verbunden mit dem Begriff des sog. Haftkeils bzw. des sog. Haftkegels. Haftkeil bzw. Hatfkegel geben an, wie groß der Neigungswinkel φ einer Kraft F bezüglich der Vertikalen maximal sein darf, damit Haftung gerade noch möglich ist und ein Gleichgewicht gewährleistet wird. Wir betrachten hierzu die Abb. 8.2, in der eine Kraft F dargestellt ist, die auf einer rauen Unterlage (Haftreibungskoeffizient μ_0) unter dem Winkel φ zur Vertikalen angreift. Diese Kraft F ruft eine äquivalente Reaktionskraft W hervor, die unter dem gleichen Winkel φ wirkt. Diese Reaktionskraft kann aufgeteilt werden in die Normalkraft N und die Haftkraft H. Wir steigern die Haftkraft nun, bis der Grenzzustand $H = H_0$ erreicht ist. Dies ist in Abb. 8.2, rechts, dargestellt. Die sich aus H_0 und N_0 zusammensetzende Kraft W_0 wirkt dann unter dem Winkel φ_0, der sich wie folgt bestimmen lässt:

$$\tan \varphi_0 = \frac{H_0}{N_0}. \tag{8.6}$$

Abb. 8.2 Kraft F unter Neigungswinkel φ (*links*), Haftkeil (*rechts*)

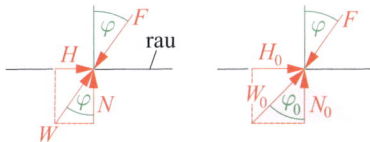

Abb. 8.3 Haftkegel

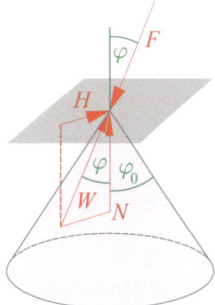

Genauso gilt:

$$\tan \varphi = \frac{H}{N}. \tag{8.7}$$

Setzt man dies in das Haftreibungsgesetz (8.2) ein, dann folgt:

$$\frac{H_0}{N_0} = \mu_0 = \tan \varphi_0 \geq \tan \varphi = \frac{H}{N}. \tag{8.8}$$

Entsprechend gilt $\varphi_0 \geq \varphi$. Der Winkel φ_0 wird als Haftwinkel bezeichnet. Demnach verbleibt ein System in Ruhe, also im Haftzustand, wenn der Winkel φ einer Kraft kleiner oder gleich φ_0 ist. Wird hingegen φ_0 überschritten, dann setzt sich der Körper in Bewegung, und es tritt Gleitreibung auf. Der Haftwinkel φ_0 ergibt sich aus Gl. (8.8) als:

$$\varphi_0 = \arctan \mu_0. \tag{8.9}$$

Graphisch interpretiert bedeutet das, dass dann Haftung auftritt, wenn sich die Kraft W innerhalb der in Abb. 8.2, rechts, grau unterlegten Fläche befindet. Diese Fläche bezeichnet man als Haftkeil. Befindet sich W jedoch außerhalb dieser Fläche, dann tritt Gleitreibung auf, und der Körper setzt sich in Bewegung.

Auch für den räumlichen Fall kann das Haftreibungsgesetz (8.2) entsprechend interpretiert werden (Abb. 8.3). Rotiert man den Haftkeil um die Wirkrichtung der Normalkraft N, dann entsteht daraus im Raum der sog. Haftkegel. Befindet sich die Kraft W innerhalb dieses Rotationskegels mit dem Öffnungswinkel $2\varphi_0$, dann liegt Haftung vor.

Abb. 8.4 Körper auf rauer geneigter Ebene

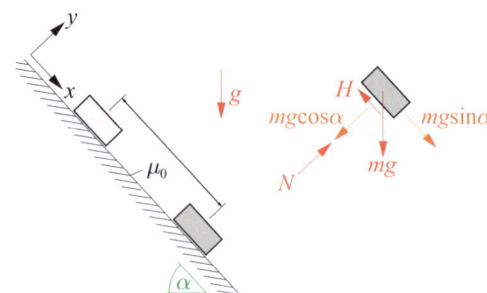

Beispiel 8.1

Gegeben sei ein Körper mit der Gewichtskraft mg, der auf einer rauen um den Winkel α zur Horizontalen geneigten Ebene ruht (Abb. 8.4. Haftreibungskoeffizient μ_0). Man ermittle denjenigen Winkel α, unter dem die Ebene maximal geneigt sein darf, bevor der Körper sich in Bewegung setzt und Gleitreibung eintritt.

Zur Lösung:

Wir betrachten das Freikörperbild der Abb. 8.4, rechts, und bilden die Kräftesummen bzgl. der x- und der y-Richtung:

$$\sum F_x = 0: \quad mg \sin \alpha - H = 0 \quad \rightarrow \quad H = mg \sin \alpha,$$
$$\sum F_y = 0: \quad N - mg \cos \alpha = 0 \quad \rightarrow \quad N = mg \cos \alpha. \tag{8.10}$$

Wir setzen Haftung voraus, so dass gilt:

$$H \leq \mu_0 N. \tag{8.11}$$

Einsetzen von Gl. (8.10) ergibt:

$$mg \sin \alpha \leq \mu_0 mg \cos \alpha \quad \rightarrow \quad \tan \alpha \leq \mu_0. \tag{8.12}$$

Es zeigt sich, dass der Grenzwinkel ausschließlich vom Haftreibungskoeffizienten μ_0 abhängt, nicht jedoch von der Höhe der Gewichtskraft mg. Wir können auflösen wie folgt:

$$\alpha = \arctan \mu_0. \tag{8.13}$$

Offenbar sorgt ein steigender Haftreibungskoeffizient μ_0 für einen ansteigenden Winkel α, was sich auch gut mit der Intuition vereinbaren lässt.

Das obige Ergebnis lässt sich wie folgt interpretieren (Abb. 8.5). Solange der Winkel kleiner als der Haftwinkel φ_0 ist (Abb. 8.5, links) liegt die Kraft W innerhalb des Haftkeils, und der Körper bleibt in Ruhe. Wenn der Winkel α gerade genau den Wert

8.2 Coulombsche Reibung

Abb. 8.5 Freikörperbild für verschiedene Winkel α

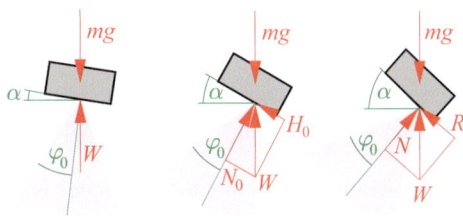

φ_0 annimmt bleibt der Körper gerade noch in Ruhe (Abb. 8.5, Mitte), und es wirkt die Haftkraft $H_0 = \mu_0 N_0$. Wird hingegen der Winkel φ_0 überschritten (Abb. 8.5, rechts), dann setzt sich der Körper in Bewegung, und es wirkt die Gleitreibungskraft R. ◀

Beispiel 8.2

Eine Person mit der Gewichtskraft mg steigt eine Leiter der Länge l empor (Abb. 8.6), die am Fußpunkt A auf einer rauen Unterlage ruht und am Kopfpunkt B an eine raue Wand gelehnt ist. Unterlage und Wand weisen beide den Haftreibungskoeffizienten μ_0 auf. Die Position der Person, gemessen vom Fußpunkt A, sei x. Wie groß darf der maximale Abstand $x_{\max}$ vom Fußpunkt A sein, bevor die Leiter abrutscht und es zum Gleitreibungszustand kommt?

Zur Lösung:

Wir betrachten das Freikörperbild der Abb. 8.6, rechts, in dem wir an Kopf- und Fußpunkt sowohl die Reaktionskräfte N_A und N_B als auch die Haftkräfte H_A und H_B eingezeichnet haben. Wir bilden die Summe der horizontalen Kräfte und erhalten:

$$\overrightarrow{\sum} = 0: \quad N_B - H_A = 0. \tag{8.14}$$

Abb. 8.6 Gegebene Situation

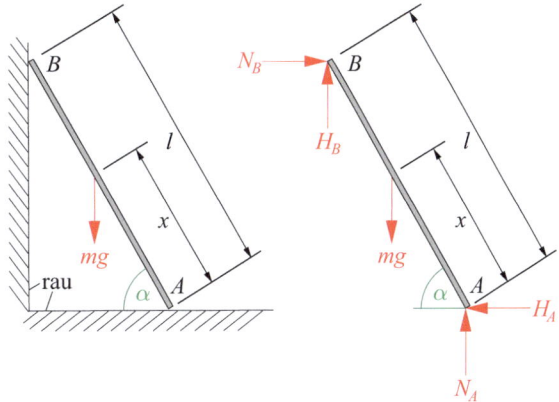

Aus der Summe der vertikalen Kräfte folgt:

$$\sum^{\uparrow} = 0: \quad H_B - mg + N_A = 0. \tag{8.15}$$

Die Momentensumme bezüglich des Fußpunkts A ergibt:

$$\sum^{\curvearrowleft} = 0: \quad mgx\cos\alpha - H_B l \cos\alpha - N_B l \sin\alpha = 0. \tag{8.16}$$

Betrachten wir außerdem den Grenzfall der Haftreibung für Kopf- und Fußpunkt, dann gilt:

$$H_A = \mu_0 N_A, \quad H_B = \mu_0 N_B. \tag{8.17}$$

Damit stehen fünf Gleichungen für die fünf unbekannten Größen N_A, N_B, H_A, H_B, x bereit, die sich auflösen lassen zu:

$$\begin{aligned} N_A &= \frac{mg}{1+\mu_0^2}, \\ N_B &= \frac{\mu_0 mg}{1+\mu_0^2}, \\ H_A &= \frac{\mu_0 mg}{1+\mu_0^2}, \\ H_B &= \frac{\mu_0^2 mg}{1+\mu_0^2}, \\ x = x_{\max} &= \frac{\mu_0 l(\mu_0 + \tan\alpha)}{1+\mu_0^2}. \end{aligned} \tag{8.18}$$

Offenbar sind die Normal- und Haftkräfte ausschließlich von der Gewichtskraft mg und dem Haftreibungskoeffizienten μ_0 abhängig. Der maximale Abstand $x_{\max}$ hingegen zeigt keine Abhängigkeit von der Höhe der Gewichtskraft mg. Möchte man sicherstellen, dass die gesamte Leiter bestiegen werden kann, dann ermittelt man mit $x_{\max} = l$ den folgenden Zusammenhang:

$$x_{\max} = l = \frac{\mu_0 l(\mu_0 + \tan\alpha)}{1+\mu_0^2} \quad \rightarrow \quad \alpha = \arctan\left(\frac{1}{\mu_0}\right). \tag{8.19}$$

◀

8.3 Seilreibung

In vielerlei technischen Anwendungen kommt es vor, dass Seile um Körper geschlungen werden. Es stellt sich dann die Frage nach derjenigen Reibung, die zwischen Seil und umschlungenen Körper herrscht. Dieses Phänomen wird als Seilreibung bezeichnet. Liegt der Fall vor, dass sich das Seil nicht bewegt, dann liegt Seilhaftung vor, ansonten tritt Seilreibung auf. Es soll nachfolgend der Fall betrachtet werden, dass ein zylindrischer Körper, der sich in Ruhe befindet, von einem Seil umschlungen wird und Seilreibung nicht auftritt. Hierzu betrachten wir die Situation der Abb. 8.7, links. Gegeben sei ein kreiszylindrischer Körper, der durch ein Seil umschlungen sei, wobei die Überdeckung durch den Winkel α beschrieben werde. Die Oberfläche des Körpers sei rau, so dass zwischen seiner Oberfläche und dem Seil Reibung herrscht. Da Seilhaftung herrscht, sind die Seilkräfte am linken und am rechten Schnittufer unterschiedlich mit den Werten S_2 und S_1, wobei wir im Folgenden annehmen wollen, dass $S_2 > S_1$ gilt. Zur Beschreibung der Situation verwenden wir außerdem den Winkel φ und die Umfangskoordinate s, wobei φ in Bogenmaß gemessen wird.

Wir betrachten das Freikörperbild der Abb. 8.7, rechts, in dem ein infinitesimales Seilstück mit dem Öffnungswinkel $d\varphi$ mit der Länge ds dargestellt ist. Die Seilkräfte an den Schnittufern sind mit S bzw. mit $S + dS$ gegeben, und es wirken außerdem die Kontaktkraft dN und die Haftkraft dH. Wir bilden die Kräftegleichgewichte bezüglich der horizontalen und der vertikalen Richung und erhalten:

$$\overset{\rightarrow}{\sum} H = 0: \quad S \cos \frac{d\varphi}{2} - S \cos \frac{d\varphi}{2} - dS \cos \frac{d\varphi}{2} + dH = 0,$$

$$\overset{\uparrow}{\sum} V = 0: \quad dN - S \sin \frac{d\varphi}{2} - S \sin \frac{d\varphi}{2} - dS \sin \frac{d\varphi}{2} = 0. \tag{8.20}$$

Mit der Kleinwinkelnäherung

$$\cos \frac{d\varphi}{2} \simeq 1, \quad \sin \frac{d\varphi}{2} \simeq \frac{d\varphi}{2} \tag{8.21}$$

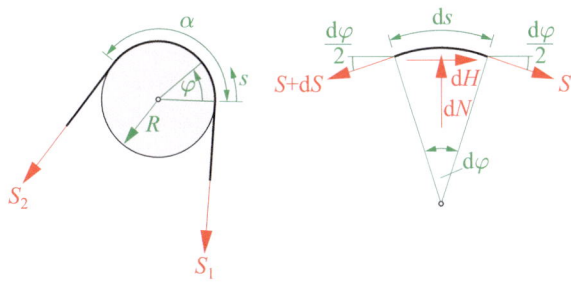

Abb. 8.7 Seilreibung

und nach Vernachlässigung von Termen, die klein gegenüber den anderen Termen sind, folgt:
$$dH = dS, \quad dN = S d\varphi. \tag{8.22}$$

Mit $dH = \mu_0 dN$ ergibt sich:
$$dS = \mu_0 S d\varphi \quad \rightarrow \quad \mu_0 d\varphi = \frac{dS}{S}. \tag{8.23}$$

Integration der linken Seiten von 0 bis zum Umschlingungswinkel α und der rechten Seite von S_1 bis S_2 führt dann auf:
$$\mu_0 \int_0^\alpha d\varphi = \int_{S_1}^{S_2} \frac{dS}{S} \quad \rightarrow \quad \mu_0 \alpha = \ln\left(\frac{S_2}{S_1}\right). \tag{8.24}$$

Dieser Ausdruck kann nach der Seilkraft S_2 aufgelöst werden, und man erhält die sog. Euler[2]-Eytelwein[3]-Formel:
$$S_2 = S_1 e^{\mu_0 \alpha}. \tag{8.25}$$

Liegt der Fall vor, dass $S_1 > S_2$ gilt, dann lautet dieser Zusammenhang:
$$S_2 = S_1 e^{-\mu_0 \alpha}. \tag{8.26}$$

Aus diesen beiden Zusammenhängen können wir dasjenige Intervall für S_2 ableiten, für das das Seil bei einer gegebenen Kraft S_1 in Ruhe bleibt und nicht auf der zylindrischen Fläche abrutscht:
$$S_1 e^{\mu_0 \alpha} \geq S_2 \geq S_1 e^{-\mu_0 \alpha}. \tag{8.27}$$

Der Umschlingungswinkel wird in [rad] eingesetzt.

Liegt der Fall vor, dass das Seil rutscht, dann gilt analog zum Haftfall für $S_2 > S_1$:
$$S_2 = S_1 e^{\mu \alpha}. \tag{8.28}$$

Für $S_1 > S_2$ folgt:
$$S_2 = S_1 e^{-\mu \alpha}. \tag{8.29}$$

---

[2] Leonhard Euler, 1707–1783, Schweizer Universalgelehrter.
[3] Johann Albert Eytelwein, 1764–1848, deutscher Ingenieur.

Stichwortverzeichnis

A
Actio est Reactio, 10
Allgemeines Kräftesystem, 34, 51
Arbeit, 221
    Ermittlung von Kraftgrößen, 227
    Kinematische Methode, 234
    Kraft, 221
    Moment, 224
    Polplan, 234
    Virtuelle Arbeit, 225
Arbeitssatz, 225
Auflager, 8
    Einspannung, 92
    Einwertig, 91
    Parallelführung, 92
    Schiebehülse, 92
    Zweiwertig, 92
Auflagerkraft, 8
Auflagerreaktionen, 89
    Balken, 94
    Mehrteilige Strukturen, 103
    Räumliche Struktur, 110
    Superpositionsprinzip, 102
Äußere Kraft, 5
Axiom, 10
Axiom vom Kräfteparallelogramm, 16

B
Balken, 89
Basisvektor, 11
Biegemoment, 146
Bogenträger, 89, 206

C
Coulombsche Reibung, 273
Cremona-Plan, 140

D
Drehmoment, 36
Durchschlagsproblem, 262

E
Einflusslinie, 265
Eingeprägte Kraft, 5
Einheitsvektor, 11
Einspannmoment, 90
Einspannung, 92
Einwertiges Auflager, 91
Erstarrungsprinzip, 10, 114
Euler-Eytelwein-Formel, 280

F
Fachwerk, 113
    Cremona-Plan, 140
    Einfach, 117
    Kinematische Unbestimmtheit, 116
    Knotenschnittverfahren, 118
    Offensichtlicher Nullstab, 130
    Rittersches Schnittverfahren, 135
    Statische Unbestimmtheit, 115
Flächenkraft, 4
Flächenschwerpunkt, 68
Freiheitsgrad, 6, 91
Freikörperbild, 7
Freischneiden, 8

© Der/die Autor(en), exklusiv lizenziert an Springer-Verlag GmbH, DE, ein Teil von Springer Nature 2025
C. Mittelstedt, *Technische Mechanik 1: Statik*,
https://doi.org/10.1007/978-3-662-71565-9

G

Gekrümmter Balken, 206
Gelenk, 103
Gesamtresultierende, 42
Gleichgewicht, 10, 24, 31, 38, 46, 53
    Indifferent, 254
    Labil, 255
    Stabil, 253
Gleichgewicht beweglicher Systeme, 245
Gleichgewichtsbedingungen, 25, 54
Gleichgewichtsgruppe, 10, 24
Gleitreibung, 272
Gleitreibungskoeffizient, 274

H

Haftkegel, 274
Haftkeil, 274
Haftreibung, 271
Haftung, 271
Haftungskoeffizient, 273
Hauptpol, 235
Hebelarm, 41
Hebelgesetz, 35

I

Indifferentes Gleichgewicht, 254
Innere Kraft, 5

J

Joule, 223

K

Kinematische Methode, 234
Knicken, 253, 259
Knicklast, 253
Knotenschnittverfahren, 118
Konservative Kraft, 249
Körperschwerpunkt, 63
Kraft, 1
    Angriffspunkt, 2
    Äußere Kraft, 5
    Eingeprägte Kraft, 5
    Flächenkraft, 4
    Hebelarm, 41
    Innere Kraft, 5, 9
    Kräfteparallelogramm, 16
    Kräftepolygon, 16
    Kräftesystem, 5
    Linienlast, 5
    Moment, 40
    Parallelverschiebung, 40
    Punktkraft, 4
    Reaktionskraft, 5, 7
    Resultierende, 15, 18, 30
    Streckenlast, 5
    Volumenkraft, 4
    Wirkungslinie, 2
    Zerlegung, 20
Kräftemittelpunkt, 58
Kräftepaar, 35
Kräfteparallelogramm, 16
Kräftepolygon, 16, 19
Kräftesystem, 5
    Allgemeines Kräftesystem, 34, 51
    Eben, 15, 34
    Nichtzentral, 34, 51
    Räumlich, 29, 51
    Reduktion, 19
    Zentrales Kräftesystem, 15, 29
Kräftezerlegung, 20
Kreuzprodukt, 14
Kritische Last, 253

L

Labiles Gleichgewicht, 255
Lager, 8
Lagerung, 89
Linienflüchtiger Vektor, 6
Linienlast, 5
Linienschwerpunkt, 75

M

Massenschwerpunkt, 64
Moment, 36
    Kraft, 40
    Kräftepaar, 36
Momentanpol, 235
Momentengleichgewicht, 38, 53
Momentensystem, 38
Momentenvektor, 51

N

Nebenpol, 235
Newton, 2
Newtonmeter, 37
Newtons drittes Grundgesetz, 10
Nichtzentrales Kräftesystem, 34, 51
Normalkraft, 145
Nullvektor, 12

O

Offensichtlicher Nullstab, 130

P

Parallelführung, 92, 103
Parallelverschiebung, 40
Pendelstab, 91, 103
Polplan, 234
    Hauptpol, 235
    Momentanpol, 235
    Nebenpol, 235
    Polstrahl, 235
    Projektionskonstanz, 238
Polstrahl, 235
Potential, 249
Potentialkraft, 249
Potentielle Energie, 251
Prinzip der virtuellen Verrückungen, 224, 225
Projektionskonstanz, 238
Punktkraft, 4

Q

Querkraft, 145

R

Rahmen, 89
Räumlicher Balken, 110, 217
Reaktionskraft, 5, 7
Rechte-Hand-Regel, 11
Rechtssystem, 11
Reduktion, 19
Reibung, 271, 272
    Coulombsche Reibung, 273
    Euler-Eytelwein-Formel, 280
    Gleitreibungskoeffizient, 274
    Haftkegel, 274
    Haftkeil, 274
    Haftungskoeffizient, 273
    Seilreibung, 279
Resultierende, 15, 18, 30, 34
    Moment, 42
Rittersches Schnittverfahren, 135
Rotation, 7

S

Satz von Land, 266
Schiebehülse, 92, 104
Schnittgrößen, 145
    Abgewinkelter Balken, 196
    Balken unter Kräften und Momenten, 162
    Balken unter Streckenlasten, 167
    Biegemoment, 146
    Bogenträger, 206
    Gekrümmter Balken, 206
    Gerader Balken, 148
    Mehrfeldproblem, 179
    Normalkraft, 145
    Praktische Ermittlung, 190
    Querkraft, 145
    Rahmen, 196
    Randbedingungen, 172
    Räumlicher Balken, 217
    Regeln, 171
    Schnittufer, 147
    Superposition, 176
    Torsionsmoment, 145
    Übergangsbedingung, 180
    Vorzeichenkonvention, 147
    Zusammenhang zwischen Belastung und Schnittgrößen, 169
    Zustandslinien, 150
Schnittprinzip, 9
Schnittufer, 147
Schwerpunkt, 57, 58
    Flächenlast, 60
    Flächenschwerpunkt, 68
    Körper, 63
    Linienschwerpunkt, 75
    Massenschwerpunkt, 64
    Parallele Kräftegruppe, 57
    Streckenlast, 60
    Volumenschwerpunkt, 65
    Zusammengesetzte Fläche, 80

Zusammengesetzte Linie, 87
Zusammengesetzter Körper, 77
Seilreibung, 279
Skalar, 11
Skalarprodukt, 13
Skelettlinie, 84
Spaltenvektor, 11
Spannung, 145
Stab, 89
Stabiles Gleichgewicht, 253
Stabilität, 252
Starrkörper, 6
Starrkörperverschiebung, 6
Statische Bestimmtheit, 93
Statisches Moment, 68
Streckenlast, 5
Stützlinie, 214
Superpositionsprinzip, 102

T

Torsionsmoment, 145
Translation, 6

U

Übergangsbedingung, 180

V

Vektor, 11
  Basisvektor, 11
  Betrag, 11, 13
  Einheitsvektor, 11
  Linienflüchtig, 6
  Nullvektor, 12
  Skalarprodukt, 13
  Spaltenvektor, 11
  Vektoraddition, 12
  Vektorparallelogramm, 12
  Vektorprodukt, 14
Vektoraddition, 12
Vektorparallelogramm, 12
Vektorprodukt, 14
Vektorrechnung, 10
Virtuelle Arbeit, 225
Volumenkraft, 4
Volumenschwerpunkt, 65

W

Wechselwirkungsprinzip, 7, 9
Wirkungslinie, 2

Z

Zentrales Kräftesystem, 15, 29
Zustandslinien, 150
Zwangsläufige kinematische Kette, 229
Zweiwertiges Auflager, 92

If you have any concerns about our products,
you can contact us on
ProductSafety@springernature.com

In case Publisher is established outside the EU,
the EU authorized representative is:
**Springer Nature Customer Service Center GmbH
Europaplatz 3, 69115 Heidelberg, Germany**

Printed by Libri Plureos GmbH
in Hamburg, Germany